# R语言科研绘图与学术图表绘制

关东升◎编著

## 内 容 提 要

本书专注于使用R语言进行数据分析和可视化，主要目标是帮助读者掌握R语言这一强大的数据科学工具，以在科技领域中更好地处理数据、分析数据以及呈现结果。本书面向的读者群体广泛，无论是初学者还是有经验的数据科学家，都能够从中获取丰富的知识和技能，以在科技领域取得成功。本书中包含了实用的示例和练习，可以帮助读者掌握数据分析和可视化的关键概念和实际操作。

**图书在版编目(CIP)数据**

R语言科研绘图与学术图表绘制从入门到精通 / 关东升编著. — 北京 : 北京大学出版社, 2024.4
ISBN 978-7-301-34886-4

Ⅰ. ①R… Ⅱ. ①关… Ⅲ. ①可视化软件 – 数据分析Ⅳ. ①TP317.3

中国国家版本馆CIP数据核字（2024）第048565号

书　　名　R语言科研绘图与学术图表绘制从入门到精通
R YUYAN KEYAN HUITU YU XUESHU TUBIAO HUIZHI CONG RUMEN DAO JINGTONG
著作责任者　关东升　编著
责 任 编 辑　王继伟　姜宝雪
标 准 书 号　ISBN 978-7-301-34886-4
出 版 发 行　北京大学出版社
地　　址　北京市海淀区成府路205号　100871
网　　址　http://www. pup. cn　新浪微博: @ 北京大学出版社
电 子 邮 箱　编辑部 pup7@pup.cn　总编室 zpup@pup.cn
电　　话　邮购部 010-62752015　发行部 010-62750672　编辑部 010-62570390
印 刷 者　北京宏伟双华印刷有限公司
经 销 者　新华书店
787毫米 × 1092毫米　16开本　15.5印张　373千字
2024年4月第1版　2024年4月第1次印刷
印　　数　1–3000册
定　　价　89.00元

随着科技的快速发展，海量的数据正成为驱动科研进步的强大动能。如何从复杂多变的数据中发现有价值的信息，利用数据进行讲解和呈现，已成为每一位科研工作者必备的重要能力。数据科学家常说："没有数据支持的观点，只能是一家之言。"

R语言以其简洁优雅的语法与出色的统计图形功能，已成为当前科研领域使用最广泛的编程语言。它既是数据科学家的利器，也是每一位对科研论文配图有追求的研究人员的忠实伙伴。本书以实战案例为主线，循序渐进地带你走进R语言的世界。我们深信数据分析与可视化不仅是提升研究产出的技能，也是一门严谨而富有美感的艺术。优美的科研论文配图能够直观表达研究思想，提高论文的说服力和影响力。这门艺术值得每一位科研工作者认真学习与掌握，它将提高你的学术影响力，甚至改变你的科研人生。让我们携手推开通往数据科学殿堂的大门，用数据讲故事，绘制优美生动的科研图表。

## 为什么选择R语言?

R语言之所以备受欢迎，是因为它是一款免费的开源软件，拥有庞大而活跃的社区支持。它为数据科学家、工程师和研究人员处理、分析和可视化数据提供了一种强大的工具。R语言的包（packages）生态系统丰富多样，覆盖了从统计分析到机器学习、深度学习、地理信息系统以及科技绘图等各个领域。因此，无论你是新手还是经验丰富的数据科学家，本书都将为你提供宝贵的知识和技能。

## 谁需要本书?

本书适合以下类型的读者。

- 学术界的研究人员和教育工作者
- 硕士研究生和博士研究生
- 科研机构和实验室的科学家
- 工程师和技术人员
- 数据分析师和数据科学家
- 政府部门的政策制定者
- 企业领域的专业人员

**我们能提供什么?**

为了帮助读者学习，我们提供了配套代码、配套工具软件和答疑服务。

本书附赠全书案例源代码及相关软件工具等资源，读者可扫描下方左侧二维码关注“博雅读书社”微信公众号，输入本书77页的资源下载码，即可获得本书的下载学习资源。

本书提供答疑服务，可扫描下方右侧二维码留言“北大科技绘图”，即可进入学习交流群。

**感谢**

笔者要感谢所有为本书付出努力的人，包括编辑、校对、设计师和技术支持团队。感谢所有分享知识和经验的数据科学家和R语言社区成员，你们的贡献使这本书得以完成！

祝愿你们在学习和应用R语言进行科技数据分析和可视化的过程中获得乐趣和成就！无论你是初学者还是经验丰富的数据科学家，笔者相信本书都将为你提供宝贵的工具和见解，帮助你在科技领域中取得更多成功和突破。

# 目录

## 第 1 章 R 语言入门 1



## 第 2 章 程序流程控制 23

## 第3章 数据结构 33



## 第4章 函数 61



## 第5章 科技领域中的数据分析 68

## 第 6 章 单变量图形的绘制 99



## 第 7 章 双变量图形绘制 117

## 第 8 章 多变量图形的绘制 138



## 第 9 章 3D 图形的绘制 169

# 01 第1章 R语言入门

要开始学习使用R语言，首先需要了解它的环境搭建、基础语法、数据结构和功能等知识。本章将介绍R语言的简介、环境搭建、交互式编程、脚本编写、数据类型、运算符的入门知识，帮助读者快速上手R语言，并为后续的统计分析与绘图打下基础。通过本章的学习，读者能初步掌握R语言的基础知识和基本用法。

## 1.1 R语言简介

R语言是一种用于数据分析、统计建模和数据可视化的解释型编程语言。它在数据科学领域中被广泛使用。

### 1.1.1 R语言历史

R语言的历史可以追溯到20世纪90年代初。它起源于新西兰奥克兰大学的Ross Ihaka（罗斯·伊哈卡）和Robert Gentleman（罗伯特·杰特曼）两位教授的研究工作。R语言最初是S语言的一个开源替代品，S语言是贝尔实验室的John Chambers（约翰·钱伯斯）等人开发的一种数据分析和图形化编程语言。

随着时间的推移，R语言逐渐演化并丰富了其功能。它的开源性质吸引了全球各地的数据科学家、统计学家和程序员的关注，他们积极参与到R语言的发展和社区建设中。今天，R语言已经成为数据分析和统计建模领域的重要工具之一。

### 1.1.2 R语言特点

R语言具有以下主要特点。

（1）开源性质：R是开源的，允许任何人免费使用、修改和分发它。这使得R拥有一个活跃的社区和不断增长的功能库。

（2）数据分析和统计：R最初是为数据分析和统计建模而设计的，因此具有丰富的统计工具和数据分析功能，包括线性模型、非线性模型、时间序列分析等。

（3）数据可视化：R具有强大的数据可视化能力，用户可以创建各种类型的高质量图表和图形，以便更好地理解数据。

（4）扩展性：R支持包的概念，用户可以轻松地扩展其功能。CRAN（Comprehensive R Archive Network，综合开发档案网络）是R的包仓库，包含了数千个包，用于各种不同的应用领域。

（5）跨平台性：R语言可以在多个操作系统上运行，包括Windows、macOS和Linux，具有广泛的可移植性。

### 1.1.3 如何获得帮助

要获得关于R语言的帮助，有以下几种途径可供选择。

（1）在线文档：R语言拥有丰富的在线文档和帮助页面，读者可以在R官方网站上找到详细的参考手册和文档。

（2）社区支持：R语言拥有一个庞大的用户社区，读者可以在R用户论坛和邮件列表上提问，获取其他用户的帮助和建议。

（3）在线教程和课程：有许多在线教程、课程和博客可供学习R语言的初学者使用。这些资源提供了从入门到高级的各种教程。

（4）RStudio帮助：如果使用RStudio作为R的开发环境，RStudio本身也提供帮助文档和社区支持。

（5）书籍和培训：有很多书籍和培训课程专门为学习R语言的人设计，读者可以根据自己的学习喜好选择适合自己的材料。

不管是初学者还是有经验的R用户，这些资源都将帮助读者解决问题、扩展技能并充分利用R语言的潜力。

## 1.2 R语言环境搭建

《论语·卫灵公》曰：“工欲善其事，必先利其器。”做好一件事，准备工作非常重要。在开始学习R之前，先介绍如何搭建R开发环境。

### 1.2.1 下载和安装R语言环境

搭建R语言环境的第1步是下载 R 语言环境的安装包，下载页面如图1-1所示，读者可以根据自己的情况选择对应的操作系统文件夹，笔者选择了Windows文件夹，如图1-2所示。

在图1-2所示的页面中选择base文件夹，如图1-3所示。在图1-3所示的页面中单击“Download R-4.3.1 for Windows”就可以下载R语言环境的安装包R-4.3.1-win.exe。

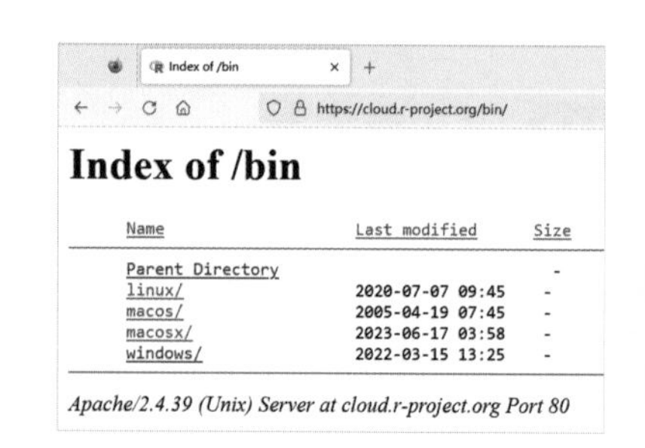


图1-1　R语言环境的安装包下载页面

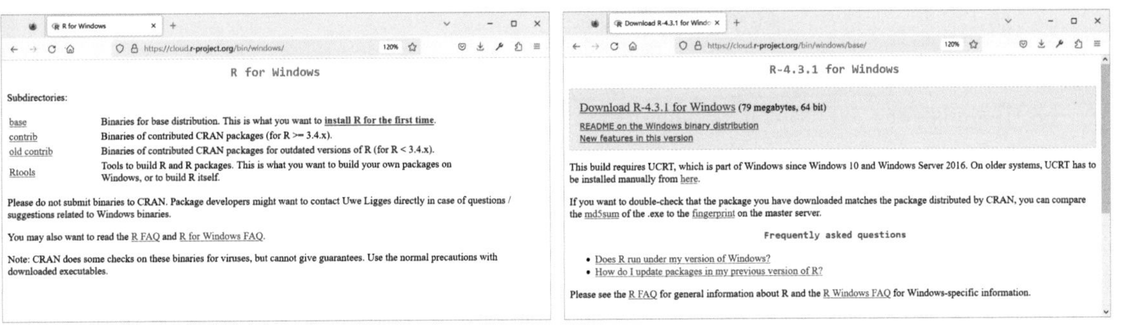


图1-2　Windows文件夹页面

图1-3　base文件夹页面

R语言环境的安装包下载完成后，双击安装包即可开始安装，安装过程不再赘述。

R语言环境安装完成后，就可以使用RGui工具了，启动RGui工具如图1-4所示。

我们可以在RGui工具中测试一下，在RGui工具提供的控制台的命令提示符中输入如下指令并按Enter键执行指令，如图1-5所示。

```
print("Hello, world")
```

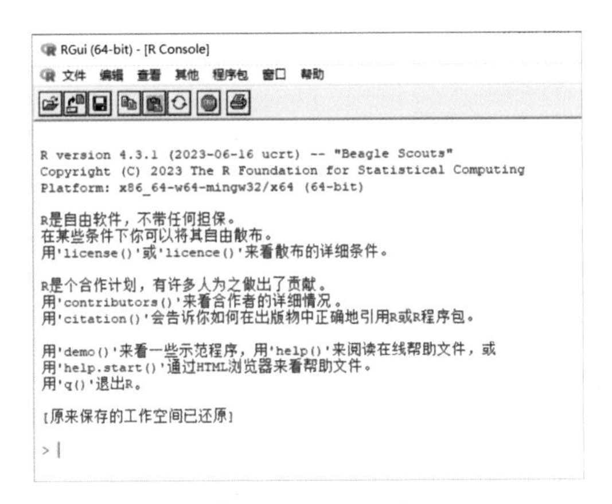


图1-4　RGui工具

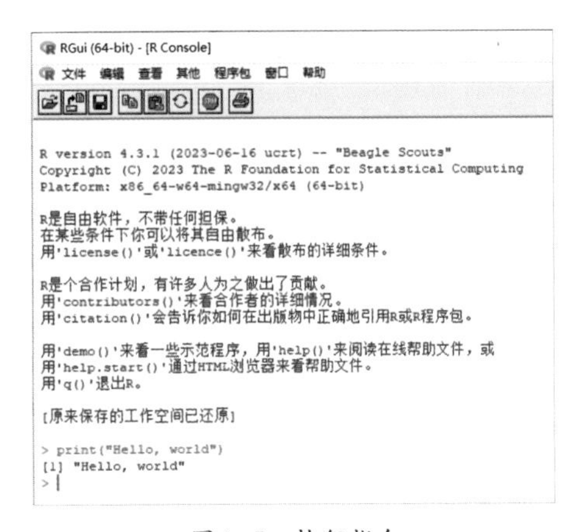


图1-5　执行指令

## 1.2.2 下载和安装RStudio

尽管R语言自带了基本的RGui工具，但是使用者通常会使用RStudio工具。

RStudio是R语言的一个流行的集成开发环境（IDE）。它的主要功能和特点如下。

（1）代码编辑器：提供语法高亮、代码自动完成、代码折叠、括号匹配等功能，方便编写和查看R代码。

（2）R控制台：直接在RStudio中输入和执行R语句，并查看结果，不用在外部终端运行。

（3）工作空间和环境管理：可以设置工作目录，管理安装的包等。

（4）可视化输出：支持直接在IDE中绘制图表，并进行交互操作。

（5）调试：支持断点调试、步进代码等调试功能。

（6）版本控制：支持Git、SVN等版本控制系统。

（7）项目管理：可以创建R项目进行代码管理。

（8）R Markdown：支持编写R Markdown报告文档。

（9）扩展插件：可以添加各类扩展包，自定义RStudio。

（10）数据库管理：可以直接浏览和管理数据库。

（11）在线帮助：内置R语言丰富的帮助文档。

（12）支持多平台：Windows、Mac、Linux均可使用。

RStudio极大提升了R语言编程的效率，是使用R语言的首选IDE。

下载RStudio页面如图1-6所示，在这个页面中读者可以单击“DOWNLOAD RSTUDIO DESKTOP FOR WINDOWS”按钮下载RStudio工具。

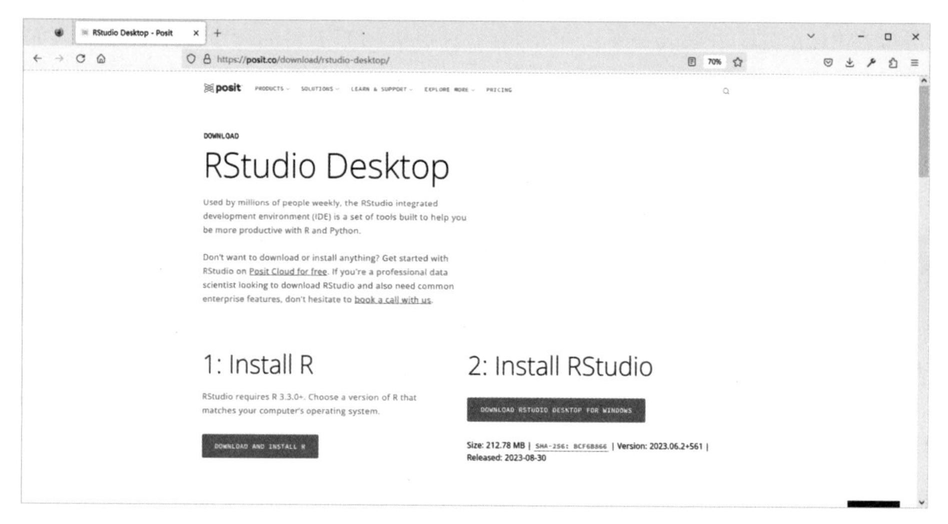


图1-6　下载RStudio页面

下载RStudio并安装完成后，就可以使用RStudio了，启动RStudio，如图1-7所示。

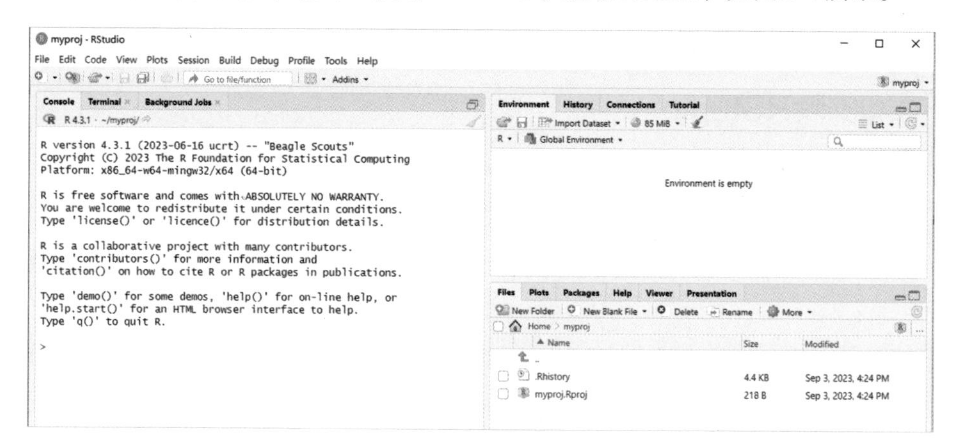


图1-7　启动RStudio

我们可以在RStudio中测试一下，在RStudio提供的控制台的命令提示符中输入如下指令并按

Enter键执行指令，如图1-8所示。

```
print("Hello, world")
```

图1-8　执行指令

# 1.3 编写第一个R程序

运行R程序主要有以下两种方式。

（1）交互式方式运行。

（2）脚本文件方式运行。

本章将介绍用这两种运行方式实现“Hello, World”程序。

## 1.3.1 交互式方式运行

图1-5和图1-8已经演示了交互式方式运行，交互式运行程序具有以下特点。

（1）实时交互。

- 在R语言控制台直接输入表达式并执行。
- 可以立即得到运算结果的反馈。

（2）适合数据探索。

- 可以通过交互快速尝试不同的运算。
- 适合探索数据的特征和规律。

（3）方便测试。

- 可以即时测试某个函数或代码片段的执行效果。
- 无须创建完整程序。

（4）灵活方便。

- 不需要编写完整的程序片段，降低学习门槛。

● 不需要准备输入数据，可以手动输入。

（5）不利于调试。

● 交互式输入的代码没有保存，不方便调试。

● 无法重复运行，需要重新输入。

（6）不利于团队协作。

● 交互式过程不方便重现和共享。

交互方式运行R程序，需要在R控制台，输入R程序代码然后按Enter键。交互方式执行R程序代码如图1-9所示。

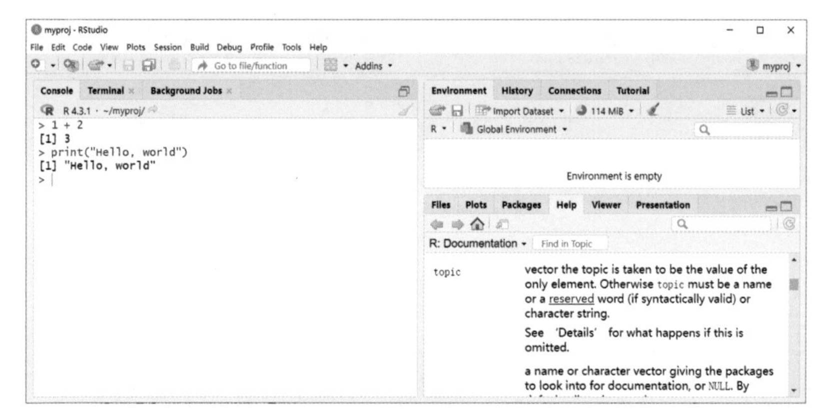


图1-9　交互方式执行R程序代码

> **提示**
>
> 使用交互方式运行R程序时，打印变量或表达式可以不使用print()函数，在控制台中输入变量或表达式，按Enter键就能将变量或表达式计算的结果输出。

## 1.3.2 脚本文件运行程序

我们可以将多个R程序代码编写在一个文件中，然后使用R工具运行这个文件，这个文件就是R脚本文件。R脚本文件的特点如下。

（1）将R代码保存为脚本文件。

● 通常使用.R或.Rmd作为脚本文件的扩展名。

● 一般将相关的代码片段组织在一个文件中。

（2）使用source()函数执行脚本文件，source()函数可以批量执行R脚本中的代码，只需要指定脚本文件的路径。

（3）代码可以重复使用。

● 脚本文件可以长期保存，方便重复运行代码。

（4）有利于组织代码。

● 将相关的函数、逻辑组织在一起，便于管理。

(5)方便调试程序。

- 可以在脚本文件中添加注释、打印日志来调试。

(6)适合构建较大项目。

- 将所有源代码、数据、文档组织在项目目录下。

(7)可以进行版本控制。

- 将脚本文件放在版本控制系统如Git中协同工作。

(8)支持自动化运行。

- 可以参数化脚本，实现批量自动化处理。

总之，脚本执行使R语言编程更系统、可重复、可维护。

下面具体解释如何通过脚本文件方法编写和运行R程序代码。

首先，通过菜单File→New File→R Script，创建一个空的脚本文件，如图1-10所示。

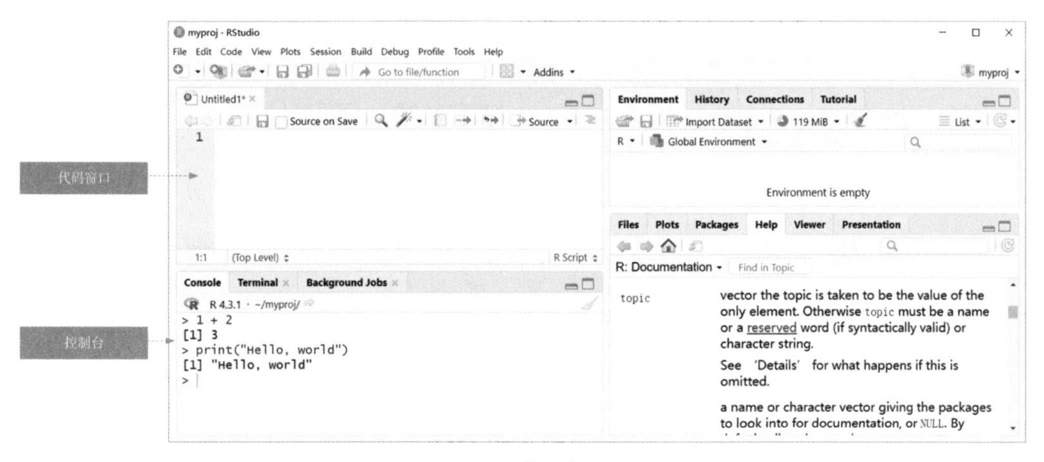


图1-10　创建R脚本文件

其次，在代码窗口编写R程序代码，如图1-11所示。

```
# 这是我们的第一个R程序
print("Hello World!") # 打印输出
```

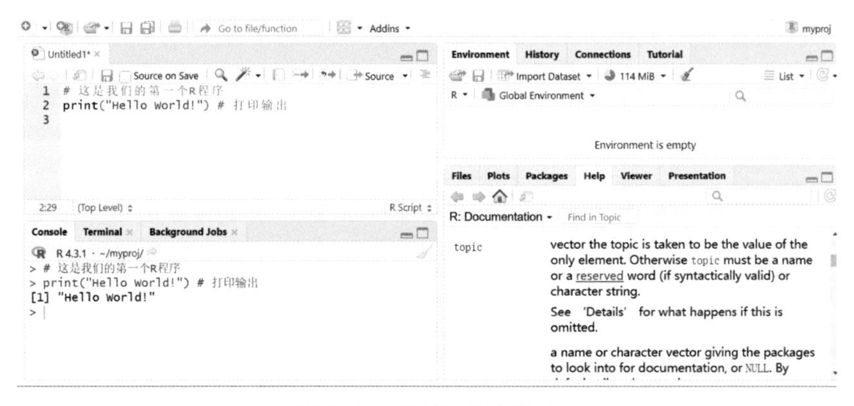

图1-11　编写R程序代码

编写完成后，就可以保存文件了，保存过程是单击菜单File→Save，弹出保存文件对话框，在对话框中选择保存文件的路径，以及输入要保存的文件名后，单击Save按钮就可以保存文件了，文件的后缀名是“.R”，如图1-12所示。

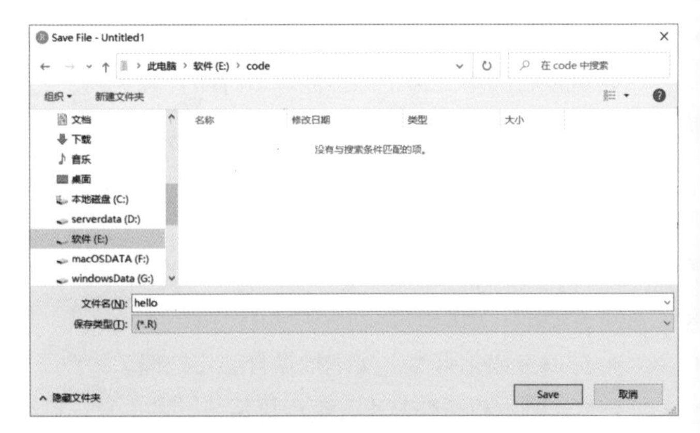

图1-12　保存文件对话框

文件保存后，就可以执行文件了，如果想执行整个的脚本文件可以通过单击代码窗口上面的 Source 按钮或按快捷键“Ctrl+Shift+S”执行，执行结果会输出到控制台，如图1-13所示。

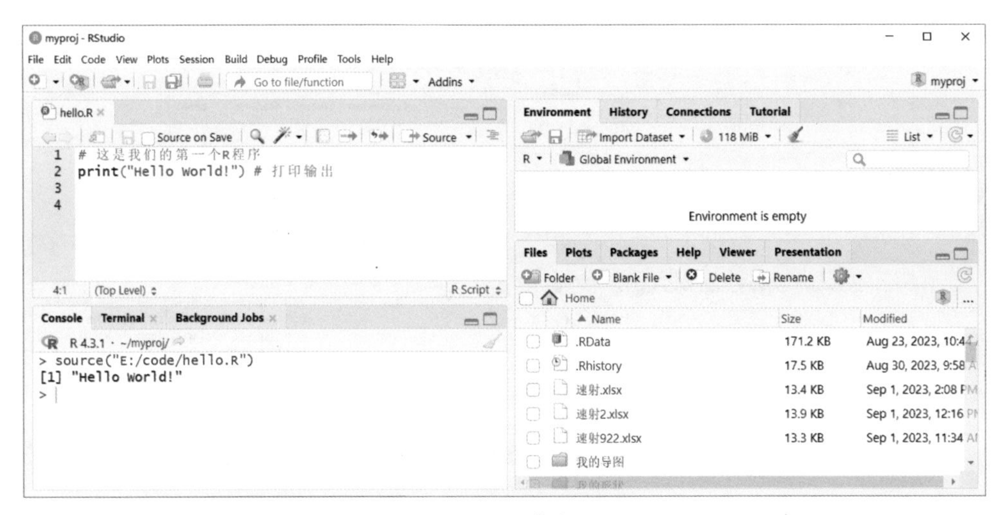

图1-13　执行脚本文件

如果我们只想执行当前行代码，可以通过按钮或按快捷键“Ctrl+Enter”执行，这个操作可以执行当前行或选择的代码。另外，如果想执行刚刚执行过的代码，可以通过按钮或按快捷键“Alt+Ctrl+P”执行。读者可以自行尝试具体的过程，这里不再赘述。

# 1.4 R语言语法基础

本节介绍R语言中的一些最基础的语法，其中包括标识符、关键字、语句、变量、注释。

## 1.4.1 标识符

标识符是用来命名变量、函数、对象等的名称，它们的命名是由程序员指定的。标识符必须遵循以下规则。

（1）区分大小写：Myname与myname是两个不同的标识符。

（2）以字母或圆点（.）开头，后跟字母、数字或下划线。

（3）关键字不能作为标识符。

表1-1是包含合法和不合法的R语言标识符的示例。

表1-1　R语言标识符示例

| 合法标识符示例 | 解释 | 不合法标识符示例 | 解释 |
| --- | --- | --- | --- |
| my_variable | 含有字母和下划线的合法标识符 | 123var | 以数字开头的不合法标识符 |
| data.frame | 含有圆点的合法标识符 | for | 是R的关键字，不能用作标识符 |
| var123 | 字母后面跟着数字的合法标识符 | my-variable | 含有连字符的不合法标识符 |
| .my_function | 以圆点开头的合法标识符 | @special_symbol | 含有特殊字符@的不合法标识符 |
| pi_value | 含有下划线的合法标识符 | TRUE | 是R的关键字，不能用作标识符 |
| x1 | 简单的字母和数字组合的合法标识符 | NULL | 是R的关键字，不能用作标识符 |
| First_Name | 大小写字母混合的合法标识符 | break | 是R的关键字，不能用作标识符 |

## 1.4.2 关键字

关键字有特殊的含义，不能被用作变量名或函数名，表1-2列出了常见的R语言关键字。

表1-2　常见的R语言关键字

| 常见的R语言关键字 | | | |
| --- | --- | --- | --- |
| if | else | repeat | while |
| function | for | in | next |
| break | TRUE | FALSE | NULL |
| Inf | NaN | NA | NA_integer_ |
| NA_real_ | NA_complex_ | NA_character_ | |

这些关键字在R语言中有特定的语法和用途，可以帮助程序员控制流程、进行数据操作、定义函数和处理特殊值。根据上下文，它们会被解释器识别并执行相应的操作。

## 1.4.3 语句

在R语言中，每行代码通常表示一条语句。R语言是一种解释性语言，它按照顺序逐行执行代码。每当R解释器遇到一个换行符（newline）时，它会将其视为语句的结束。因此，通常不需要在每行代码的末尾加分号（;）来表示语句的结束，除非在同一行上编写多个语句。

单行语句不需要加分号，示例代码如下。

```
x <- 5
y <- "Hello, World!"
```

```
print(x)
```

同一行中包含多个语句时，需要使用分号来分隔，示例代码如下。

```
x <- 5; y <- 10; z <- x + y
print(z)
```

### 1.4.4 变量

变量是编程中的重要概念，它们用于存储和管理数据。在R语言中，也可以定义和使用变量来执行各种任务。

在R语言中，可以使用<-或=操作符来定义变量并为其赋值。示例代码如下。

```
x <- 5
y = "Hello, World!"

print(x)
print(y)
```

程序运行输出结果如下。

```
[1] 5
[1] "Hello, World!"
```

### 1.4.5 注释

在R语言中，注释用于在代码中添加描述性的文本。这些文本不会被解释为可执行代码，只是用来帮助人们理解和阅读代码。在R语言中，有下列两种常见的注释方式。

（1）单行注释从#符号开始，直到行末都是注释内容。

（2）多行注释：使用特定格式的块注释。

注释的示例代码如下。

```
print("Hello World") # 这段代码打印 Hello World

# 这是一条 print 语句
# 它打印出 Hello World
print("Hello World")
```

## 1.5 数据类型

R语言中有多种数据类型，主要分为以下两大类。

（1）原子数据类型（atomic data types）。

（2）数据结构类型（data structures）。

本节重点介绍原子数据类型。原子数据类型是R语言中最基本的数据类型，它们是构建数据结构，如向量、列表、数据框等的基础。

原子数据类型包括数值型（numeric）、整数型（integer）、复数型（complex）、逻辑型（logical）、字符型（character）、原始型（raw）。下面我们分别介绍一下。

## 1.5.1 数值型

R语言中数值型用于存储实数（浮点数）值，包括整数和小数。

数值型示例代码如下。

```
# 创建一个数值型变量
x <- 3.14                                              ①

# 打印该变量的值
print(x)
print(class(x))                                        ②
# 创建一个科学记数法表示的数值型变量
x <- 1.23e6  # 1.23 乘以 10 的 6 次方，即 1230000        ③
# 打印该变量的值
print(x)

# 创建一个整数
y <- 10                                                ④
print(class(y))                                        ⑤
# 将整数加到科学记数法表示的数值上
result <- x + y

# 打印结果
print(result)
```

上述示例代码解释如下。

代码第①行创建了一个数值型变量x，并将其赋值为3.14，这是一个浮点数。

代码第②行使用 class() 函数打印变量x的数据类型，结果将显示为 "numeric"，表示 x 是一个数值型变量。

代码第③行是通过科学记数法表示的数值型变量。

代码第④行创建了一个整数变量y。注意在R语言中没有明确区分整数型和浮点型变量，它们都属于数值型。

代码第⑤行使用 class() 函数打印变量 y 的数据类型，结果将显示为 "numeric"，表示 y 是一个数值型变量。

上述示例代码运行结果如下。

```
[1] 3.14
[1] "numeric"
[1] 1230000
[1] "numeric"
[1] 1230000
```

### 1.5.2 整数型

在R语言中，整数型也是一种数值型数据类型，用于存储整数值。以下是一些关于整数型的示例代码。

```
x <- 42                         ①
# 打印该变量的值
print(x)
print(class(x))                 ②
y <- 100L                       ③
# 打印该变量的值
print(y)
print(class(y))                 ④
a <- 20
b <- 30
result <- a + b
# 打印结果
print(result)
```

上述示例代码解释如下。

代码第①行创建了一个整数型变量 x，并将其赋值为42。

代码第②行使用class() 函数打印变量 x 的数据类型，结果将显示为 "numeric"，表示 x 是数值型变量，注意不是"integer"这是因为没有明确指定42是整数型。

代码第③行创建了另一个整数型变量 y，并将其赋值为100L。在这里，使用L标识符明确指定了整数型。

代码第④行使用class() 函数打印变量 y 的数据类型，结果将显示为 "integer"，表示 y 是一个整数型变量。

上述示例代码运行结果如下。

```
[1] 42
[1] "numeric"
```

```
[1] 100
[1] "integer"
[1] 50
```

### 1.5.3 复数型

复数在数学中是非常重要的概念，无论是在理论物理学，还是电气工程实践中都经常使用。但是很多计算机语言不支持复数，而R语言支持复数。在R语言中，复数型(complex)是一种数据类型，用于存储复数。复数由实部和虚部组成，实部和虚部都是实数。以下是关于复数型的示例代码。

```
a <- 2 + 3i                  ①
b <- 1 + 2i                  ②
result <- a + b              ③
print(result)
print(class(result))         ④
```

上述示例代码解释如下。

代码第①行创建了一个复数型变量a，其值为2+3i，表示实部为2，虚部为3的复数。

代码第②行创建了另一个复数型变量b，其值为1+2i，表示实部为1，虚部为2的复数。

代码第③行使用加法运算符将复数a和b相加，将结果存储在变量result中。在这种情况下，它将实部和虚部分别相加。

代码第④行打印变量result的数据类型。

**提示** ⚠

在R语言的复数表示中，通常使用小写字母“i”来表示虚部。这是数学约定和R语言的标准方式。虚部使用“i”来表示是为了与实数部分区分开。

例如，在R语言中，复数2+3i表示实部为2，虚部为3的复数。如果你尝试使用其他字母或字符表示虚部，通常会导致语法错误，因为R语言不会将它们识别为虚部。

### 1.5.4 逻辑型

在R语言中，逻辑型也称为布尔型，它是一种数据类型，用于表示逻辑真值，即“真”(TRUE)或“假”(FALSE)。逻辑型主要用于条件测试和逻辑运算。以下是关于逻辑型的示例代码。

```
is_true <- TRUE
is_false <- FALSE
print(is_true)
print(class(is_true))
```

上述示例代码运行结果如下。

```
[1] TRUE
[1] "logical"
```

## 1.5.5 字符型

字符型数据在R语言中用于存储文本信息，它们是一种常见的数据类型。字符型数据表示文本，可以包括字母、数字、符号和空格。

R语言的字符型变量是使用双引号或单引号包裹字符或字符串的。

以下是一些关于字符型数据的示例代码。

```
# 创建字符串变量 fruit
fruit <- "Apple"
print(class(fruit))

# 创建字符变量 my_char
my_char <- 'A'
print(class(my_char))
```

上述示例代码运行结果如下。

```
[1] "character"
[1] "character"
```

**提示** ⚠

多个字符通常被称为字符串(string)。在计算机编程和数据处理中，“字符串”是一个通用的术语，用来描述包含多个字符的文本数据。

在R语言中，“字符型”和“字符串”通常可以互换使用，表示包含多个字符的文本数据。因此，我们可以将“字符型变量”和“字符串变量”视为同一个概念，它们都用于存储文本信息。

## 1.5.6 原始型

在R语言中，原始型通常指的是原始字节数据，用于存储二进制数据。原始型数据不常见，通常用于处理与计算机底层数据存储和通信相关的任务。以下是一些关于原始型数据的示例代码。

```
# 文本字符串转换为原始型数据，存储在 raw_variable 变量中
raw_variable <- charToRaw("Hello, World!")            ①
print(raw_data)
print(class(raw_data))                                ②
char_variable <- rawToChar(raw_variable)              ③
print(char_variable)
```

上述示例代码解释如下。

代码第①行使用charToRaw()函数将文本字符串“Hello, World!”转换为原始型数据，并将其存储在raw_variable变量中。

代码第②行使用class()函数打印变量raw_data的数据类型。

代码第③行使用rawToChar()函数将原始型数据raw_variable转换为文本字符串，并将结果存储在char_variable变量中。

上述示例代码运行结果如下。

```
[1] 48 65 6c 6c 6f 2c 20 57 6f 72 6c 64 21
[1] "raw"
[1] "Hello, World!"
```

### 1.5.7 数据类型转换

在R语言中，我们可以使用一些函数来进行类型转换，将一个数据类型转换为另一个数据类型。以下是常见的类型转换函数。

（1）as.character()：将对象转换为字符型。

（2）as.numeric()：将对象转换为数值型。

（3）as.integer()：将对象转换为整数型。

（4）as.logical()：将对象转换为逻辑型（布尔型）。

（5）as.factor()：将对象转换为因子型（用于分类数据）。

（6）as.Date()：将字符型或数值型对象转换为日期型。

这些类型转换函数允许我们在不同的数据类型之间进行转换，以满足数据处理和分析的需要。但需要注意的是，在进行类型转换时，确保数据的内容和格式允许进行转换，以避免潜在的错误。

以下是一些关于数据类型转换的示例代码。

```
# 字符转数值
x = as.numeric("1.23")
# 数值转整数
y=as.integer(1.23)
print(class(y))
# 字符转日期
z = as.Date("2023-02-01")
print(class(z))
# 因子转字符
fact <- factor(c("A", "B", "C"))
print(class(fact))
as.character(fact)
# 逻辑转数值
as.numeric(TRUE)
```

```
# 数值转字符
as.character(123)
# 字符转因子
as.factor(c("A", "B", "A"))
```

上述示例代码运行结果如下。

```
> # 字符转数值
> x = as.numeric("1.23")

> # 数值转整数
> y=as.integer(1.23)

> print(class(y))
[1] "integer"

> # 字符转日期
> z = as.Date("2023-02-01")

> print(class(z))
[1] "Date"

> # 因子转字符
> fact <- factor(c("A", "B", "C"))

> print(class(fact))
[1] "factor"

> as.character(fact)
[1] "A" "B" "C"

> # 逻辑转数值
> as.numeric(TRUE)
[1] 1

> # 数值转字符
> as.character(123)
[1] "123"

> # 字符转因子
> as.factor(c("A", "B", "A"))
[1] A B A
Levels: A B
```

# 1.6 运算符

在R语言中，有许多运算符，主要有算术运算符、关系运算符、逻辑运算符、赋值运算符。除了这四类运算符外，还有一些其他的运算符，本节将重点介绍这四类运算符，其他的运算符在后面使用时再详细介绍。

## 1.6.1 算术运算符

R语言中的算术运算模拟了各种数学操作，如加法、减法、乘法、除法和取模(余数)，在操作数之间使用指定的运算符，这些操作数可以是标量值、复数或向量。具体说明如表1-3所示。

表1-3 算术运算符

| 运算符 | 名称 | 例子 | 说明 |
| --- | --- | --- | --- |
| + | 加 | a + b | 可用于数字、向量等类型数据操作。对于数字类型是求和，对于其他类型是合并操作 |
| - | 减 | a - b | 求a减b的差 |
| * | 乘 | a * b | 可用于数字、向量等类型数据操作。对于数字类型是求积，对于其他类型是复制操作 |
| / | 除 | a / b | 求a除以b的商 |
| %% | 取模(余数) | a %% b | 求a除以b的余数 |
| ^ | 幂 | a ^ b | 求a的b次幂 |
| %/% | 整除 | a %/% b | 求比a除以b的商小的最大整数 |

算术运算示例代码如下。

```
# 定义两个变量
a <- 10
b <- 3

# 加法
sum_result <- a + b
print(paste("a + b =", sum_result))

# 减法
diff_result <- a - b
print(paste("a - b =", diff_result))

# 乘法
prod_result <- a * b
print(paste("a * b =", prod_result))
```

```
# 除法
div_result <- a / b
print(paste("a / b =", div_result))

# 取模（余数）
mod_result <- a %% b
print(paste("a %% b =", mod_result))

# 幂
power_result <- a ^ b
print(paste("a ^ b =", power_result))

# 整除
floor_div_result <- a %/% b
print(paste("a %/% b =", floor_div_result))
```

上述代码很简单，这里不再解释，其运行结果如下。

```
[1] "a + b = 13"
[1] "a - b = 7"
[1] "a * b = 30"
[1] "a / b = 3.33333333333333"
[1] "a %% b = 1"
[1] "a ^ b = 1000"
[1] "a %/% b = 3"
```

**提示** ⚠

上述代码中使用了paste()函数，它可以将多个字符型（字符串）或其他类型的对象组合成一个单一的字符串的函数。它允许我们将多个值连接在一起，可以指定分隔符来分隔这些值。

### 1.6.2 关系运算符

关系运算是比较两个表达式大小关系的运算，它的结果是逻辑型数据，即TRUE或FALSE。关系运算符有6种：==、!=、>、<、>=和<=，具体说明如表1-4所示。

表1-4　关系运算符

| 运算符 | 名称 | 例子 | 说明 |
|---|---|---|---|
| == | 相等 | x == y | 检查两个值是否相等，如果相等则返回TRUE，否则返回FALSE |
| != | 不等 | x != y | 检查两个值是否不相等，如果不相等则返回TRUE，否则返回FALSE |
| > | 大于 | x > y | 检查左侧的值是否大于右侧的值，如果成立则返回TRUE，否则返回FALSE |

续表

| 运算符 | 名称 | 例子 | 说明 |
| --- | --- | --- | --- |
| < | 小于 | x < y | 检查左侧的值是否小于右侧的值，如果成立则返回TRUE，否则返回FALSE |
| >= | 大于等于 | x >= y | 检查左侧的值是否大于或等于右侧的值，如果成立则返回TRUE，否则返回FALSE |
| <= | 小于等于 | x <= y | 检查左侧的值是否小于或等于右侧的值，如果成立则返回TRUE，否则返回FALSE |

关系运算符示例代码如下。

```
# 定义两个变量
x <- 5
y <- 10

# 相等
result_equal <- x == y
cat("x == y:", result_equal, "\n")

# 不等
result_not_equal <- x != y
cat("x != y:", result_not_equal, "\n")

# 大于
result_greater_than <- x > y
cat("x > y:", result_greater_than, "\n")

# 小于
result_less_than <- x < y
cat("x < y:", result_less_than, "\n")

# 大于等于
result_greater_equal <- x >= y
cat("x >= y:", result_greater_equal, "\n")

# 小于等于
result_less_equal <- x <= y
cat("x <= y:", result_less_equal, "\n")
```

上述代码很简单，这里不再解释，其运行结果如下。

```
x == y: FALSE
x != y: TRUE
```

```
x > y: FALSE
x < y: TRUE
x >= y: FALSE
x <= y: TRUE
```

**提示** ⚠

上述代码中使用了cat()函数，它与paste()函数的区别如下。

paste()函数主要用于将多个文本或对象连接成一个字符串，然后返回一个新的字符串，而不是直接将文本输出到控制台。我们可以使用sep参数来指定连接文本之间的分隔符。

cat()函数主要用于将文本输出到控制台，而不是返回一个新的字符串。它通常用于在R语言中打印信息、结果或变量的值。我们可以使用sep参数来指定在输出文本之间的分隔符，但它的主要目的是输出文本而不是创建一个新的字符串。

### 1.6.3 逻辑运算符

在R语言中，逻辑运算符用于执行逻辑操作，通常用于比较值、组合条件和进行逻辑运算。以下是R语言中常见的逻辑运算符，具体说明如表1-5所示。

**表1-5 逻辑运算符**

<table>
<tr><th>运算符</th><th>名称</th><th>例子</th><th>说明</th></tr>
<tr><td>&</td><td>逻辑与</td><td>a < 10 & b > 5</td><td>对两个条件都为真时返回真</td></tr>
<tr><td>&&</td><td>短路逻辑与</td><td>a < 10 && b > 5</td><td>短路运算符，只计算第一个条件，如果为假则不计算第二个条件</td></tr>
<tr><td>|</td><td>逻辑或</td><td>a < 10 | b < 5</td><td>只要其中一个条件为真就返回真</td></tr>
<tr><td>||</td><td>短路逻辑或</td><td>a < 10 || b < 5</td><td>短路运算符，只计算第一个条件，如果为真则不计算第二个条件</td></tr>
<tr><td>!</td><td>逻辑非</td><td>!(a < 10)</td><td>对一个条件取反，如果条件为真，则返回假；如果条件为假，则返回真</td></tr>
</table>

**提示** ⚠

短路逻辑与（&&）和短路逻辑或（||）能够采用最优化的计算方式，从而提高效率。在实际编程时，应该优先考虑使用短路逻辑运算符。

逻辑运算符示例代码如下。

```
i <- 0
a <- 10
b <- 9

f1 <- function() {                          ①
  return(a > b)
}
```

```
f2 <- function() {                                           ②
  print("--f2--\n")
  return(a == b)
}

if (f1() || f2()) {                                          ③
  print("或运算为 真\n")
} else {
  print("或运算为 假\n")
}

# 与运算示例
if (a < b && f2()) {                                         ④
  print("与运算为 真\n")
} else {
  print("与运算为 假\n")
}
```

上述示例代码解释如下。

为了测试，我们在代码第①行和第②行定义了两个函数，有关函数的具体概念我们将在第4章再详细介绍，这里不再赘述。

代码第③行的if语句中使用的是短路逻辑或(||)运算符，因为f1()调用结果为TRUE，所以后面的f2()不会被调用。

代码第④行的if语句中使用的是短路逻辑与(&&)运算符，因为a < b结果为FALSE，所以后面的f2()不会被调用。

上述示例代码运行结果如下。

```
[1] "或运算为 真\n"
[1] "与运算为 假\n"
```

读者可以将短路逻辑或(||)修改为逻辑或(|)，以及将短路逻辑与(&&)修改为逻辑与(&)测试一下，结果如下。

```
[1] "--f2--\n"
[1] "或运算为 真\n"
[1] "--f2--\n"
[1] "与运算为 假\n"
```

### 1.6.4 赋值运算符

R语言中的赋值运算符用于为R语言中的各种数据对象赋值。对象可以是整数、向量或函数。然后，这些值将通过分配的变量名称进行存储。赋值运算符主要有两种：<-和=。这两个运算符在

R语言中是等效的。

赋值运算符示例代码如下。

```
x <- 10    # 使用 <- 进行赋值
y = 20     # 使用 = 进行赋值，与 <- 等效
```

除了上述两种赋值运算符外，还有其他一些赋值运算符，我们在使用它们的时候再介绍。

## 1.7 本章总结

本章介绍了R语言的基础知识，包括环境搭建、编程入门、语法基础、数据类型、运算符。通过本章的学习，读者将学会安装R语言环境和RStudio，编写第一个R程序，了解R语言的语法和数据类型，以及各种运算符的使用。掌握这些基础知识可以为后续深入学习和应用R语言打下基础。

# 02 第2章 程序流程控制

在R语言中，程序流程控制语句分为决策语句、循环语句和跳转语句三大类：

- 决策语句，包括if语句和switch语句。
- 循环语句，包括for循环、while循环和repeat循环。
- 跳转语句，包括break语句和next语句。

本章我们将分别介绍这些语句。

## 2.1 决策语句

决策语句是一类可以控制程序按条件执行不同代码块的语句。在R语言中，决策语句主要包括if语句和switch语句。

### 2.1.1 if语句

由if语句引导的选择结构有if结构、if...else结构和if...else if...else结构三种。

**❶ if结构**

if结构流程如图2-1所示，首先测试条件表达式，如果为TRUE则执行代码块，否则就执行if语句结构后面的语句。

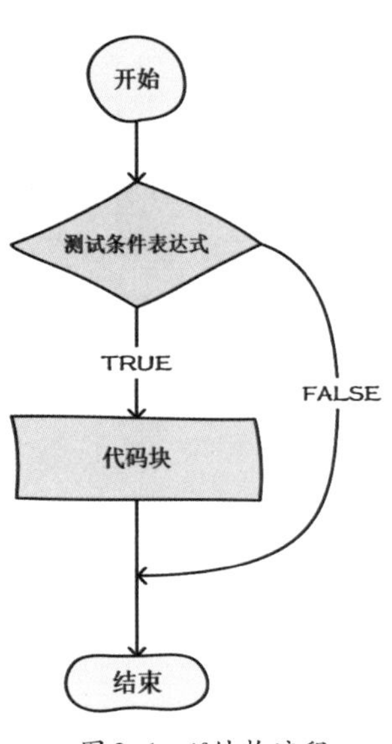


图2-1 if结构流程

if结构语法如下。

```
if (条件表达式) {
    代码块
}
```

if结构示例代码如下。

```
# 提示输入整数
cat("请输入一个整数:\n")

# 读取输入到变量x
```

```
x <- as.integer(readline())          ①

# 判断 x 是否大于 5
if(x > 5){
  print("x 大于 5")
} else {
  print("x 不大于 5")
}
```

这段代码的作用是从控制台读取用户输入的整数，并判断这个整数是否大于5。

上述示例代码解释如下。

代码第①行中使用readline()函数从控制台读取用户的输入，输入会作为字符串返回。然后使用as.integer()函数将字符串转换为整数，并将结果保存到变量x中。

上述示例代码运行到第①行时，程序会挂起，等待用户输入，如图2-2所示。如果我们输入一个有效的整数，然后按Enter键，程序会继续执行。程序运行结果如图2-3所示。

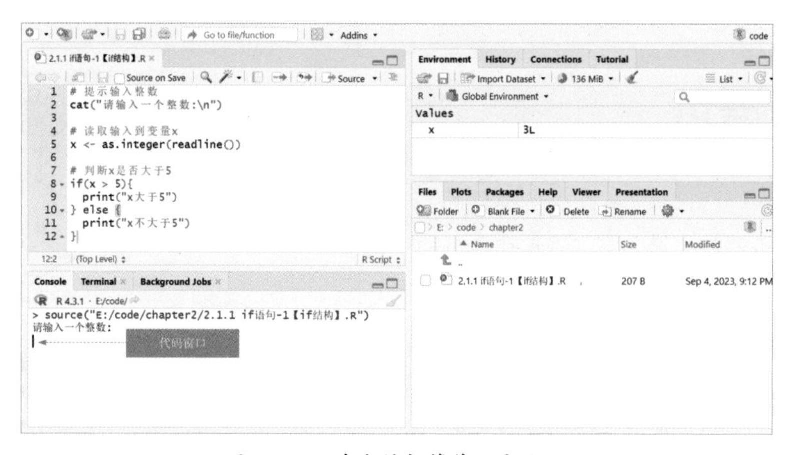


图2-2　程序会挂起等待用户输入

图2-3　程序运行结果

### ❷ if...else 结构

if...else结构流程如图2-4所示，首先测试条件表达式，如果值为TRUE，则执行代码块1，如果条件表达式为FALSE，则忽略代码块1而直接执行代码块2，然后继续执行后面的语句。

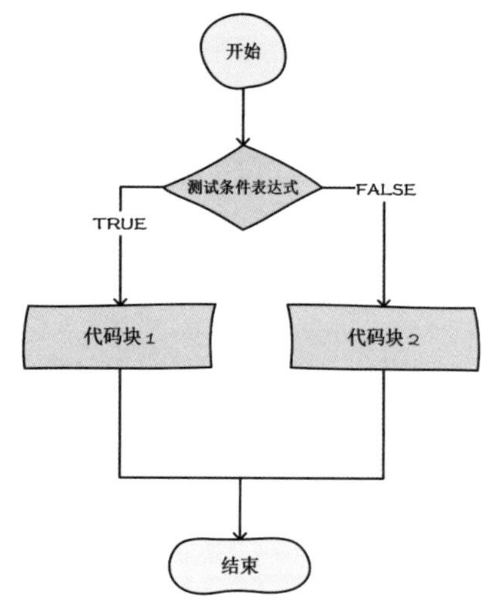


图2-4　if...else结构流程

if...else结构语法如下。

```
if (条件表达式) {
   代码块1
} else {
   代码块2
}
```

if...else结构示例代码如下。

```
# 打印提示信息
cat("请输入考试分数:")

# 从控制台读取输入
score <- as.integer(readline())

# 判断分数，打印输出
if(score < 60){
  print("不及格")
} else {
  print("及格")
}
```

上述代码的解释如下。

（1）提示输入考试分数。

（2）读取输入score变量。

（3）根据score值判断分数及格或不及格并打印。

读者可以自己运行上述代码，具体过程这里不再赘述。

### ❸ if...else if...else 结构

if...else if...else结构实际上是if...else结构的多层嵌套，它的特点是在多个分支中只执行一个分支中的代码块，而其他分支都不执行，所以这种结构可以用于有多种判断结果的分支中。

if...else if...else结构语法如下。

```
if (条件表达式1) {
    代码块1
} else if (条件表达式2) {
    代码块2
```

```
} else if (条件表达式3) {
    代码块3
...
} else if (条件表达式n) {
    代码块n
} else {
    代码块n+1
}
```

if...else if...else结构示例代码如下。

```
# 打印提示信息
cat("请输入考试成绩:")
# 读取控制台输入
testScore <- as.integer(readline())

grade <- NA                        ①
if(testScore >= 90){
  grade <- 'A'
} else if(testScore >= 80){
  grade <- 'B'
} else if(testScore >= 70){
  grade <- 'C'
} else if(testScore >= 60){
  grade <- 'D'
} else {
  grade <- 'F'
}

print(paste("Grade =", grade))
```

上述代码从控制台读取用户输入的分数，然后转换为F~A等级。

上述示例代码解释如下。

代码第①行NA代表“Not Available”（不可用），是一种特殊的值，用于表示空值或缺失值。

读者可以自己运行上述代码，具体过程这里不再赘述。

### 2.1.2 switch语句

if...else if...else结构使用起来很麻烦，R语言还提供了switch语句实现多个分支的条件判断，其基本形式如下。

```
switch(expression, case1, case2, case3, ...)
```

switch语句必须遵循下面的规则。

● switch 语句中的 expression 表达式结果值，可以是整数或字符串。

如果是整数则返回对应的case位置值，如果整数不在位置的范围内则返回 NULL。如果是字符串，则对应的是case中的变量名对应的值，没有匹配则没有返回值。

● switch 没有默认参数可用。

（1）switch 表达式结果值是整数时的示例代码如下。

```
# 从控制台获取用户输入的 day
day <- as.integer(readline("请输入一个整数（1-7）: "))

result <- switch(day,
                 "1" = "今天是星期一！",
                 "2" = "今天是星期二！",
                 "3" = "今天是星期三！",
                 "4" = "今天是星期四！",
                 "5" = "今天是星期五！",
                 "6" = "今天是星期六！",
                 "7" = "今天是星期日！",
                 "未知日期"
)
cat(result)
```

上述代码允许用户从控制台输入一个整数（1到7之间的值），然后根据输入的整数值选择并显示相应的消息。

上述示例代码的具体运行过程不再赘述。

（2）switch 表达式结果值是字符串时的示例代码如下。

```
# 从控制台获取用户输入的 day
day <- readline("请输入一个星期几（如星期一、星期二）: ")

result <- switch(day,
                 "星期一" = "今天是星期一！",
                 "星期二" = "今天是星期二！",
                 "星期三" = "今天是星期三！",
                 "星期四" = "今天是星期四！",
                 "星期五" = "今天是星期五！",
                 "星期六" = "今天是星期六！",
                 "星期日" = "今天是星期日！",
                 "未知日期"
)

cat(result)
```

上述代码允许用户从控制台输入一个星期几的中文名称，然后根据输入的星期几来选择不同的消息进行输出。

上述示例代码的具体运行过程不再赘述。

# 2.2 循环语句

循环语句能够使程序代码重复执行。在R语言中循环语句包括for循环、while循环和repeat循环。

## 2.2.1 for循环

在R语言中，我们可以使用for循环来执行重复的任务。for循环通常用于遍历向量、列表、数据框等数据结构中的元素。以下是使用for循环的基本语法。

```
for (variable in sequence) {
  # 执行循环体中的操作
}
```

其中，variable是一个变量名，用于存储每次迭代中的当前元素的值；sequence是一个要遍历的序列，可以是向量、列表、数据框等。

for循环示例代码如下。

```
numbers <- c(1, 2, 3, 4, 5)

# 使用 for 循环打印 numbers 中的所有元素
for (x in numbers) {
  print(x)
}
```

上述示例的目的是打印出一个名为numbers的向量中的所有元素。运行上述示例代码输出结果如下。

```
[1] 1
[1] 2
[1] 3
[1] 4
[1] 5
```

## 2.2.2 while循环

while循环是一种先判断后执行的循环结构。while循环结构流程如图2-5所示，首先测试条件表达式，如果值为

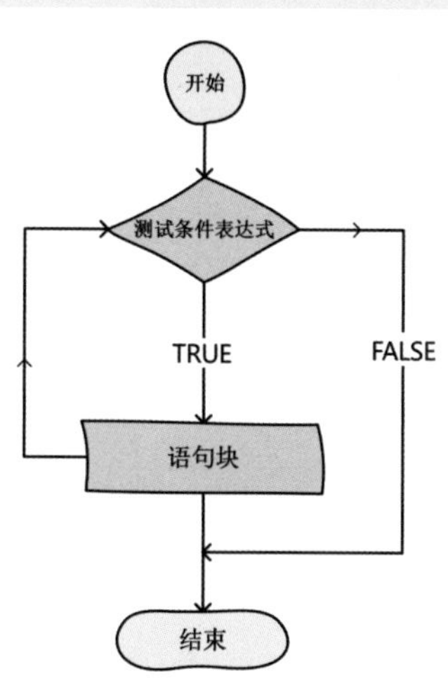


图2-5　while循环结构流程

TRUE，则执行语句块，接着继续测试条件表达式，如果为TRUE，则执行语句块，以此不断循环，直到条件表达式的值为FALSE；如果条件表达式的值为FALSE，则忽略语句块继续执行后面的语句。以下是while循环的基本语法。

```
while （条件） {
  # 循环体代码
  # 当条件为真时，循环将继续执行
}
```

while循环示例代码如下。

```
cat(" 请输入一个整数： ")
number <- as.integer(readline())  # 从标准输入读取整数

factorial <- 1
i <- 1
while (i <= number) {
  factorial <- factorial * i
  i <- i + 1
}

cat(number, " 的阶乘是： ", factorial, "\n")
```

上述示例代码实现了计算一个整数的阶乘，用户可以在控制台输入一个整数，然后程序会根据用户的输入计算这个整数的阶乘。

运行上述示例代码，如果我们输入5，则输出结果如下。

```
请输入一个整数： 5
5 的阶乘是：  120
```

## 2.2.3 repeat循环

在R语言中，repeat 循环是一种用来执行无限循环的控制结构。与for循环和while循环不同的是，repeat循环会一直执行，直到遇到break语句或手动停止循环。以下是 repeat 循环的基本语法。

```
repeat {
  # 循环体代码

  if （条件） {
    break  # 当条件满足时退出循环
  }
}
```

使用repeat循环重构2.2.2小节的阶乘示例，实现代码如下。

```
# 从用户输入获取要计算阶乘的整数
cat(" 请输入一个整数 : ")
number <- as.integer(readline())

# 初始化结果为 1
factorial <- 1

# 使用 repeat 循环计算阶乘
repeat {
  factorial <- factorial * number
  number <- number - 1

  if (number == 0) {
    break  # 当 number 减至 0 时退出循环               ①
  }
}

cat(" 阶乘是 :", factorial, "\n")
```

上述代码①通过break语句退出循环，有关break语句我们将在2.3节再详细介绍，示例代码的运行过程不再赘述。

## 2.3 跳转语句

在R语言中，有两种主要的跳转语句可用于控制程序的执行流程，分别是break语句和next语句。

### 2.3.1 break语句

break语句用于退出当前的循环，包括for循环、while循环和repeat循环。当break语句执行时，程序将立即退出当前的循环，并继续执行循环外的代码。通常，break语句用于在满足某个条件时提前结束循环。

在循环体中使用break语句的语法格式如下。

```
break
```

示例代码如下。

```
for (i in 1:10) {                                  ①
  if (i == 5) {
    break  # 当 i 等于 5 时退出循环                  ②
  }
```

```
  print(i)
}                                               ③
```

上述示例代码解释如下。

上述代码第①～③行进行的是for循环，它的目的是迭代从1到10的整数，并在特定条件下退出循环。其中，表达式1:10创建从1到10的整数序列，这就意味着它生成了以下整数序列：1, 2, 3, 4, 5, 6, 7, 8, 9, 10。

另外，in关键字通常用于在循环中迭代或遍历一个序列（如向量、列表、数据框等）的元素，它用于循环的控制结构。例如，for循环用于遍历集合中的每个元素并执行相应的操作。

代码第②行，当条件成立时，break语句会被执行。它的作用是退出当前的for循环，无论该循环还有多少迭代没有完成。

运行上述示例代码输出结果如下。

```
[1] 1
[1] 2
[1] 3
[1] 4
```

## 2.3.2 next语句

next语句用来结束本次循环，跳过循环体中尚未执行的语句，接着进行终止条件的判断，以决定是否继续循环。

在循环体中使用next语句的语法格式如下。

```
next
```

示例代码如下。

```
for (i in 1:10) {                                  ①
  if (i %% 2 != 0) {   # 如果 i 是奇数              ②
    next  # 跳过奇数，继续下一次迭代                 ③
  }
  print(i)                                         ④
}
```

上述示例代码实现了打印1～10之间的偶数，代码解释如下。

代码第①行开始一个for循环，i将从1到10迭代。

代码第②行检查i是不是奇数。在R语言中，%%运算符用于计算余数，因此i %% 2会计算i除以2的余数。如果余数不等于0，即i是奇数，条件成立。

代码第③行，当条件成立时，next语句被执行，它的作用是跳过当前迭代，然后继续下一次迭代。因此，在i是奇数的情况下，print(i)语句不会被执行。

代码第④行，在条件不成立时执行，即在i是偶数时执行。它的作用是打印当前i的值。

运行上述示例代码输出结果如下。

```
[1] 2
[1] 4
[1] 6
[1] 8
[1] 10
```

## 2.4 本章总结

本章讨论了R语言中的程序流程控制，包括决策语句、循环语句和跳转语句。if语句用于条件判断，switch语句用于处理多分支情况；for、while和repeat循环可实现重复任务；break和next语句控制循环行为。本章帮助读者掌握了程序流程控制的关键概念，为更高级的编程工作提供基础。

# 第3章 数据结构

数据结构（Data Structure）是R语言中的复合数据类型，它们可以存储多个值，通常是原子数据类型的向量或集合。常见的数据结构类型包括向量、列表、矩阵、数组、数据框、因子、字符串。

我们将分别介绍这些数据结构。

## 3.1 向量

R语言中向量（vector）分为两大类。

（1）原子向量（atomic vectors）。

（2）列表（list）。

本节重点介绍原子向量，列表将在下一节再详细介绍。

**提示**

如果不做特殊说明，本书中所提到的向量就是原子向量。

原子向量是一维的数据结构，可以包含相同数据类型的多个元素，它是R语言中最基本的数据结构。

原子向量的元素可以是数值、字符、逻辑值、复数或原生字节。常见的原子向量类型包括数值向量、字符向量、逻辑向量、复数向量和原生向量。整数类型向量如图3-1所示，字符类型向量如图3-2所示。

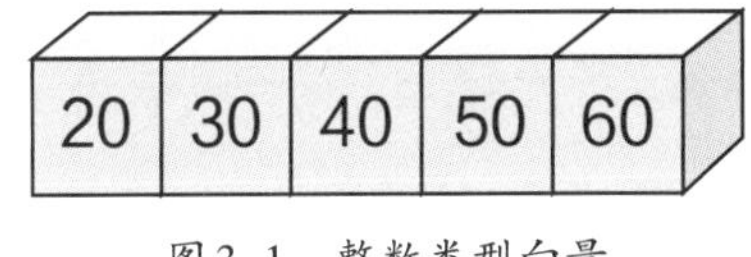


图3-1　整数类型向量

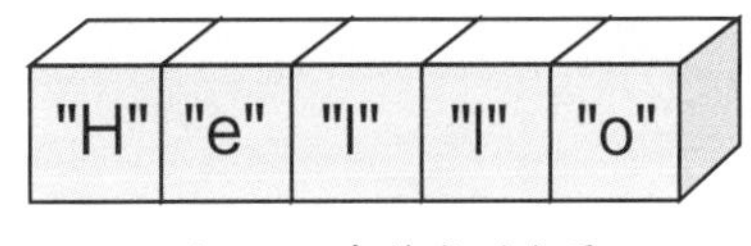


图3-2　字符类型向量

### 3.1.1 创建向量

在R语言中，有以下几种常用的创建向量的方法。

（1）使用c()函数手动创建向量。

示例代码如下。

```
# 创建字符向量
languages <- c("C++", "Java", "R")                    ①
print(typeof(languages))                              ②

# 创建数值向量
v1 <- c(4, 5, 6, 7)                                   ③
print(typeof(v1))
v2 <- c(1L, 4L, 2L, 5L)                               ④
print(typeof(v2))

# 默认情况下，数字会被转换为字符
v1<- c('Hello World', '2', 'hello', 57, 10.58)        ⑤
# 显示向量的类型
print(typeof(v1))
print(v1)
```

上述示例代码解释如下。

代码第①行创建一个字符向量。

代码第②行使用typeof()函数可以查看向量的类型。

代码第③行和第④行分别创建两个数值向量。

代码第⑤行创建的向量中元素有字符串和整数，需要注意的是数值会被转换为字符。

上述示例代码运行结果如下。

```
[1] "character"
[1] "double"
[1] "integer"
[1] "character"
[1] "Hello World" "2" "hello" "57" "10.58"
```

（2）使用其他方法创建向量。

示例代码如下。

```
# 1. 使用 seq() 创建递增序列向量
vec1 <- seq(1,10,2)        # 1 到 10 的奇数
print(vec1)

# 2. 使用 rep() 重复元素创建向量
vec2 <- rep(1, times=5)    # 5 个 1
print(vec2)

# 3. 使用 ":" 运算符创建等差序列向量
vec3 <- 1:10 # 等差数列
print(vec3)
```

上述示例代码运行结果如下。

```
[1] 1 3 5 7 9
[1] 1 1 1 1 1
[1]  1  2  3  4  5  6  7  8  9 10
```

## 3.1.2 向量属性

在 R 语言中，向量具有许多属性。这些属性可以提供有关向量的信息，包括长度、数据类型、维度等。以下是一些常见的向量属性。

（1）长度（Length）：表示向量中元素的数量。可以使用 length() 函数来获取向量的长度。

（2）数据类型（Data Type）：每个向量都有一个数据类型，它表示向量中元素的数据类型。常见的数据类型包括数值型、字符型、逻辑型等。

（3）维度（Dimension）：用于指示向量是不是多维的。通常向量是一维的，但如果我们将其重新维度化为矩阵或数组，它将具有维度属性。

示例代码如下。

```
my_vector <- c(10, 20, 30, 40, 50)
print(length(my_vector))      # 返回向量的长度，结果为 5
print(typeof(my_vector))      # 返回向量的数据类型，结果为 "double"
print(dim(my_vector))         # 返回 NULL，因为它是一维的向量
```

上述示例代码运行结果如下。

```
[1] 5
[1] "double"
NULL
```

## 3.1.3 访问向量元素

要访问向量元素，我们可以使用向量的索引。在 R 语言中，向量索引从1开始，而不是从0开始，这意味着第一个元素的索引是1，第二个元素的索引是2，依次类推。向量索引如图3-3所示。

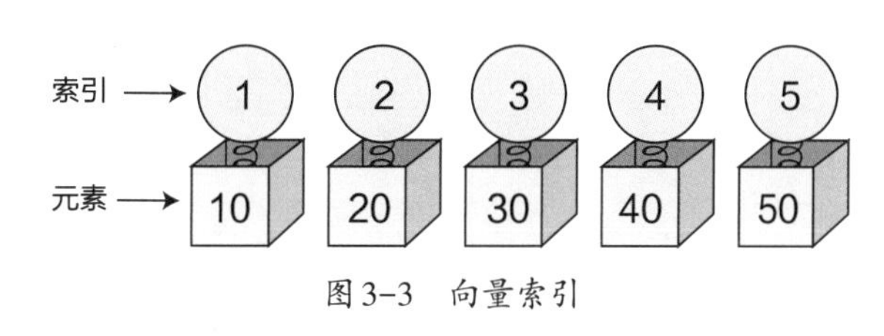


图3-3 向量索引

R语言中访问向量元素有多种形式，示例代码如下。

```
# 创建向量
my_vector <- c(10, 20, 30, 40, 50)

# 1. 使用单个索引：使用单个整数索引来访问向量中的单个元素。
```

```
element <- my_vector[3]  # 访问第三个元素，element 将等于 30    ①
print(element)

# 2. 使用多个索引：使用一个向量作为索引来同时访问多个元素。
indices <- c(2, 4)
selected_elements <- my_vector[indices]  # 访问第二个和第四个元素    ②
print(selected_elements)

# 3. 使用负数索引：使用负数索引可以从向量中排除特定元素。
without_element <- my_vector[-3]  # 从向量中排除第三个元素    ③
print(without_element)

# 4. 使用逻辑索引：使用逻辑向量作为索引，其中 TRUE 表示选择对应位置的元素，而 FALSE 表示不选择。
logical_indices <- c(FALSE, TRUE, FALSE, TRUE, FALSE)
selected_elements <- my_vector[logical_indices]  # 选择第二个和第四个元素    ④
print(selected_elements)

# 5. 使用索引范围：使用索引范围来选择一段元素。
selected_elements <- my_vector[2:4]  # 选择第二到第四个元素    ⑤
print(selected_elements)
```

上述示例代码解释如下。

代码第①行使用单个整数索引来访问向量中的单个元素。

代码第②行使用多个索引访问向量，这需要使用一个向量作为索引来同时访问多个元素。

代码第③行使用负数索引访问向量，它可以从向量中排除特定元素。

代码第④行使用逻辑索引访问向量，其中TRUE表示选择对应位置的元素，而FALSE表示不选择。

代码第⑤行使用索引范围访问向量，[2:4]表示选择第二到第四个元素。

上述示例代码运行结果如下。

```
[1] 30
[1] 20 40
[1] 10 20 40 50
[1] 20 40
[1] 20 30 40
```

### 3.1.4 遍历向量

遍历向量就是循环访问向量中的每个元素，我们可以使用不同的控制结构来完成这个任务，包括for循环、while循环和向量化操作。示例代码如下。

```
my_vector <- c(1, 2, 3, 4, 5)
```

```
print("-------采用 for 循环遍历 my_vector---------------")

for (element in my_vector) {
  print(element)
}
print("-------采用 while 循环遍历 my_vector---------------")
i <- 1
while (i <= length(my_vector)) {
  print(my_vector[i])
  i <- i + 1
}
```

上述示例代码运行结果如下。

```
[1] "-------采用 for 循环遍历 my_vector---------------"
[1] 1
[1] 2
[1] 3
[1] 4
[1] 5
[1] "-------采用 while 循环遍历 my_vector---------------"
[1] 1
[1] 2
[1] 3
[1] 4
[1] 5
```

### 3.1.5 检查向量中是否存在指定的元素

在 R 语言中，我们使用运算符“%in%”来检查向量或列表等数据结构中是否存在指定的元素并返回布尔值。如果运算结果返回TRUE，说明指定的元素存在；否则，返回FALSE。

使用运算符“%in%”的示例代码如下。

```
# 检查单个元素是否在向量中
element <- 3
my_vector <- c(1, 2, 3, 4, 5)
result <- element %in% my_vector  # 如果元素存在于向量中，result 将为 TRUE
print(result)

# 检查多个元素是否在向量中
elements <- c(2, 6, 8)
my_vector <- c(1, 2, 3, 4, 5)
results <- elements %in% my_vector  # results 将包含每个元素的存在结果
```

```
print(results)
```

上述示例代码运行结果如下。

```
[1] TRUE
[1] TRUE FALSE FALSE
```

## 3.2 列表

列表是一种特殊类型的向量，其中每个元素可以是不同类型的，甚至可以包含其他列表。列表也被称为通用向量，它是一种非常灵活的数据结构。多种类型数据列表如图3-4所示。

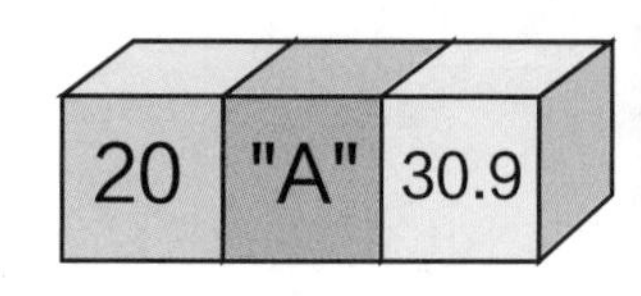

图3-4　多种类型数据列表

### 3.2.1 创建列表

使用list()函数可以创建一个新的列表，以下是创建列表的示例。

```
#1.创建一个空列表
my_list <- list()                                              ①
print(my_list)

#2.创建一个包含元素的列表
my_list <- list("apple", 2, TRUE, c(1, 2, 3))                  ②
print(my_list)

#3.创建一个带有名称的列表
my_list <- list(fruit = "apple", quantity = 2, in_stock = TRUE, numbers =
c(1, 2, 3))                                                    ③
print(my_list)

# 4.创建一个嵌套列表
nested_list <- list(                                           ④
  fruit = "apple",
  details = list(quantity = 2, in_stock = TRUE),
  prices = c(1.2, 0.8, 1.0)
)
print(nested_list)
```

上述示例代码解释如下。

代码第①行创建一个空列表。

代码第②行创建一个包含多个元素的列表 my_list，其中包括一个字符向量（"apple"）、一个整数(2)、一个逻辑值(TRUE),以及一个数值向量(c(1, 2, 3))。

代码第③行创建一个带有名称的列表 my_list。每个元素都有一个名称,其中fruit、quantity和numbers是元素的名称,这使得访问元素更容易和清晰。

代码第④行创建了一个嵌套的列表 nested_list,包含多个命名元素。其中一个元素是名为details的子列表,它本身包含了quantity 和in_stock 两个元素。

上述示例代码运行结果如下。

```
list()
[[1]]
[1] "apple"

[[2]]
[1] 2

[[3]]
[1] TRUE

[[4]]
[1] 1 2 3

$fruit
[1] "apple"

$quantity
[1] 2

$in_stock
[1] TRUE

$numbers
[1] 1 2 3

$fruit
[1] "apple"

$details
$details$quantity
[1] 2

$details$in_stock
[1] TRUE
```

```
$prices
[1] 1.2 0.8 1.0
```

### 3.2.2 访问列表元素

在R语言中可以使用$符号或[[ ]]符号来访问列表元素，这与访问向量元素的方式非常相似。这两种方法都提供了方便的方式来获取列表中的特定元素，具体取决于元素是否有名称。

**❶ 使用 $ 符号**

list$name：通过元素的名称来访问列表中的元素。这对于具有命名元素的列表非常方便。例如，my_list$fruit 用于访问名为fruit的元素的值。

**❷ 使用 [[ ]] 符号**

list[[index]]或list[["name"]]：通过元素的索引或名称来访问列表中的元素。这对于不具有命名元素或需要根据变量来访问元素的情况非常有用。例如，my_list[[1]] 或 my_list[["fruit"]] 用于访问第一个元素的值或名称为fruit的元素的值。

这些访问方法使得在R语言中处理列表变得非常灵活和方便，可以根据元素的结构和需求选择合适的方式来获取元素的值。

访问列表元素示例代码如下。

```
# 创建一个包含命名元素的列表
my_list <- list(fruit = "apple", quantity = 2, in_stock = TRUE)

# 使用 $ 符号访问列表中的元素
fruit_value <- my_list$fruit
quantity_value <- my_list$quantity
in_stock_value <- my_list$in_stock

# 打印访问到的值
cat("水果:", fruit_value, "\n")
cat("数量:", quantity_value, "\n")
cat("是否有库存:", in_stock_value, "\n")

print("-------------------")

# 创建一个不具有命名元素的列表
my_list <- list("apple", 2, TRUE)

# 使用 [[ ]] 符号通过索引访问列表中的元素
first_element <- my_list[[1]]
second_element <- my_list[[2]]
```

```
third_element <- my_list[[3]]

# 打印访问到的值
cat(" 第一个元素 :", first_element, "\n")
cat(" 第二个元素 :", second_element, "\n")
cat(" 第三个元素 :", third_element, "\n")
```

上述示例代码运行结果如下。

```
水果 : apple
数量 : 2
是否有库存 : TRUE
[1] "--------------------"
第一个元素 : apple
第二个元素 : 2
第三个元素 : TRUE
```

## 3.2.3 修改列表元素

要修改列表中的元素，我们也可以使用$符号或[[ ]]符号来访问元素，然后对其进行赋值以更新值。以下是修改列表元素的示例代码。

```
# 创建一个包含命名元素的列表
print("-----------------")
my_list <- list(fruit = "apple", quantity = 2, in_stock = TRUE)

# 使用 $ 符号访问并修改列表中的元素
my_list$fruit <- "banana"   # 修改水果的值为 "banana"
my_list$quantity <- 3       # 修改数量的值为 3

# 打印更新后的列表
print(my_list)

# 创建一个不具有命名元素的列表
my_list <- list("apple", 2, TRUE)

# 使用 [[ ]] 符号通过索引访问并修改列表中的元素
my_list[[1]] <- "banana"  # 修改第一个元素的值为 "banana"
my_list[[2]] <- 3         # 修改第二个元素的值为 3

print("-----------------")
# 打印更新后的列表
print(my_list)
```

上述示例代码运行结果如下。

```
[1] "------------------"
$fruit
[1] "banana"

$quantity
[1] 3

$in_stock
[1] TRUE

[1] "------------------"
[[1]]
[1] "banana"

[[2]]
[1] 3

[[3]]
[1] TRUE
```

### 3.2.4 向列表中添加元素

向量长度是固定的，而列表的长度是可变的，可以根据需要动态增加或减少元素。这种灵活性使得列表在处理各种不同类型的数据和数据结构时非常有用。当我们在列表中添加新元素或从列表中删除元素时，其长度会相应改变。

向列表中添加元素的方法如下。

（1）使用$符号或[[ ]]符号来添加新的命名元素或非命名元素。

（2）使用append()函数来添加元素。

向列表中添加元素的示例代码如下。

```
# 创建一个空列表
print("---------1--------")
my_list <- list()
# 使用 append() 函数添加新元素
my_list <- append(my_list, "new_element")
print(my_list)

print("---------2--------")

# 创建一个空列表
```

```
my_list <- list()
# 向列表中添加新的命名元素
my_list$new_element <- "value"

# 或向列表中添加新的非命名元素
my_list[[length(my_list) + 1]] <- "new_value"
print(my_list)

print("---------3--------")
# 创建一个空列表
my_list <- list()
# 使用 append() 函数添加新元素
my_list <- append(my_list, "new_element")
print(my_list)
```

上述示例代码运行结果如下。

```
[1] "---------1--------"
[[1]]
[1] "new_element"

[1] "---------2--------"
$new_element
[1] "value"

[[2]]
[1] "new_value"

[1] "---------3--------"
[[1]]
[1] "new_element"
```

### 3.2.5 删除列表中的元素

我们可以在列表中添加元素，也可以删除列表中的元素。删除列表中的元素的方法如下。

（1）使用$符号或[[ ]]符号来删除命名元素或非命名元素。

（2）使用[-index]运算符可以删除指定索引的元素，其中负号（-）表示删除的意思，即删除指定索引位置的元素。

删除列表中的元素的示例代码如下。

```
# 创建一个包含命名元素的列表
my_list <- list(fruit = "apple", quantity = 2, in_stock = TRUE)
```

```
# 使用 $ 符号删除命名元素
my_list$fruit <- NULL

# 或使用 [[ ]] 符号删除非命名元素
my_list[[2]] <- NULL

print("---------1--------")
print(my_list)

# 创建一个包含元素的列表
my_list <- list("apple", "banana", "cherry")

# 使用 [-index] 运算符删除指定索引的元素
my_list <- my_list[-2]   # 删除第二个元素

print("---------2--------")
print(my_list)
```

上述示例代码运行结果如下。

```
[1] "---------1--------"
$quantity
[1] 2

[1] "---------2--------"
[[1]]
[1] "apple"

[[2]]
[1] "cherry"
```

## 3.3 矩阵

在R语言中，矩阵（Matrix）是一个二维的数据结构，包含相同数据类型的元素。3×3数值矩阵如图3-5所示。

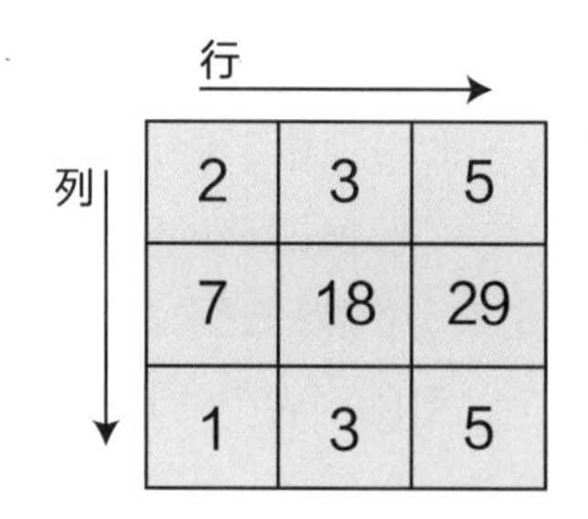


图3-5　3×3数值矩阵

### 3.3.1 创建矩阵

创建矩阵使用matrix()函数，该函数的语法如下。

```
matrix(vector, nrow, ncol, byrow)
```

参数说明如下。

- vector：具有相同数据类型的数据项。
- nrow：行数。
- ncol：列数。
- byrow（可选）：在创建矩阵时，用于控制数据按行或列的顺序填充矩阵。这个参数的取值可以是TRUE或FALSE，它影响矩阵的填充方式。

（1）当byrow = TRUE时，数据将按行的顺序填充矩阵。这意味着从左到右填充一行，然后移到下一行，依次类推。这种方式在某些情况下更符合直觉，特别是有一串数据，我们希望将其按行分组成矩阵时。

（2）当byrow = FALSE时，数据将按列的顺序填充矩阵。这意味着从上到下填充一列，然后移到下一列，依次类推。这是默认的填充方式。

创建矩阵的示例代码如下。

```
mat1 <- matrix(c(2, 3, 5, 7, 18,19,1,3,5), nrow = 3, ncol = 3,
                byrow = TRUE)                     ①

print("-------- 矩阵 1--------")
print(mat1)
mat2 <- matrix(1:6, nrow = 2, ncol = 3)           ②
print("-------- 矩阵 2--------")
print(mat2)
```

上述示例代码解释如下。

代码第①行创建了一个3 × 3的矩阵mat1，并按行填充（因为byrow = TRUE）。数据由c(2, 3, 5, 7, 18, 19, 1, 3, 5)向量提供，按照行优先的方式填充。矩阵的内容如下。

```
     [,1] [,2] [,3]
[1,]    2    3    5
[2,]    7   18   19
[3,]    1    3    5
```

代码第②行创建了一个2 × 3的矩阵mat2，默认情况下按列填充（因为没有指定byrow参数，它默认为FALSE）。数据由1到6的整数提供，按列填充，矩阵的内容如下。

```
     [,1] [,2] [,3]
[1,]    1    3    5
[2,]    2    4    6
```

### 3.3.2 访问矩阵中的元素

访问矩阵中的元素是在R语言中进行矩阵操作的基本操作之一。我们可以使用方括号［行,列］来访问矩阵中的特定元素。以下是展示在R语言中访问矩阵中的元素的示例代码。

```
mat <- matrix(c(1, 2, 3, 4, 5, 6), nrow = 2, ncol = 3)
# 1. 获取特定的元素（如第一行第二列的元素）
print("---- 获取第一行第二列的元素值 ----")
element <- mat[1, 2]                                        ①
# element 现在包含 mat 矩阵中第一行第二列的元素值
print(element)

# 2. 获取整行或整列
# 获取第一行
print("---- 获取第一行 ----")
row1 <- mat[1, ]                                            ②
# row1 包含 mat 矩阵的第一行
print(row1)
# 获取第二列
print("---- 获取第二列 ----")
col2 <- mat[, 2]                                            ③
# col2 包含 mat 矩阵的第二列
print(col2)

# 3. 使用向量索引访问多个元素
elements <- mat[1, c(2, 3)]                                 ④
# elements 包含 mat 矩阵中第一行的第二和第三列的元素值
print("---- 矩阵中第一行的第二和第三列的元素值 ----")
print(elements)

# 4. 使用逻辑条件访问元素
greater_than_2 <- mat[mat > 2]                              ⑤
# greater_than_2 包含 mat 矩阵中所有大于 2 的元素值
print("---- 矩阵中所有大于 2 的元素值 ----")
print(greater_than_2)
```

上述示例代码解释如下。

上述代码创建了一个2×3矩阵mat。2×3矩阵如图3-6所示。

代码第①行使用向量索引访问多个元素，获取单个元素值，元素值是3。使用向量索引访问多个元素如图3-7所示。

代码第②行获取整个第一行数据。访问第一行数据如图3-8所示。

代码第③行获取整个第二列数据。访问第二行数据如图3-9所示。

代码第④使用向量索引访问多个元素。使用向量索引访问多个元素如图3-10所示。

代码第⑤使用逻辑条件访问元素。使用逻辑条件访问元素如图3-11所示。

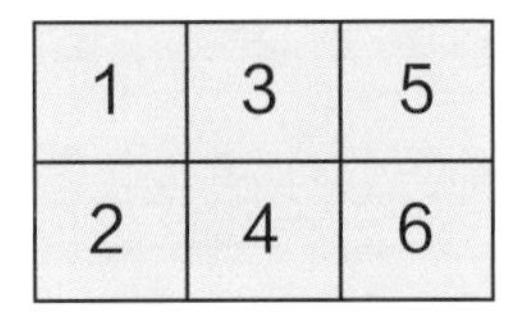

图3-6　2×3矩阵

| 1 | 3 | 5 |
|---|---|---|
| 2 | 4 | 6 |

图3-7　使用向量索引访问单个元素

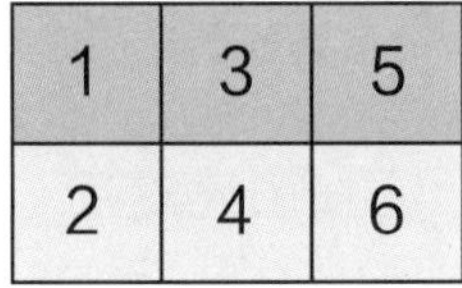

图3-8　访问第一行数据

| 1 | 3 | 5 |
|---|---|---|
| 2 | 4 | 6 |

图3-9　访问第二列数据

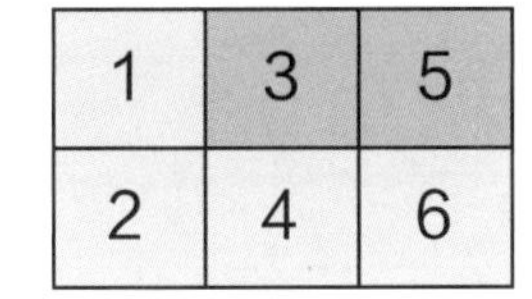

图3-10　使用向量索引访问多个元素

| 1 | 3 | 5 |
|---|---|---|
| 2 | 4 | 6 |

图3-11　使用逻辑条件访问元素

上述示例代码运行结果如下。

```
[1] "---- 获取第一行第二列的元素值 ----"
[1] 3
[1] "---- 获取第一行 ----"
[1] 1 3 5
[1] "---- 获取第二列 ----"
[1] 3 4
[1] "---- 矩阵中第一行的第二和第三列的元素值 ----"
[1] 3 5
[1] "---- 矩阵中所有大于 2 的元素值 ----"
[1] 3 4 5 6
```

### 3.3.3 矩阵属性

在R语言中，矩阵的一些属性可用于描述和操作矩阵的特征和结构。以下是一些常见的矩阵属性。

（1）维度：是矩阵最基本的属性，它确定了矩阵的行数和列数。我们可以使用dim()函数获取矩阵的维度。

（2）长度：表示矩阵中元素的数量。我们可以使用 length() 函数来获取向量的长度。

（3）矩阵行数：使用nrow()函数来获取矩阵的行数。该函数返回矩阵中的行数作为结果。

（4）矩阵的列数：使用ncol()函数来获取矩阵的列数。该函数返回矩阵中的列数作为结果。

（5）存储模式（Storage Mode）：表示矩阵中元素的数据类型，通常是integer、numeric、character等。我们可以使用mode()函数来获取存储模式。

示例代码如下。

```
# 获取矩阵的维度
mat <- matrix(1:12, nrow = 3, ncol = 4)
dimensions <- dim(mat)
cat(" 矩阵的维度 ", dimensions, "\n")

# 获取矩阵的行数或列数
num_rows <- nrow(mat)
num_cols <- ncol(mat)
cat(" 矩阵的行数 ",num_rows, "\n")
cat(" 矩阵的列数 ",num_cols, "\n")

# 获取矩阵的总元素个数
num_elements <- length(mat)
cat(" 矩阵的总元素个数 ",num_elements, "\n")

# 获取矩阵存储模式
matrix_mode <- mode(mat)
cat(" 获取矩阵存储模式 ",matrix_mode, "\n")
```

上述示例代码运行结果如下。

```
矩阵的维度 3 4
矩阵的行数 3
矩阵的列数 4
矩阵的总元素个数 12
获取矩阵存储模式 numeric
```

### 3.3.4 矩阵转置

矩阵转置是一种常见的矩阵操作，它可以通过改变矩阵的行和列的位置来创建新的矩阵。在R语言中，我们可以使用t()函数来获取矩阵的转置，转置后的矩阵的行数和列数将交换。例如，如果原始矩阵mat是一个2×3矩阵，那么其转置矩阵将成为一个3×2矩阵。

请注意，矩阵转置只是返回一个新的矩阵，而不会改变原始矩阵。

以下是关于矩阵转置的示例代码。

```
mat <- matrix(1:6, nrow = 2, ncol = 3)
print("------------ 转置前 -------------")
print(mat)
transposed_mat <- t(mat)
print("------------ 转置后 -------------")
print(mat)
```

在这个示例中，transposed_mat将包含mat的转置矩阵。

上述示例代码运行结果如下。

```
[1] "------------ 转置前 ------------"
     [,1] [,2] [,3]
[1,]    1    3    5
[2,]    2    4    6

[1] "------------ 转置后 ------------"
     [,1] [,2] [,3]
[1,]    1    3    5
[2,]    2    4    6
```

## 3.4 数组

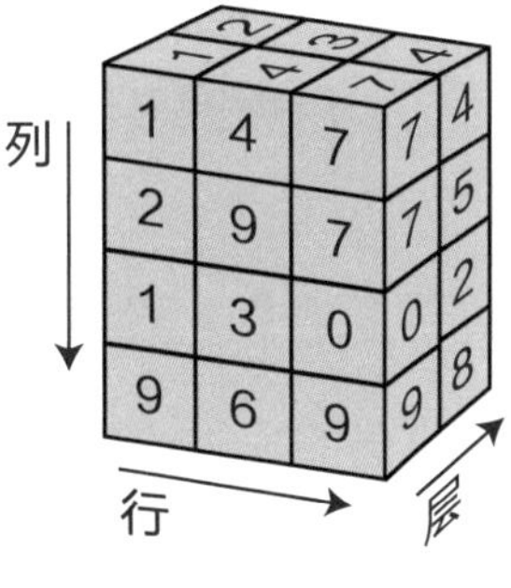


图3-12 数值类型的三维数组

数组(Array)是R语言中的一种多维数据结构，可以容纳具有相同数据类型的元素。数组可以拥有多个维度(通常是三个或更多维度)，而不仅仅是二维。数值类型的三维数组如图3-12所示。数组在处理多维数据集合时非常有用，如三维图像、四维气象数据或更高维度的数据。

另外，我们之前介绍的向量是一维数组。矩阵是二维数组，它具有两个维度：行和列。

### 3.4.1 创建数组

创建数组使用array()函数，该函数的基本语法如下。

```
array(data, dim, dimnames)
```

参数说明如下。

- data：包含数组元素的向量。
- dim：一个指定数组各个维度大小的向量，用于定义数组的形状(维度)。
- dimnames：一个可选参数，用于指定数组各维度的名称。

创建数组的示例代码如下。

```
# 创建一个2×3的二维字符数组
char_mat <- array(c("A", "B", "C", "D", "E", "F"), dim = c(2, 3))     ①
print("----- 打印二维字符数组 -----")
print(char_mat)
# 创建三维数组
# 创建一个3×4×2的三维数组
arr <- array(0:24, dim = c(3, 4, 2))                                   ②
```

```
print("----- 打印三维数组 -----")
print(arr)
```

上述示例代码解释如下。

代码第①行创建了一个2行3列的二维字符数组char_mat，其中包含字符元素"A""B""C""D""E""F"，通过指定dim参数来设置数组的维度。

代码第②行创建了一个3×4×2的三维整数数组arr，其中包含从0到24的整数元素。3×4×2的三维整数数组arr如图3-13所示。同样，它通过指定dim参数来设置数组的维度。这个数组是一个三维数据集，包含两个层(或深度)，每个层都是一个3×4的矩阵。这种数组通常用于表示多维数据，如多维时间序列或三维图像数据。

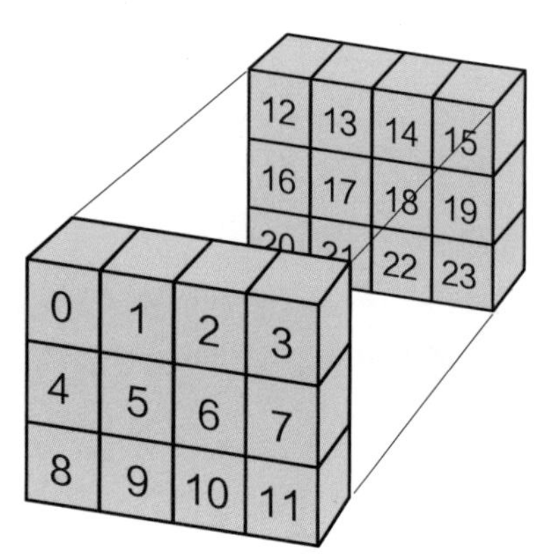

图3-13　3×4×2的三维整数数组arr

上述示例代码运行结果如下。

```
[1] "----- 打印二维字符数组 -----"
    [,1] [,2] [,3]
[1,] "A"  "C"  "E"
[2,] "B"  "D"  "F"
[1] "----- 打印三维数组 -----"
, , 1

    [,1] [,2] [,3] [,4]
[1,]    0    3    6    9
[2,]    1    4    7   10
[3,]    2    5    8   11

, , 2

    [,1] [,2] [,3] [,4]
[1,]   12   15   18   21
[2,]   13   16   19   22
[3,]   14   17   20   23
```

### 3.4.2 访问数组元素

要访问数组中的元素，我们可以使用索引。不同维度的数组需要不同数量的索引来访问。以下是访问数组中的元素的示例代码。

```
# 1. 访问二维数组元素
print("--------1. 访问二维数组元素 --------")
```

```
# 创建一个 2×3 的二维整数数组 mat
mat <- array(1:6, dim = c(2, 3))
# 访问特定元素第 1 行第 2 列的元素
element <- mat[1, 2]
print(element)
# 2. 访问整行或整列，如第 2 行的所有元素
print("--------2. 访问整行或整列 --------")
row_elements <- mat[2, ]                                    ①
# row_elements 包含一个包含第 2 行所有元素的向量
print(row_elements)
# 3. 访问三维数组元素
print("--------3. 访问三维数组元素 --------")
# 创建一个 3×4×2 的三维整数数组
arr <- array(0:23, dim = c(3, 4, 2))
# 访问 arr 数组的第 2 行，第 3 列，第 2 层的元素
element <- arr[2, 3, 2]                                     ②
print(element)
```

上述示例代码解释如下。

代码第①表达式mat[2, ]中只指定了行索引，没有指定列索引，它返回第2行所有元素的向量。

代码第②表达式arr[2, 3, 2]访问arr数组的第2行、第3列、第2层的元素。

上述示例代码运行结果如下。

```
[1] "--------1. 访问二维数组元素 --------"
[1] 3
[1] "--------2. 访问整行或整列 --------"
[1] 2 4 6
[1] "--------3. 访问三维数组元素 --------"
[1] 19
```

## 3.5 数据框

数据框是R语言中非常常用的数据结构，它是一个表格形式的数据对象，类似于电子表格或SQL数据库中的表。数据框如图3-14所示。数据框由行和列组成，每列可以包含不同的数据类型（如字符、数值、因子等）。数据框通常用于存储和处理结构化数据，如实验数据、统计数据、观察结果等。

| Name | Age | Pass |
|---|---|---|
| "Alice" | 18 | FALSE |
| "Bob" | 20 | TRUE |
| "Carol" | 22 | FALSE |
| "David" | 19 | TRUE |

图3-14　数据框

数据框有以下几个关键特点。

（1）数据框中的每一列都需要有一个唯一的列名，这是访问列数

据的关键。

（2）数据框中每一列的长度（行数）需要相同，这样每一行都有完整的数据。

（3）数据框要求同一列中的每个元素必须是相同的数据类型，比如全为数值或者全为字符等。

（4）数据框不同列可以包含不同类型的数据。

### 3.5.1 创建数据框

要创建数据框，我们可以使用 data.frame() 函数。以下是创建数据框的基本语法。

```
df <- data.frame(
  列名1 = 向量1,
  列名2 = 向量2,
  ...
)
```

说明如下。

- df 是为数据框指定的名称，我们可以自行命名。
- 列名1, 列名2, ... 是为数据框的各列指定的列名。
- 向量1, 向量2, ... 是包含数据的向量，这些向量将成为数据框的列。

以下是展示创建一个包含学生信息的数据框的示例代码。

```
# 创建一个包含学生信息的数据框
students <- data.frame(
  Name = c("Alice", "Bob", "Carol", "David"),
  Age = c(18, 20, 22, 19),
  Pass = c(FALSE,TRUE,FALSE,TRUE)
)

print(students)
```

上述代码创建一个名为students的数据框，包含了 Name、Age 和 Pass 三列，分别表示学生的姓名、年龄和是否通过。

上述示例代码运行结果如下。

```
   Name Age  Pass
1 Alice  18 FALSE
2   Bob  20  TRUE
3 Carol  22 FALSE
4 David  19  TRUE
```

## 3.5.2 从数据框中提取数据

从数据框中提取数据是R语言中的常见操作，通常需要根据分析的需要选择特定的行和列。以下是从数据框中提取数据的常用方法。

（1）提取列：通过列名来选择特定的列，可以使用$运算符或双方括号[[]]运算符。

（2）提取行：通过行的索引位置来选择特定的行。

（3）组合提取：可以同时选择行和列来提取数据。

（4）集化：使用不同的函数（如 subset()）和条件来创建数据的子集。

示例代码如下。

```
# 创建一个包含学生信息的数据框
students <- data.frame(
  Name = c("Alice", "Bob", "Carol", "David"),
  Age = c(18, 20, 22, 19),
  Grade = c("A", "B", "C", "A")
)

# 提取学生姓名列
names <- students$Name
print(names)
# 提取学生姓名和年龄列
nameAndAge <- students[, c("Name", "Age")]
print("---- 提取学生姓名和年龄列 ------")
print(nameAndAge)
# 提取第 1 行的学生信息
firstStudent <- students[1, ]
print("---- 提取第 1 行的学生信息 ------")
print(firstStudent)
# 提取年龄大于等于 20 岁的学生信息
olderStudents <- subset(students, Age >= 20)
print("---- 提取年龄大于等于 20 岁的学生信息 ------")
print(olderStudents)
# 提取第 2 到 4 行及姓名和成绩列的数据
selectedData <- students[2:4, c("Name", "Grade")]
print("---- 提取第 2 到 4 行及姓名和成绩列的数据 ------")
print(selectedData)
```

上述示例代码运行结果如下。

```
[1] "---- 提取学生姓名和年龄列 ------"
[1] "Alice" "Bob" "Carol" "David"
```

```
[1] "---- 提取学生姓名和年龄列 ------"
   Name Age
1 Alice  18
2   Bob  20
3 Carol  22
4 David  19
[1] "---- 提取第 1 行的学生信息 ------"
   Name Age Grade
1 Alice  18     A
[1] "---- 提取年龄大于等于 20 岁的学生信息 ------"
   Name Age Grade
2   Bob  20     B
3 Carol  22     C
[1] "---- 提取第 2 到 4 行以及姓名和成绩列的数据 ------"
   Name Grade
2   Bob     B
3 Carol     C
4 David     A
```

### 3.5.3 添加行和列

在R语言中，可以通过不同的方法来添加新的行和列到已存在的数据框中。以下是添加行和列的常用方法。

（1）添加新列：可以使用$运算符来创建并添加新列。

（2）添加新行：可以使用rbind()函数将新的数据行添加到已存在的数据框中。

示例代码如下。

```
# 创建一个包含学生信息的数据框
students <- data.frame(                          ①
  Name = c("Alice", "Bob", "Carol", "David"),
  Age = c(18, 20, 22, 19),
  Grade = c("A", "B", "C", "A")
)

students$Score <- c(90, 85, 78, 92)              ②
print("-------- 添加 Score 列 ----------")
print(students)
# 创建一个新的学生
new_student <- data.frame(Name = "Eva", Age = 21, Grade = "B", Score = 88) ③
students <- rbind(students, new_student)         ④
print("-------- 添加 Eva 行 ----------")
```

```
print(students)
```

上述示例代码解释如下。

代码第①行创建一个数据框 students 包含三列：姓名（Name）、年龄（Age）、成绩等级（Grade）。

代码第②行使用$运算符添加一个新的列 Score，该列包含学生的分数信息。

代码第③行创建一个新的数据框new_student，表示一个名为Eva的新学生的信息，包括姓名、年龄、成绩等级和分数。

代码第④行使用rbind()函数将新学生的信息添加到现有的 students 数据框中，从而添加了一行新的数据。

上述示例代码运行结果如下。

```
[1] "--------- 添加 Score 列 -----------"
   Name Age Grade Score
1 Alice  18     A    90
2   Bob  20     B    85
3 Carol  22     C    78
4 David  19     A    92
[1] "--------- 添加 Eva 行 -----------"
   Name Age Grade Score
1 Alice  18     A    90
2   Bob  20     B    85
3 Carol  22     C    78
4 David  19     A    92
5   Eva  21     B    88
```

## 3.5.4 删除行和列

在R语言中，我们可以使用不同的方法来删除数据框中的行和列。以下是删除行和列的常用方法。

（1）删除列：可以使用$运算符将列设置为NULL，从而删除列。

（2）删除行：可以使用负数索引来删除指定的行。

示例代码如下。

```
# 创建一个包含学生信息的数据框
students <- data.frame(
  Name = c("Alice", "Bob", "Carol", "David"),
  Age = c(18, 20, 22, 19),
  Grade = c("A", "B", "C", "A")
)
# 使用 $ 运算符删除 Grade 列
students$Grade <- NULL
```

```
print("-------- 删除 Grade 列 ----------")
print(students)
print("-------- 删除第 2 行 ----------")
students <- students[-2, ]
print(students)
```

上述示例代码运行结果如下。

```
[1] "-------- 删除 Grade 列 ----------"
   Name   Age
1 Alice    18
2   Bob    20
3 Carol    22
4 David    19
[1] "-------- 删除第 2 行 ----------"
   Name   Age
1 Alice    18
3 Carol    22
4 David    19
```

## 3.6 因子

在R语言中，因子(Factor)是一种用来表示分类数据的数据类型。分类数据是具有有限数量的不同类别或级别的数据，如性别(男、女)、颜色(红、绿、蓝)、学历(高中、本科、研究生)等。因子将这些类别数据存储为整数，并将每个整数映射到一个标签或级别。因子在数据分析和统计中非常有用，它们可以帮助我们识别和处理分类变量。

### 3.6.1 创建因子

创建因子可以使用 factor() 函数，其基本语法格式如下。

```
factor(x, levels, labels, ordered = FALSE)
```

参数说明如下。

- x：要转换为因子的向量。
- levels(可选)：指定因子的水平，即可用的类别标签。这是一个可选参数，通常不需要手动指定，因为R会自动从 x 中的唯一值生成水平。
- labels(可选)：指定与每个水平对应的标签或类别名称。如果不指定，R将使用 x 中的唯一值作为标签。

● ordered（可选）：一个逻辑值，用于指示是否创建有序因子。如果为TRUE，则因子将有一定的顺序或等级，默认值为FALSE。

示例代码如下。

```
gender <- c("Male", "Female", "Male", "Male", "Female")          ①
gender_factor <- factor(gender)                                  ②
print(gender_factor)
```

上述示例代码解释如下。

代码第①行创建了一个字符向量gender，它包含5个元素，取值是Male或Female。

代码第②行使用factor()函数，基于gender向量创建了一个因子gender_factor。

上述示例代码运行结果如下。

```
[1] Male   Female   Male   Male   Female
Levels: Female Male
```

通过运行结果可知，虽然我们为向量gender提供的元素，有很多重复元素，但是最后只有两个水平：Female和Male。

### 3.6.2 因子属性

因子具有两个主要属性，即水平（levels）和标签（label），它们的说明如下。

（1）水平指因子中的每个唯一取值，或者说每个分类。

（2）标签是对每个水平的文字描述或名称。

示例代码如下。

```
# 创建一个具有自定义标签的因子
education <- factor(c("高中", "大学", "研究生","高中", "大学","高中", "大学"),
                    levels = c("高中", "大学", "研究生"))
# 打印因子
print(education)
print("----打印水平---")
# 打印水平
print(levels(education))                    ①
label = labels(education)                   ②
print("----打印标签---")
print(label)
```

在上述示例中，education 因子的标签是“高中”“大学”和“研究生”，这些标签表示了不同的教育水平。

上述示例代码解释如下。

代码第①行通过levels()函数获取education的水平。

代码第②行通过labels()函数获取education的标签。

上述示例代码运行结果如下。

```
[1] 高中    大学    研究生    高中    大学    高中    大学
Levels: 高中 大学 研究生
[1] "---- 打印水平 ---"
[1] "高中"    "大学"    "研究生"
[1] "---- 打印标签 ---"
[1] "1" "2" "3" "4" "5" "6" "7"
```

# 3.7 字符串

从R语言的角度来看，字符串可以被认为是字符的向量。在R语言中，字符向量是一种常见的数据结构，用于存储文本信息。字符串可以看作一个字符向量，其中每个元素都是一个字符。这意味着我们可以像操作向量一样操作字符串。例如，使用索引来访问单个字符或子字符串，使用循环来遍历字符，使用向量化操作来处理整个字符串向量等。

## 3.7.1 创建字符串

在R语言中，字符串可以用单引号(')或双引号(")来表示，所以字符串与字符的表示方式是一样的。

示例代码如下。

```
# 使用双引号创建字符串
str1 <- "OK1"
cat("字符串1是: ", str1, "\n")
# 使用单引号创建字符串
str2 <- 'OK2'
cat("字符串2是: ", str2, "\n")

# 创建包含单引号的字符串
str3 <- "This is 'acceptable and 'allowed' in R"        ①
cat("字符串3是: ", str3, "\n")

# 创建包含双引号的字符串
str4 <- 'Hi, Wondering "if this "works"'                ②
cat("字符串4是: ", str4, "\n")

# 创建包含语法错误的字符串
str5 <- 'hi, ' this is not allowed'                     ③
```

```
cat("字符串5是：", str5, "\n")
```

上述示例代码解释如下。

代码第①行创建一个名为str3的变量，并将包含单引号的字符串存储在其中。

代码第②行创建一个名为str4的变量，并将包含双引号的字符串存储在其中。这个字符串内部包含双引号，但因为它使用单引号括起来，所以R语言能够正确解释它。

代码第③行有语法错误，因为字符串内部的单引号与外部的单引号冲突，导致R语言无法正确解释。所以，这行代码会引发错误。

上述示例代码运行结果不再赘述。

### 3.7.2 字符串操作

在R语言中，可以使用各种内置函数来执行不同的字符串操作。以下是常用的字符串操作的函数。

（1）查找字符串的长度。使用nchar(string)函数返回字符串string的字符数（长度）。

（2）比较两个字符串。使用identical(string1, string2)函数比较两个字符串string1和string2是否完全相同。如果相同，返回TRUE，否则返回FALSE。

（3）更改字符串大小写。

- tolower(string)：将字符串string中的字母转换为小写。
- toupper(string)：将字符串string中的字母转换为大写。

字符串操作用法的示例代码如下。

```
# 查找字符串的长度
string_length <- nchar("Hello, World!")
cat("字符串长度：", string_length, "\n")

# 连接两个字符串
str1 <- "Hello"
str2 <- "World"
combined_string <- paste(str1, str2)
cat("连接后的字符串：", combined_string, "\n")

# 比较两个字符串
string1 <- "apple"
string2 <- "apple"
string3 <- "banana"
compare1 <- identical(string1, string2)
compare2 <- identical(string1, string3)
cat("比较1结果：", compare1, "\n")
cat("比较2结果：", compare2, "\n")
```

```
# 更改字符串大小写
original_string <- "HeLLo WoRLd"
lowercase_string <- tolower(original_string)
uppercase_string <- toupper(original_string)
cat(" 小写字符串: ", lowercase_string, "\n")
cat(" 大写字符串: ", uppercase_string, "\n")
```

上述示例代码运行结果如下。

```
字符串长度： 13
连接后的字符串： HelloWorld
比较 1 结果： TRUE
比较 2 结果： FALSE
小写字符串： hello world
大写字符串： HELLO WORLD
```

## 3.8 本章总结

本章深入探讨了R语言中的数据结构，包括向量、列表、矩阵、数组、数据框、因子和字符串。通过本章内容的学习，读者将学会创建这些数据结构，访问它们的元素及对它们进行各种操作。这些数据结构在数据分析和编程中起着关键作用，为处理不同类型的数据提供了强大的工具。熟练掌握这些数据结构对于数据处理和统计分析至关重要。

# 04 第4章 函数

函数是一组组织在一起的语句，用于执行特定的任务。R语言有大量内置函数，如seq()、mean()、max()、sum(x)和paste()等。我们可以在程序代码中直接调用这些内置函数，当然也可以创建和使用自己定义的函数（即用户自定义函数）。本章将重点介绍用户自定义函数。

## 4.1 定义函数

R函数是使用function关键字创建的。R函数定义的基本语法如下。

```
function_name <- function(arg1, arg2, ...) {
  # 函数体：执行函数的操作
  # 可以包含多个语句
  return(result)   # 可选的返回语句
}
```

R函数的主要组成部分如下。

（1）function关键字表示一个函数定义。

（2）function_name 为函数指定一个名称。

（3）arg1、arg2表示函数的参数。

（4）函数体包含了函数实现的代码。

（5）return()语句可以返回数据。

（6）<- 符号将定义的函数赋值给function_name。

以下是一个示例代码，演示如何定义一个简单的函数来计算两个数字的平均值。

```
# 定义一个计算平均值的函数
calculate_average <- function(x, y) {
  result <- (x + y) / 2
  return(result)
}
```

上述代码定义了计算平均值的函数calculate_average，接下来我们将介绍如何调用该函数。

# 4.2 调用函数

## 4.2.1 按位置调用函数

按位置调用函数是最常见的调用函数的方式。按位置调用函数时，我们根据函数定义的参数顺序，传递参数的值给函数。

采用按位置传递参数值来调用计算平均值的函数calculate_average的示例代码如下。

```
# 调用函数
result1 <- calculate_average(10, 20)
cat("result = ",result,"\n")
```

在上述示例中，参数x被赋值为10，参数y被赋值为20。函数将执行 (10 + 20) / 2 的计算并返回结果。

上述示例代码运行结果如下。

```
result = 15
```

## 4.2.2 按名称调用函数

按名称调用函数时，我们可以指定参数名称并为每个参数提供值。这允许我们不必依赖参数的位置，只需确保参数名称匹配。

示例代码如下。

```
# 调用函数
result1 <- calculate_average(y = 20, x = 10)          ①
cat("result1 = ",result1,"\n")
# 调用函数
result2 <- calculate_average(x = 100, y = 50)         ②
cat("result2 = ",result2,"\n")
```

代码第①行调用calculate_average函数时，传递了两个参数值，x被赋值为10，y被赋值为20。

代码第②行再次调用calculate_average函数，但这次参数的顺序与第一次不同。x被赋值为100，y被赋值为50。

上述示例代码演示了函数的参数是如何影响函数行为和计算结果的。在这两次调用中，参数的顺序不同，但函数的计算仍然正确。

上述示例代码运行结果如下。

```
result1 =  15
result2 =  75
```

### 4.2.3 使用默认参数调用函数

在定义函数的时候可以为参数设置一个默认值，当调用函数的时候可以忽略该参数。我们来看下面的示例。

```
make_coffee <- function(name=" 卡布奇诺 ") {
  return (paste(" 制作一杯 ", name," 咖啡。"))
}
```

上述代码定义了make_coffee函数，可以帮助我做一杯香浓的咖啡。由于我喜欢喝卡布奇诺，就把它设置为默认值。在参数列表中，默认值可以跟在参数类型的后面，通过等号提供给参数。

在调用的时候，如果调用者没有传递参数，则使用默认值。调用代码如下。

```
# 调用函数
coffee1 = make_coffee(" 拿铁 ")              ①
print(coffee1)
coffee2 = make_coffee()                      ②
print(coffee2)
```

第①行代码传递“拿铁”参数，没有使用默认值。第②行代码没有传递参数，因此使用默认值。

上述示例代码运行结果如下。

```
[1] " 制作一杯 拿铁 咖啡。"
[1] " 制作一杯 卡布奇诺 咖啡。"
```

## 4.3 变量作用域

变量的作用域指的是变量在程序中可见和可访问的部分。在R语言中，主要有两种变量作用域：全局作用域和局部作用域。

### 4.3.1 局部变量

局部变量是在特定代码块或函数内部定义的变量，其作用范围仅限于该代码块或函数内部。局部变量在函数执行期间存在，一旦函数执行完毕，局部变量通常会被销毁，不再可用。局部变量可以与全局变量同名，但它们是独立的变量，不会影响全局变量。

示例代码如下。

```
my_function <- function() {
  # 在函数内部定义局部变量
  local_var <- 42                                          ①
```

```
  # 在函数内部访问局部变量
  cat("局部变量的值是：", local_var, "\n")                              ②
}

# 调用函数
my_function()

# 尝试在函数外部访问局部变量将会导致错误
cat("尝试在外部访问局部变量：", local_var, "\n")  # 这一行会导致错误       ③
```

上述示例代码解释如下。

代码第①行在函数内部定义局部变量local_var。

代码第②行在函数内部访问局部变量。

代码第③行尝试在函数外部访问局部变量将会导致错误。

注释掉代码第③行，上述示例代码运行结果如下。

```
局部变量的值是： 42
```

## 4.3.2 全局变量

全局变量是在整个R程序中都可见和可访问的变量。它们的作用域跨越整个程序，包括所有的函数和代码块。全局变量可以在函数内外部访问和修改，但在函数内部修改全局变量需要使用 <<- 运算符来明确指示。全局变量在程序的整个生命周期内保持不变。

示例代码如下。

```
# 创建一个全局变量
global_var <- 10
# 定义一个函数，内部修改全局变量
modify_global_var <- function() {
  cat("函数内部：全局变量的值是", global_var, "\n")

  # 在函数内部使用 <<- 运算符来修改全局变量的值
  global_var <<- 20
  cat("函数内部：修改后的全局变量的值是", global_var, "\n")
}

cat("函数调用前：全局变量的值是", global_var, "\n")
# 调用函数，函数内部修改了全局变量的值
modify_global_var()

cat("函数调用后：全局变量的值是", global_var, "\n")
```

在上面的示例中，我们首先创建了一个全局变量 global_var 并将其设置为10。然后，我们定义了一个函数 modify_global_var，在函数内部使用 <<- 运算符来修改全局变量的值。在函数调用前和调用后，我们分别输出了全局变量的值。

当我们调用函数 modify_global_var() 时，它会输出全局变量的值，并将全局变量的值从10修改为20。这说明全局变量可以在函数内部访问和修改，全局变量的修改会影响整个程序中的该变量的值。

上述示例代码运行结果如下。

```
函数调用前：全局变量的值是 10
函数内部：全局变量的值是 10
函数内部：修改后的全局变量的值是 20
函数调用后：全局变量的值是 20
```

## 4.4 嵌套函数

嵌套函数是指在一个函数内部定义另一个函数的函数。在R语言中，我们可以创建嵌套函数来组织和封装代码，使其更具可读性和可维护性。嵌套函数可以访问其外部函数的变量，也可以独立于外部函数调用。

以下是一个简单的示例，演示了如何定义和使用嵌套函数。

```
# 外部函数
outer_function <- function(x) {
  # 内部函数
  inner_function <- function(y) {
    result <- x + y
    return(result)
  }

  # 调用内部函数
  inner_result <- inner_function(10)
  cat("内部函数调用结果：", inner_result, "\n")

  # 返回内部函数的调用结果
  return(inner_result)
}

# 调用外部函数
outer_result <- outer_function(5)
cat("外部函数调用结果：", outer_result, "\n")
```

在上面的示例中，我们定义了一个外部函数 outer_function 和一个嵌套的内部函数 inner_function。内部函数可以访问外部函数的变量，这里它访问了x，并将其与y相加。内部函数的调用结果被返回给外部函数，并最终被外部函数返回。

当我们调用外部函数 outer_function(5) 时，它会首先调用内部函数 inner_function(10)，并输出内部函数的调用结果。然后，外部函数返回内部函数的调用结果，并输出外部函数的调用结果。

嵌套函数可用于将代码模块化，提高代码的可读性和可维护性，同时避免全局命名冲突。在编写复杂的R程序时，使用嵌套函数可以更好地组织代码逻辑。

**提示**

在R语言中，外部函数不能直接调用内部函数，因为内部函数的作用域仅限于外部函数内部。内部函数对外部是不可见的。如果尝试在外部函数外部直接调用内部函数，通常会导致错误，因为内部函数的名称在外部作用域不可用。

## 4.5 函数递归

函数递归是指函数在其定义内部调用自身的过程。递归在编程中是一种强大的技术，通常用于解决可以分解为相似子问题的问题，如阶乘、斐波那契数列等。

以下是一个示例，演示了如何编写递归函数来计算阶乘。

```
# 定义一个递归函数来计算阶乘
factorial <- function(n) {
  if (n == 0) {
    return(1)  # 阶乘的基本情况：0 的阶乘是 1
  } else {
    return(n * factorial(n - 1))  # 递归调用自身
  }
}

# 调用递归函数来计算阶乘
result <- factorial(5)
cat("5 的阶乘是：", result, "\n")
```

在上面的示例中，factorial函数用于计算一个正整数n的阶乘。函数内部使用了递归来解决问题。递归的基本情况是当 n 等于0时，阶乘的结果为1。否则，函数调用自身，返回 n 乘以 (n－1) 的阶乘结果。

递归函数在递归调用中必须有一个终止条件（基本情况），以避免无限递归。在上面的示例中，基本情况是n等于0时，阶乘的结果为1。

递归函数可以用于解决许多问题，但需要确保终止条件和递归调用正确，以避免无限递归和栈溢出。

上述示例代码运行结果如下。

```
5 的阶乘是: 120
```

## 4.6 本章总结

本章重点介绍了R语言中的函数，包括如何定义和调用函数，其中调用函数有按位置、按名称和使用默认参数调用。我们讨论了变量作用域，包括局部和全局变量，并介绍了嵌套函数和函数递归的概念。通过本章的学习，读者能够更好地组织代码，提高编程效率，并解决各种问题。函数是R编程的关键部分，对数据分析和问题解决至关重要。

# 第5章 科技领域中的数据分析

05

在科技领域中进行数据分析涉及多个方面，包括数据接口、数据清洗和数据统计分析方法。本章我们将介绍这些方面的知识。

## 5.1 数据接口

在R语言中，数据接口是指从不同来源(如CSV、Excel、JSON文件，数据库和Web API)读取和写入数据的过程。R提供了内置函数和包，允许用户从各种文件格式(如CSV、Excel电子表格和JSON文件)导入数据。它提供了连接数据库、执行SQL查询和检索数据的包。此外，R还提供了与Web API交互的包，允许用户从社交媒体平台、地图服务或天气API等服务获取数据。借助R的数据接口的多功能性，用户可以轻松访问和操作来自不同来源的数据，进行数据分析、可视化和进一步的处理。

本节我们将重点介绍如下几种数据接口。

- CSV文件
- Excel文件
- JSON文件

### 5.1.1 工作目录

在开始介绍数据接口之前，我们先来熟悉一下工作目录。工作目录是指在R会话中当前活动的文件夹或目录。这个目录是R默认用来查找和保存文件的地方。当我们在R语言中执行文件读写操作时，R会默认在工作目录中查找文件或将文件保存到工作目录中。

在R语言中，我们可以使用以下函数来管理工作目录。

(1)getwd():用于获取当前的工作目录，即R当前正在使用的目录。执行getwd()会返回工作目录的路径。

(2)setwd(dir):使用这个函数可以设置一个新的工作目录，其中参数dir是要设置的目录的路径，如setwd("/path/to/new/directory")。

通过管理工作目录，我们可以确保R能够正确找到和保存数据文件及输出文件，从而更有效地进行数据分析和文件操作。

示例代码如下。

```
# 1. 获取当前工作目录
current_dir <- getwd()                    ①
print(current_dir)
# 2. 设置新的工作目录
new_dir <- "E:\\code\\"                   ②
# new_dir <- "E:/code/"                   ③
setwd(new_dir)
```

上述示例代码解释如下。

代码第①行通过getwd()函数获取当前工作目录。

代码第②行定义新的工作目录，然后再通过setwd(new_dir)函数设置新工作目录。

**提示** ⚠

Windows系统下路径分隔符是“\”，它属于特殊字符需要通过转义符“\”进行转义，所以表示为“\\”。如果觉得字符转义比较麻烦，可以使用类Unix或类Linux操作系统上使用的路径分隔符号反斜杠“/”，见代码第③行。

## 5.1.2 读取CSV文件

CSV（逗号分隔值）是一种广泛使用的用于存储表格数据的文件格式。在R语言中，由于内置函数和包的可用性，使用CSV文件非常简单，下面我们先介绍CSV文件的读取。

要读取CSV文件，我们可以使用R语言中的read.csv()函数。read.csv()函数的基本用法如下。

```
data <- read.csv(file_path, header = TRUE, fileEncoding = "UTF-8")
```

解释说明如下。

- file_path：是CSV文件的路径，我们需要将实际的文件路径替换为此处的file_path。
- header = TRUE：表示CSV文件的第一行包含列名或变量名。如果设置为FALSE，则表示CSV文件没有列名。
- fileEncoding（可选）：一个字符串，用于指定CSV文件的编码。

下面我们通过一个示例熟悉如何读取CSV文件，该CSV文件“opsd_germany_daily.csv”是2006年1月德国每日能源消费和可再生能源发电量的时间序列数据。opsd_germany_daily.csv文件的部分内容如图5-1所示。

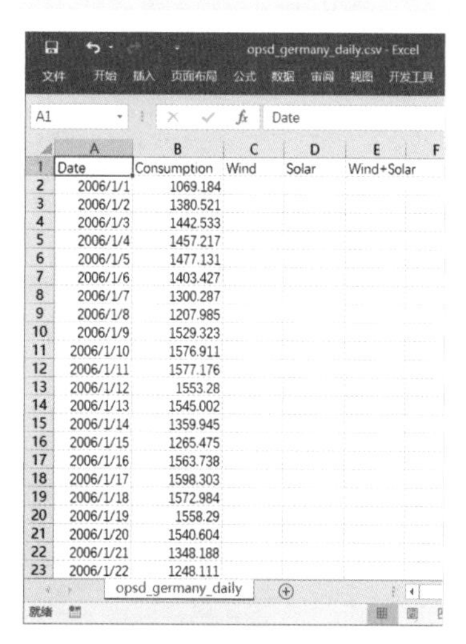

| | A | B | C | D | E | F |
|---|---|---|---|---|---|---|
| 1 | Date | Consumption | Wind | Solar | Wind+Solar | |
| 2 | 2006/1/1 | 1069.184 | | | | |
| 3 | 2006/1/2 | 1380.521 | | | | |
| 4 | 2006/1/3 | 1442.533 | | | | |
| 5 | 2006/1/4 | 1457.217 | | | | |
| 6 | 2006/1/5 | 1477.131 | | | | |
| 7 | 2006/1/6 | 1403.427 | | | | |
| 8 | 2006/1/7 | 1300.287 | | | | |
| 9 | 2006/1/8 | 1207.985 | | | | |
| 10 | 2006/1/9 | 1529.323 | | | | |
| 11 | 2006/1/10 | 1576.911 | | | | |
| 12 | 2006/1/11 | 1577.176 | | | | |
| 13 | 2006/1/12 | 1553.28 | | | | |
| 14 | 2006/1/13 | 1545.002 | | | | |
| 15 | 2006/1/14 | 1359.945 | | | | |
| 16 | 2006/1/15 | 1265.475 | | | | |
| 17 | 2006/1/16 | 1563.738 | | | | |
| 18 | 2006/1/17 | 1598.303 | | | | |
| 19 | 2006/1/18 | 1572.984 | | | | |
| 20 | 2006/1/19 | 1558.29 | | | | |
| 21 | 2006/1/20 | 1540.604 | | | | |
| 22 | 2006/1/21 | 1348.188 | | | | |
| 23 | 2006/1/22 | 1248.111 | | | | |

图5-1　opsd_germany_daily.csv文件的部分内容

示例代码如下。

```
# 指定CSV文件的路径
csv_file_path <- "data/opsd_germany_daily.csv"                  ①
# 使用read.csv()函数读取CSV文件
data <- read.csv(file = csv_file_path, header = TRUE)           ②
# 查看前6行数据
print(head(data))                                               ③
```

上述示例代码解释如下。

代码第①行指定文件路径，注意该文件路径是采用相对路径，其中"data/opsd_germany_daily.csv"表示opsd_germany_daily.csv文件置于工作目录的data目录中。opsd_germany_daily.csv文件位置如图5-2所示。

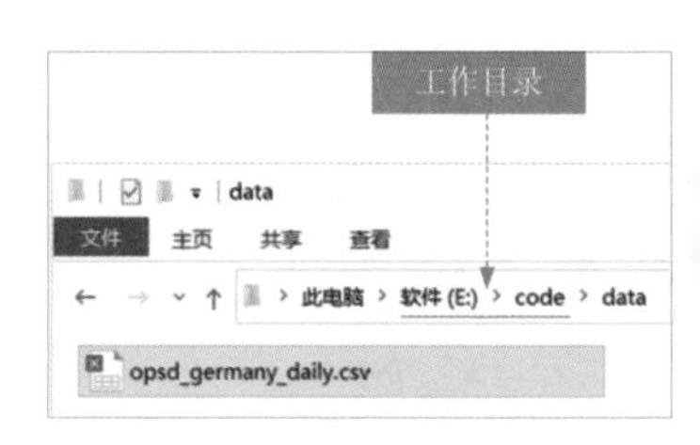


图5-2　opsd_germany_daily.csv文件位置

代码第②行通过read.csv()函数读取CSV文件，读取返回的数据data是数据框类型。

代码第③行中head(data)获取CSV文件的前6行数据。

上述示例代码运行结果如下。

```
  Date        Consumption  Wind  Solar  Wind.Solar
1 2006-01-01  1069.184     NA    NA        NA
2 2006-01-02  1380.521     NA    NA        NA
3 2006-01-03  1442.533     NA    NA        NA
4 2006-01-04  1457.217     NA    NA        NA
5 2006-01-05  1477.131     NA    NA        NA
6 2006-01-06  1403.427     NA    NA        NA
```

**提示**

在RStudio工具中查看数据框data，可以使用RStudio工具中的Environment（环境）窗口查看data变量。在环境窗口查看data变量如图5-3所示。

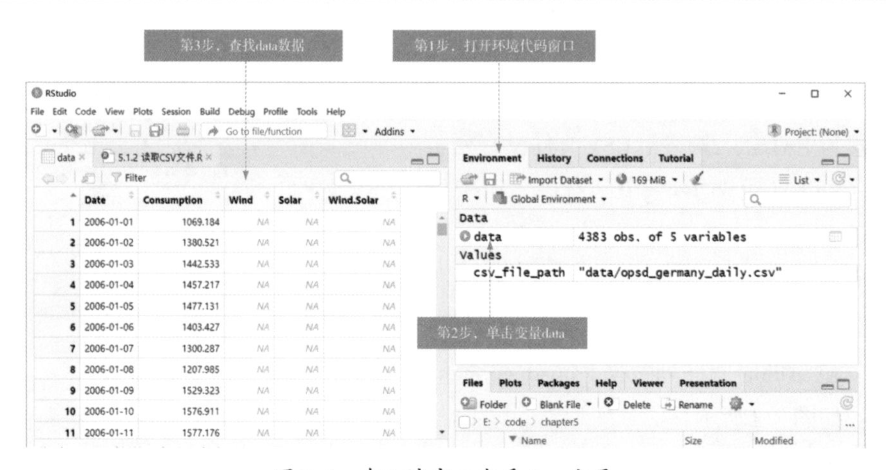


图5-3　在环境窗口查看data变量

## 5.1.3 写入CSV文件

在R语言中，我们可以使用write.csv()函数将现有的数据框写入CSV文件，write.csv()函数的基本用法如下。

```
write.csv(data, file, row.names = FALSE, fileEncoding = "UTF-8")
```

解释说明如下。

- data：要写入CSV文件的数据框或矩阵。
- file：CSV文件的文件名，可以包括路径，以指定文件保存的位置。
- row.names（可选）：一个逻辑值，指示是否将行名写入CSV文件。默认情况下，row.names设置为TRUE，这会将行名写入CSV文件中。如果将其设置为FALSE，则不会包括行名。
- fileEncoding（可选）：一个字符串，用于指定CSV文件的编码。

下面我们通过一个示例熟悉如何写入CSV文件，该示例是研究人员从不同城市的空气质量监测站收集的历史空气质量数据，包括PM2.5（细颗粒物）浓度、PM10（可吸入颗粒物）浓度、二氧化硫（$SO_2$）浓度和一氧化碳（CO）浓度。将数据清洗和分析后写入到写入名为“air_quality_analysis.csv”的CSV文件中，以便进一步的研究或者与他人分享。

示例代码如下。

```
# 创建包含分析结果的数据框
analysis_results <- data.frame(                          ①
  City = c("北京", "上海", "广州"),
  Year = c(2018, 2018, 2018),
  PM2.5_Concentration = c(25, 35, 45),
  PM10_Concentration = c(40, 50, 60),
  SO2_Concentration = c(10, 15, 20),
  CO_Concentration = c(5, 8, 10)
)

# 将分析结果写入 CSV 文件
write.csv(analysis_results, file = "data/air_quality_analysis.csv",
        row.names = TRUE,fileEncoding = "GBK")            ②
```

上述示例代码解释如下。

代码第①行创建了一个数据框 analysis_results，其中包含了关于空气质量分析的结果数据。

代码第②行使用write.csv()函数将数据框 analysis_results 的内容写入CSV文件。file参数指定了要创建的CSV文件的文件路径和名称，这里是data/air_quality_analysis.csv。row.names = TRUE 参数用于将数据包括行名（列标题）在CSV文件中。fileEncoding = "GBK" 参数用于指定CSV文件的编码为GBK。

执行此代码后，将生成一个名为“air_quality_analysis.csv”的CSV文件，其中包含了分析结果数据，并使用GBK编码。这个文件位于工作目录的data目录下。air_quality_analysis.csv文件内容如

图5-4所示。

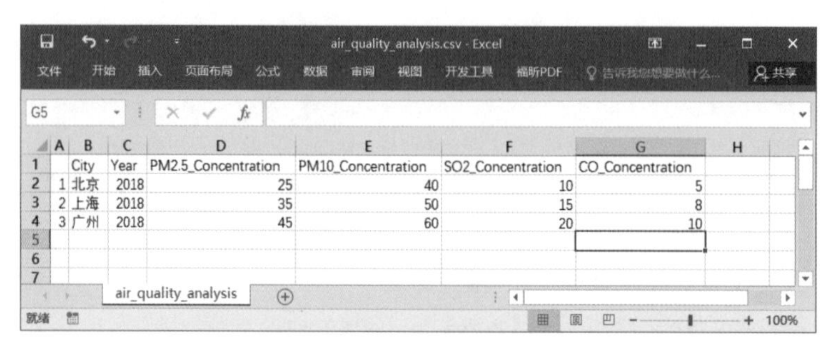

| | City | Year | PM2.5_Concentration | PM10_Concentration | SO2_Concentration | CO_Concentration |
|---|---|---|---|---|---|---|
| 1 | 北京 | 2018 | 25 | 40 | 10 | 5 |
| 2 | 上海 | 2018 | 35 | 50 | 15 | 8 |
| 3 | 广州 | 2018 | 45 | 60 | 20 | 10 |

图5-4　air_quality_analysis.csv 文件内容

## 5.1.4 R语言的包的使用

在介绍读写Excel文件之前，我们先介绍一下R语言的包的使用，这是因为读写Excel文件时要用到包。

在R语言中，包是用于扩展R的核心功能的工具。包中的函数和数据集可以用来执行各种数据分析和数据处理任务。以下是有关如何在R语言中使用包和库的一些基本信息。

（1）安装包。

要使用R语言中的包，首先需要安装它们。我们可以使用install.packages()函数来安装包。例如，要安装一个名为xlsx的包，可以执行以下命令。

```
install.packages("xlsx")
```

该命令需要在交互式环境中执行，而不是在程序代码中，读者可以直接在RStudio控制台中运行命令来安装包。安装包如图5-5所示。

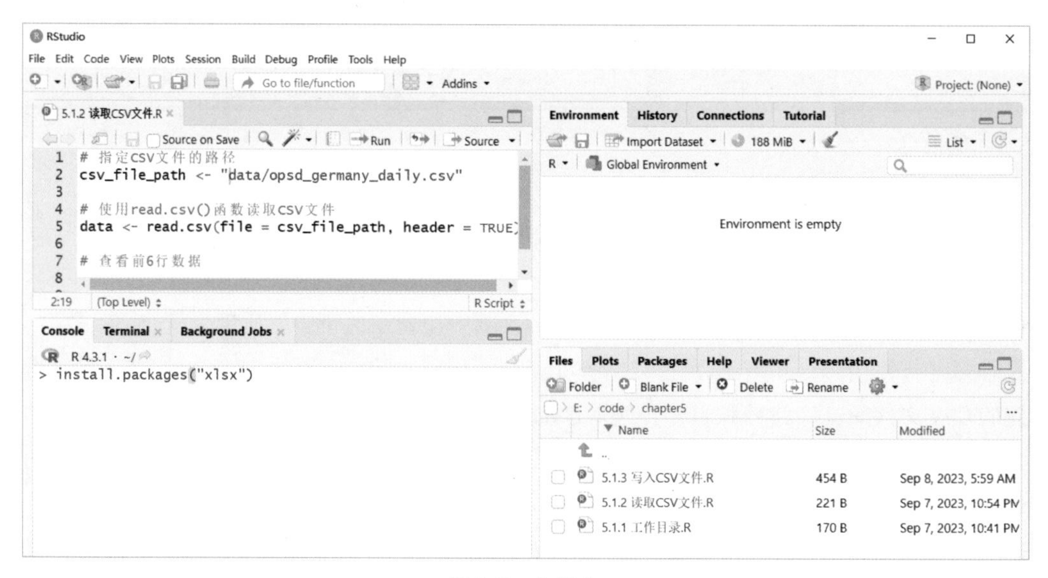


图5-5　安装包

（2）加载包。

安装包后，我们需要将其加载到R的工作环境中才能使用其中的函数和数据。使用library()函数可以加载已安装的包。例如，加载xlsx包的命令如下。

```
library(xlsx)
```

（3）查看包的文档。

每个包都有相应的文档，文档中包含有关包中的函数和数据的详细信息。要查看包的文档，可以使用??符号后跟包名，如下所示。

```
??xlsx
```

在RStudio控制台中运行命令。查看包的文档如图5-6所示。

（4）卸载包。

如果不再需要某个包，可以使用remove.packages()函数来卸载它，如下所示。

```
remove.packages("xlsx")
```

在RStudio控制台中运行命令。卸载包如图5-7所示。

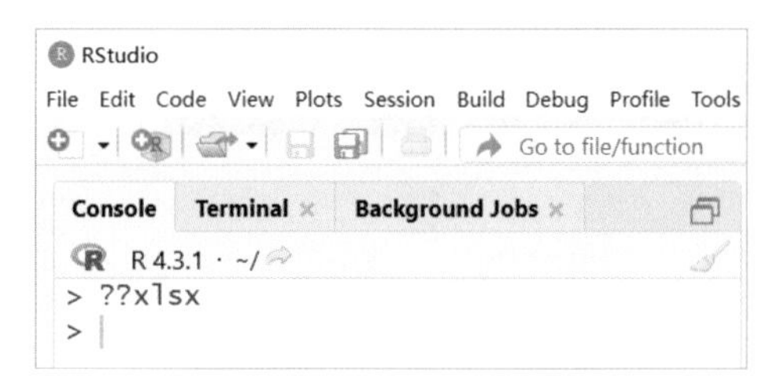


图5-6　查看包的文档

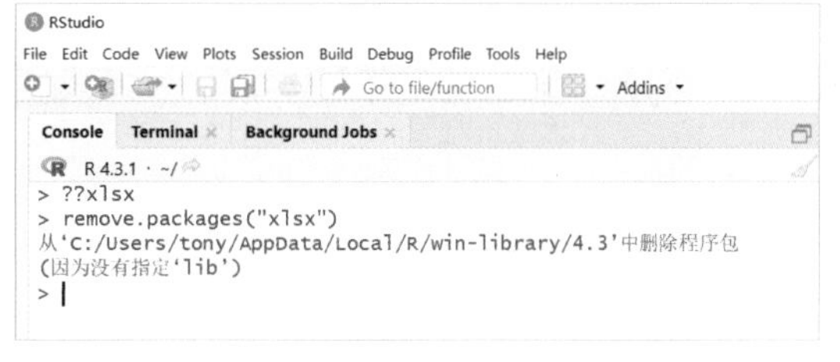


图5-7　卸载包

## 5.1.5 读取Excel文件

在R语言中，我们可以使用不同的包来读写Excel文件，以下是一些常用的包。

（1）readxl包：用于读取Excel文件。它提供了函数来读取Excel工作簿中的数据，并将其转换为R数据框。这是一个轻量级且易于使用的包。

（2）writexl包：用于将R数据写入Excel文件。我们可以使用该包将数据框、矩阵或列表写入Excel工作簿，并设置各种格式选项。

（3）xlsx包：提供了广泛的Excel文件操作功能，包括读取、写入、创建和编辑Excel文件。它支持.xlsx和.xls格式的文件，并允许我们进行各种高级操作。

接下来我们将介绍使用xlsx包实现Excel文件读取的操作。

xlsx包中提供了read.xlsx函数实现读取Excel到一个数据框中，read.xlsx函数的一般语法如下。

```
read.xlsx(
  file,
```

```
  sheetIndex,
  sheetName = NULL,
  startRow = NULL,
  endRow = NULL,
  header = TRUE,
  ...
)
```

参数说明如下。

- file: 要读取的文件的路径。
- sheetIndex: 表示工作簿中工作表的索引号。
- sheetName: 表示工作表的名称（字符、字符串）。
- startRow: 开始提取的行的索引号。
- endRow: 最后一行的索引号，如果为NULL，则读取工作表中的所有行。
- header: 逻辑值，指示第一行是否包含变量的名称。

下面我们通过一个示例来熟悉如何读取Excel文件。该Excel文件是2018～2022年“气象业务站点及观测项目情况”年度数据，如图5-8所示。

| | A | B | C | D | E | F | G |
|---|---|---|---|---|---|---|---|
| 1 | 数据库：年度数据 | | | | | | |
| 2 | 时间：2018～2022年 | | | | | | |
| 3 | 指标 | 2022年 | 2021年 | 2020年 | 2019年 | 2018年 | |
| 4 | 地面观测业务站点个数(个) | | 10955 | 10648 | 10701 | 10602 | |
| 5 | 高空探测业务站点个数(个) | | 120 | 124 | 123 | 120 | |
| 6 | 自动气象站站点个数(个) | | 55719 | 53064 | 54534 | 53395 | |
| 7 | 天气雷达观测业务站点个数(个) | | 303 | 296 | 294 | 275 | |
| 8 | 大气成分观测业务站点个数(个) | | | | | | |
| 9 | 农业气象观测业务站点个数(个) | | 725 | 725 | 722 | 722 | |
| 10 | 生态与农业气象试验业务站点个数(个) | | | | 1195 | 764 | |
| 11 | 大气本底站站点个数(个) | | | | | | |
| 12 | 海洋气象台站站点个数(个) | | | | | | |
| 13 | 闪电定位监测业务站点个数(个) | | 499 | 499 | 489 | 476 | |
| 14 | 太阳辐射观测业务站点个数(个) | | | | | | |
| 15 | 沙尘暴监测业务站点个数(个) | | | | | | |
| 16 | 紫外线观测业务站点个数(个) | | | | | | |
| 17 | 酸雨观测业务站点个数(个) | | | | | | |
| 18 | 臭氧观测业务站点个数(个) | | | | | | |
| 19 | 卫星云图接收业务站点个数(个) | | 300 | 309 | 330 | 329 | |
| 20 | 注：2018年地面观测站变动较大，系将部分省级气象观测站纳入国家级气象观测站统计范围所致。 | | | | | | |
| 21 | 数据来源：国家统计局 | | | | | | |

图5-8　2018～2022年“气象业务站点及观测项目情况”年度数据

示例代码如下。

```
# 手动加载xlsx包
library(xlsx)
```

```
# 读取 Excel 文件
file_path <- "data/【气象业务站点及观测项目情况】年度数据 .xls"
sheet_name <- " 年度数据 "
# 获取 Excel 文件的总行数
total_rows <- nrow(read.xlsx(file_path,
sheetName = sheet_name)) +1                              ①
# 指定读取的行范围
start_row <- 3                                           ②
end_row <- total_rows - 2                                ③
# 读取数据
data <- read.xlsx(file_path,                             ④
sheetName = sheet_name,
startRow = start_row,
endRow = end_row)
print(data)
```

上述示例代码解释如下。

代码第①行设置表格文件的总行数，其中nrow()函数计算数据框的行数，但是因为它不包括表头的，所以总行数+1。

代码第②行设置开始行号，设置为3是从第3行开始，表示包括前两行数据。

代码第③行计算结束行号，这里-2是不包括后面两行数据。

代码第④行调用read.xlsx()读取数据。

上述示例代码运行结果如下。

```
指标 X2022年 X2021年 X2020年 X2019年 X2018年
1              地面观测业务站点个数（个）          10955   10648   10701   10602
2              高空探测业务站点个数（个）            120     124     123     120
3                自动气象站站点个数（个）          55719   53064   54534   53395
4          天气雷达观测业务站点个数（个）            303     296     294     275
5          大气成分观测业务站点个数（个）
6          农业气象观测业务站点个数（个）            725     725     722     722
7   生态与农业气象试验业务站点个数（个）                            1195     764
8                大气本底站站点个数（个）
9              海洋气象台站站点个数（个）
10         闪电定位监测业务站点个数（个）            499     499     489     476
11         太阳辐射观测业务站点个数（个）
12           沙尘暴监测业务站点个数（个）
13           紫外线观测业务站点个数（个）
14             酸雨观测业务站点个数（个）
15             臭氧观测业务站点个数（个）
16         卫星云图接收业务站点个数（个）            300     309     330     329
```

我们会发现输出结果的每一个列名前面加了字符“X”。这是因为系统认为列名是无效的R语言变量名。R要求列名必须以字母开头，并且只包含字母、数字和下划线字符。由于列名数值不符合要求，R会自动在前面添加“X”来修正列名。

### 5.1.6 写入Excel文件

xlsx包中提供了write.xlsx函数，用于将数据框写入Excel工作簿。

```
write.xlsx( x,
file,
sheetName = "Sheet1",
col.names = TRUE,
row.names = TRUE,
append = FALSE,
showNA = TRUE,
  ...
)
```

参数说明如下。

- x：要写入Excel工作簿的数据框。
- file：要保存的Excel文件的路径，包括文件名和文件扩展名（通常是.xlsx）。
- sheetName：要写入数据的工作表的名称，默认值是“Sheet1”。
- col.names：一个逻辑值，指示是否在写入数据时包括数据框的列名。如果设置为TRUE，列名将包含在Excel工作表中的第一行；如果设置为FALSE，则不包括列名。默认值为TRUE。
- row.names：一个逻辑值，指示是否在写入数据时包括数据框的行名。如果设置为TRUE，行名将包括在Excel工作表中的第一列；如果设置为FALSE，则不包括行名。默认值为TRUE。
- append：一个逻辑值，指示是否将数据追加到现有的Excel文件中。如果设置为TRUE，数据将被追加到现有文件的末尾；如果设置为FALSE，将创建一个新文件或覆盖现有文件。默认值为FALSE。
- showNA：一个逻辑值，指示是否在Excel工作表中显示R语言中的NA值。如果设置为TRUE，NA值将以空单元格的形式显示在Excel中；如果设置为FALSE，NA值将被省略。默认值为TRUE。

下面通过一个示例来熟悉如何使用write.xlsx函数。这个示例是将5.1.3小节的空气质量的示例写入Excel文件中。

示例代码如下。

```
# 导入 xlsx 包，确保已经安装
library(xlsx)

# 创建包含分析结果的数据框
analysis_results <- data.frame(
```

```
  City = c("北京", "上海", "广州"),
  Year = c(2018, 2018, 2018),
  PM2.5_Concentration = c(25, 35, 45),
  PM10_Concentration = c(40, 50, 60),
  SO2_Concentration = c(10, 15, 20),
  CO_Concentration = c(5, 8, 10)
)

# 指定要保存的 Excel 文件路径和工作表名称
excel_file <- "data/air_quality_analysis.xlsx"
sheet_name <- "分析结果"

# 使用 write.xlsx 函数将数据写入 Excel 文件
write.xlsx(analysis_results, file = excel_file, sheetName = sheet_name)

# 输出成功消息
cat("数据已成功写入 Excel 文件: ", excel_file, "\n")
```

在上述示例代码中，我们导入了xlsx包，然后使用write.xlsx函数将analysis_results数据框写入Excel文件。我们需要设置要保存的Excel文件的路径（excel_file）和工作表的名称（sheet_name），然后运行代码即可将数据写入Excel文件。

上述示例代码的运行结果如下。

```
数据已成功写入 Excel 文件： data/air_quality_analysis.xlsx
```

执行此代码后，将生成一个名为“air_quality_analysis.xlsx”的Excel文件，其中包含了分析结果数据。这个文件将位于工作目录的data目录下。air_quality_analysis.xlsx文件内容如图5-9所示。

|   | City | Year | PM2.5_Concentration | PM10_Concentration | SO2_Concentration | CO_Concentration |
|---|---|---|---|---|---|---|
| 1 | 北京 | 2018 | 25 | 40 | 10 | 5 |
| 2 | 上海 | 2018 | 35 | 50 | 15 | 8 |
| 3 | 广州 | 2018 | 45 | 60 | 20 | 10 |

图 5-9　air_quality_analysis.xlsx 文件内容

## 5.1.7 读取 JSON 文件

JSON（JavaScript Object Notation）文件是一种常见的数据交换格式，它以文本形式表示结构化数据。在R语言中，我们可以使用jsonlite包来处理JSON数据。我们先来介绍如何读取JSON文件。

读取JSON文件可以使用jsonlite包中的fromJSON()函数将JSON文件读取为R语言中的数据结构（通常是列表或数据框）。

fromJSON函数的一般语法如下。

```
fromJSON(json_string)
```

参数说明如下。

● json_string：要解析的JSON数据字符串。这是一个必需的参数，应该是一个包含有效 JSON 数据的字符向量或字符串。这个字符串也可以是一个JSON文件路径。

为了使用fromJSON函数，我们需要使用如下指令安装jsonlite包。

```
install.packages("jsonlite")
```

我们可以在RStudio的控制台中安装jsonlite包。jsonlite包安装过程如图5-10所示。

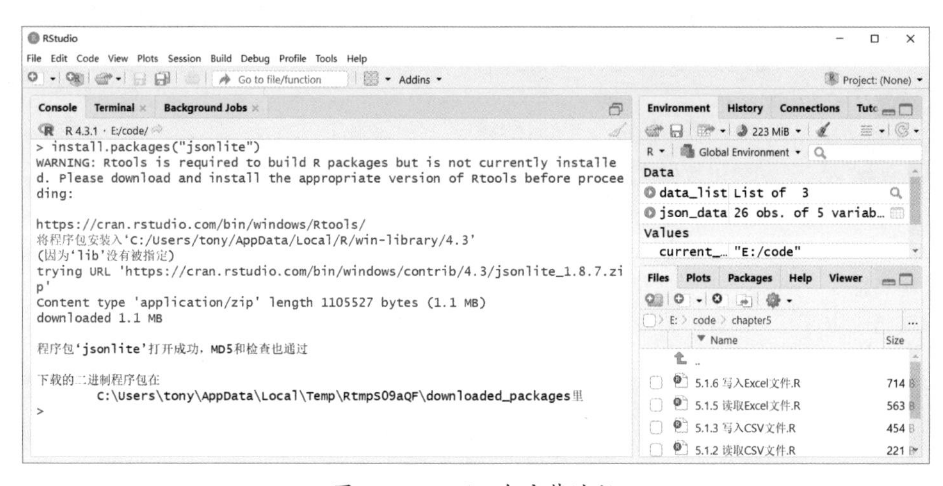


图5-10　jsonlite包安装过程

下面通过一个示例介绍如何使用fromJSON函数。我们有“空气质量监测站点列表json”文件，它保存了空气质量监测站点列表数据，该文件的部分数据如下。

```
[
  {
    "监测点编码": "1001",
    "监测点名称": "A万寿西宫",
    "城市": "北京",
    "经度": "116.3663",
    "纬度": "39.8673"
  },
  {
    "监测点编码": "1002",
    "监测点名称": "A定陵",
    "城市": "北京",
    "经度": "116.1740",
    "纬度": "40.2865"
  },
  {
    "监测点编码": "1003",
    "监测点名称": "A东四",
```

```
    "城市": "北京",
    "经度": "116.4343",
    "纬度": "39.9522"
...
  {
    "监测点编码": "1027",
    "监测点名称": "A团泊洼",
    "城市": "天津",
    "经度": "117.1571",
    "纬度": "38.9194"
  }
]
```

实现代码如下。

```
# 加载jsonlite包
library(jsonlite)                                                    ①
new_dir <- "E:\\code\\"
setwd(new_dir)                                                       ②
# 读取JSON文件
json_data <- fromJSON("data/空气质量监测站点列表json")               ③
# 打印读取的JSON数据
print(json_data)
```

上述示例代码解释如下。

代码第①行加载了jsonlite包，这个包用于处理JSON数据。

代码第②行指定工作目录的路径。

代码第③行使用fromJSON()函数从指定的JSON文件中读取数据，并将读取的JSON数据存储在json_data变量中。JSON文件的路径是相对于当前工作目录的，因此它实际上是"E:\\code\\data\\空气质量监测站点列表json"。

上述示例代码运行结果如下。

```
  监测点编码    监测点名称   城市      经度      纬度
1       1001    A万寿西宫   北京  116.3663   39.8673
2       1002        A定陵   北京  116.1740   40.2865
3       1003        A东四   北京  116.4343   39.9522
4       1004        A天坛   北京  116.4343   39.8745
5       1005      A农展馆   北京  116.4733   39.9716
6       1006        A官园   北京  116.3613   39.9425
7       1007  A海淀区万柳   北京  116.3153   39.9934
8       1008    A顺义新城   北京  116.7240   40.1438
9       1009      A怀柔镇   北京  116.6444   40.3937
```

```
10    1010      A昌平镇    北京    116.2340    41.952
11    1011    A奥体中心    北京    116.4074    40.0031
12    1012       A古城    北京    116.2253    39.9279
13    1013  A市监测中心    天津    117.1515    39.097
14    1014      A南口路    天津    117.1933    39.173
15    1015      A勤俭路    天津    117.1454    39.1654
16    1016      A南京路    天津    117.1843    39.1205
17    1017 A大直沽八号路   天津    117.2373    39.1082
18    1018      A前进路    天津    117.2021    39.0927
19    1019  A北辰科技园区  天津    117.1837    39.2133
20    1020      A天山路    天津    117.2693    39.1337
21    1021      A跃进路´   天津    117.3077    39.0877
22    1023    A第四大街    天津    117.7073    39.0343
23    1024      A永明路    天津    117.4573    38.8394
24    1025      A航天路    天津    117.4013    39.124
25    1026      A汉北路    天津    117.7647    39.1587
26    1027      A团泊洼    天津    117.1571    38.9194
```

### 5.1.8 写入JSON 文件

要在R语言中将数据写入JSON文件，我们可以使用jsonlite包中的toJSON()函数。以下是一些关于如何使用jsonlite包写入JSON文件的步骤。

（1）加载jsonlite包。示例代码如下。

```
# 加载 jsonlite 包，确保已经安装
library(jsonlite)
```

（2）准备要写入JSON文件的数据。我们可以使用R语言中的数据结构，如列表或数据框来存储数据。

（3）使用toJSON()函数将数据转换为JSON格式的字符串，toJSON()函数还支持其他选项，以便根据需要自定义JSON输出的格式。例如，我们可以使用pretty = TRUE选项来格式化 JSON 输出，使其更易读。

此外，我们还可以通过其他选项来控制日期格式、NULL值处理等。根据不同的需求，可以灵活使用这些选项来满足我们的数据转换需求。

（4）将JSON字符串写入文件。我们可以使用R的文件写入函数，如writeLines()或write()，将JSON字符串写入一个JSON文件。确保指定正确的文件路径和文件名。

下面通过一个示例熟悉如何将数据写入JSON文件。这个示例是将5.1.3小节的空气质量的示例写入JSON文件中。

示例代码如下。

```
library(jsonlite)

# 创建包含分析结果的数据框
analysis_results <- data.frame(
  City = c("北京", "上海", "广州"),
  Year = c(2018, 2018, 2018),
  PM2.5_Concentration = c(25, 35, 45),
  PM10_Concentration = c(40, 50, 60),
  SO2_Concentration = c(10, 15, 20),
  CO_Concentration = c(5, 8, 10)
)

# 指定要保存的 JSON 文件路径
json_file <- "data/air_quality_analysis.json"
# 使用 toJSON 函数将数据写入 JSON 文件
writeLines(toJSON(analysis_results, pretty = TRUE), json_file)
# 输出成功消息
cat("数据已成功写入 JSON 文件：", json_file, "\n")
```

在上述示例中，我们加载了jsonlite包，然后使用toJSON()函数将数据框 analysis_results 转换为 JSON 格式的字符串，并将其写入指定的JSON文件 air_quality_analysis.json中。通过设置 pretty = TRUE，我们可以使JSON数据格式化以获得更可读的输出。最后，打印了成功写入JSON文件的消息。

上述示例代码运行结果如下。

```
数据已成功写入 JSON 文件： data/air_quality_analysis.json
```

执行此代码后，将生成一个名为“air_quality_analysis.json”的JSON文件，其中包含了分析结果数据。这个文件位于工作目录的data目录下。air_quality_analysis.json文件内容如图5-11所示。

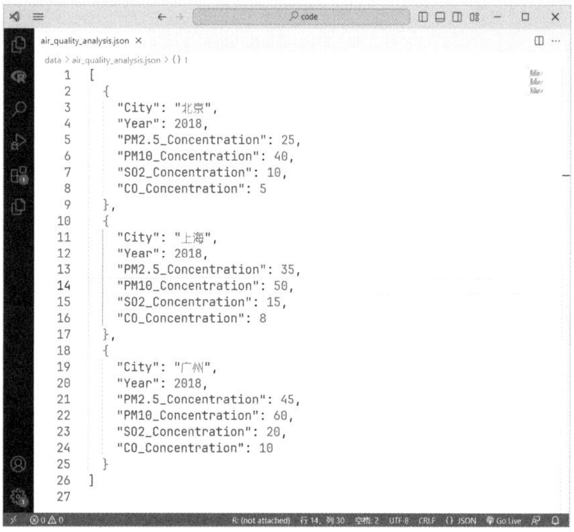

图5-11　air_quality_analysis.json文件内容

## 5.2 数据清洗

在数据分析中，数据清洗是确保数据质量和准确性的关键步骤。

数据清洗是数据处理流程的第一步，主要涉及识别和处理数据中的错误、不一致性和缺陷以确保数据的准确性、完整性和一致性。数据清洗通常包括以下任务。

（1）识别并处理缺失值：查找并处理数据中的缺失值，可以删除、填充或插值缺失值。

（2）处理异常值：检测并处理异常值，以避免它们对数据分析和建模产生负面影响。

（3）处理重复数据：检测和删除数据中的重复观测，以确保数据的唯一性。

（4）数据类型转换：将数据从一种类型转换为另一种类型，如将文本数据转换为数值数据。

（5）格式一致性：确保数据的格式和单位在整个数据集中保持一致。

### 5.2.1 R语言中的内置数据集

R语言中的内置数据集数量众多，我们可以从中选择特定数据集进行分析或练习。内置数据集包括各个领域的数据，如统计学、生物学、经济学、社会科学等，可用于学习和研究。

一些常见的内置数据集的示例名称如下，我们可以在R语言中使用这些名称来加载这些数据集。

- mtcars：包含了不同汽车型号的性能数据，如燃油效率、马力等。
- iris：包含了鸢尾花的测量数据，用于分类和聚类示例。
- economics：包含了美国的宏观经济数据。
- ChickWeight：包含了小鸡重量的时间序列数据。
- CO2：包含了二氧化碳浓度和植物生长的实验数据。
- airquality：包含了有关大气质量的观测数据。
- diamonds：包含了有关钻石属性的数据。

下面我们重点介绍airquality数据集。

airquality数据集是R语言中的一个内置数据集，包含了纽约市某个地区的空气质量数据。可以使用head(airquality)函数来查看该数据集的前几行数据，以快速浏览数据的结构和内容。在控制台中执行如下指令。

```
head(airquality)
```

该指令输出airquality的前6条数据如下。

```
  Ozone Solar.R  Wind  Temp  Month  Day
1    41     190   7.4    67      5    1
2    36     118   8.0    72      5    2
3    12     149  12.6    74      5    3
4    18     313  11.5    62      5    4
5    NA      NA  14.3    56      5    5
6    28      NA  14.9    66      5    6
```

airquality数据集说明如下。

数据集的每行代表一天的观测数据。这些数据包括大气臭氧浓度（Ozone）、太阳辐射量（Solar.R）、风速（Wind）、温度（Temp）、观测的月份（Month）和日期（Day）。其中，某些观测值存在缺失（NA值），需要进行数据清洗和处理。

另外，为了查看数据集摘要信息我们可以使用summary()函数。summary()函数是R语言中用于生成数据集摘要统计信息的函数。它提供了关于数据集中每列的基本统计信息，可以让我们了解数据的分布和特点。

在控制台执行如下指令。

```
summary(airquality)
```

执行指令输出结果如下。

```
Ozone            Solar.R          Wind             Temp
Month            Day
Min.   :  1.00   Min.   :  7.0    Min.   : 1.700   Min.   :56.00
Min.   :5.000    Min.   : 1.0
1st Qu.: 18.00   1st Qu.:115.8    1st Qu.: 7.400   1st Qu.:72.00
1st Qu.:6.000    1st Qu.: 8.0
Median : 31.50   Median :205.0    Median : 9.700   Median :79.00
Median :7.000    Median :16.0
Mean   : 42.13   Mean   :185.9    Mean   : 9.958   Mean   :77.88
Mean   :6.993    Mean   :15.8
3rd Qu.: 63.25   3rd Qu.:258.8    3rd Qu.:11.500   3rd Qu.:85.00
3rd Qu.:8.000    3rd Qu.:23.0
Max.   :168.00   Max.   :334.0    Max.   :20.700   Max.   :97.00
Max.   :9.000    Max.   :31.0
NA's   :37       NA's   :7
```

上述输出结果解释如下。

对于数值型列（如Ozone、Solar.R、Wind、Temp），每列都有以下统计信息。

- Min.（最小值）：列中的最小值。
- 1st Qu.（第一四分位数）：列中数值的第一四分之一位置的值，25%的数据小于或等于这个值。
- Median（中位数）：列中数值的中位数，也就是中间位置的值，50%的数据小于或等于这个值。
- Mean（平均值）：列中数值的平均值。
- 3rd Qu.（第三四分位数）：列中数值的第三四分之一位置的值，75%的数据小于或等于这个值。
- Max.（最大值）：列中的最大值。

因子（Factor）列（如Month和Day）提供的统计信息如下。

- Min.（最小值）：列中的最小值（Factor的最小值）。
- 1st Qu.（第一四分位数）：列中因子的第一四分之一位置的值，25%的数据小于或等于这个值。
- Median（中位数）：列中因子的中位数，也就是中间位置的值，50%的数据小于或等于这个值。
- Mean（平均值）：列中因子的平均值。
- 3rd Qu.（第三四分位数）：列中因子的第三四分之一位置的值，75%的数据小于或等于这个值。
- Max.（最大值）：列中的最大值（Factor的最大值）。

在结果中还可以看到“NA's”，它表示每列中缺失值（NA值）的数量。例如，“NA's: 37”表示Ozone列中有37个缺失值，“NA's: 7”表示Solar.R列中有7个缺失值。

这些统计信息可以帮助我们了解每列的数据分布和特征，是数据探索的重要工具之一。通过这些信息，我们可以决定如何处理缺失值，进行可视化分析，或选择适当的建模方法。

### 5.2.2 缺失值处理

缺失值处理是数据清洗处理过程中的重要步骤之一，旨在有效地处理数据集中的缺失值。缺失值可能会对数据分析和建模产生负面影响，在处理缺失值之前先要识别数据集中是否存在缺失值。识别缺失值的常用方法如下。

（1）通过summary()函数。

（2）通过is.na()函数。is.na()函数可以用来检查数据中的每个元素是否为NA值。我们可以逐列逐行地应用该函数来查找NA值。

检查整个数据集是否包含NA值的指令，如下所示。

```
any(is.na(airquality))
```

执行该指令，返回结果如下。

```
[1] TRUE
```

检查特定列（如Ozone列）是否包含NA值。

```
any(is.na(airquality$Ozone))
```

执行该指令，返回结果如下。

```
[1] TRUE
```

检查出缺失值后，我们就可以处理缺失值了，以下是一些常见的缺失值处理方法。

**❶ 删除缺失值**

- 删除包含缺失值的行：最简单的方法是直接删除包含缺失值的行。这对于数据集中缺失值较少或缺失值不是关键信息的情况是有效的。
- 删除包含缺失值的列：如果某一列的大部分数据都是缺失值，可以考虑删除整列。

在airquality数据集中删除行缺失值的示例。

```
# 加载 airquality 数据集
data(airquality)
# 删除包含缺失值的行
cleaned_airquality <- na.omit(airquality)
# 打印删除缺失值后的数据集
head(cleaned_airquality)
```

在控制台中运行上述指令，返回结果如下。

```
  Ozone  Solar.R   Wind   Temp   Month   Day
1    41      190    7.4     67       5     1
2    36      118    8.0     72       5     2
3    12      149   12.6     74       5     3
4    18      313   11.5     62       5     4
7    23      299    8.6     65       5     7
8    19       99   13.8     59       5     8
```

然后我们可以使用如下指令来检查是否还有缺失值。

```
any(is.na(cleaned_airquality))
```

执行该指令，返回结果如下。

```
[1] TRUE
```

从执行结果可见，数据集cleaned_airquality中已经没有缺失值了。

**❷ 填充缺失值**

● 使用均值、中位数或众数来填充：对于数值型数据，可以使用均值、中位数或众数来填充缺失值，以保持数据的分布特性。

● 使用插值方法来填充：对于时间序列数据或连续数据，可以使用插值方法（如线性插值、样条插值等）来填充缺失值，依据已知数据估算缺失值。

● 使用专业领域知识来填充：有时根据专业领域的知识或外部数据可以更好地填充缺失值。

若使用均值填充缺失值，我们可以使用R语言中的mean()函数来计算均值，然后将均值应用于缺失值。以下是一个示例，演示如何使用均值填充airquality数据集中的缺失值。

```
# 加载airquality数据集
data(airquality)

# 使用均值填充Ozone列中的缺失值
mean_value <- mean(airquality$Ozone, na.rm = TRUE)
airquality$Ozone[is.na(airquality$Ozone)] <- mean_value

# 使用均值填充Solar.R列中的缺失值
mean_value <- mean(airquality$Solar.R, na.rm = TRUE)
airquality$Solar.R[is.na(airquality$Solar.R)] <- mean_value

# 打印填充缺失值后的数据集
head(airquality)
```

在控制台中运行上述指令，结果如下。

```
      Ozone    Solar.R   Wind    Temp   Month   Day
1  41.00000  190.0000    7.4      67       5     1
2  36.00000  118.0000    8.0      72       5     2
3  12.00000  149.0000   12.6      74       5     3
4  18.00000  313.0000   11.5      62       5     4
5  42.12931  185.9315   14.3      56       5     5
6  28.00000  185.9315   14.9      66       5     6
```

**❸ 高级方法**

高级方法包括使用机器学习模型来预测缺失值，如回归模型、随机森林等，这些方法可以利用其他特征来估算缺失值。

## 5.2.3 异常值处理

在数据清洗处理中，异常值处理是一个重要的步骤，旨在检测和处理数据集中的异常值。异常值是与大多数数据点不同的观测值，可能是由于错误、测量问题或其他异常情况导致的。处理异常值的方法包括以下几种。

**❶ 检测异常值**

- 使用统计方法：可以使用统计方法（如均值、标准差、分位数）来识别异常值。通常，超出一定标准差范围或分位数范围的数据点被认为是异常值。
- 使用可视化方法：绘制箱线图、散点图等可视化图形，以直观地检测异常值。在图形中，远离其他数据点的观测值可能是异常值。

**❷ 处理异常值**

- 删除异常值：最简单的方法是直接删除异常值所在的行，但要小心，因为这可能导致数据丢失。
- 替换异常值：可以将异常值替换为合适的值，如使用均值、中位数或插值法。
- 转换数据：在某些情况下，对数据进行转换（如对数转换）可以使异常值对分析的影响变小。

下面我们重点介绍用分位数的方法检测异常值。

“婴儿出生数据.csv”数据集（见图5-12）包含了关于婴儿出生情况的信息，这些信息是按照日期、性别和出生人数进行记录的。以下是数据集的列和说明。

- year：表示数据记录的年份。
- month：表示数据记录的月份。
- day：表示数据记录的日期。
- gender：表示新生婴儿的性别（“F”表示女性，“M”表示男性）。

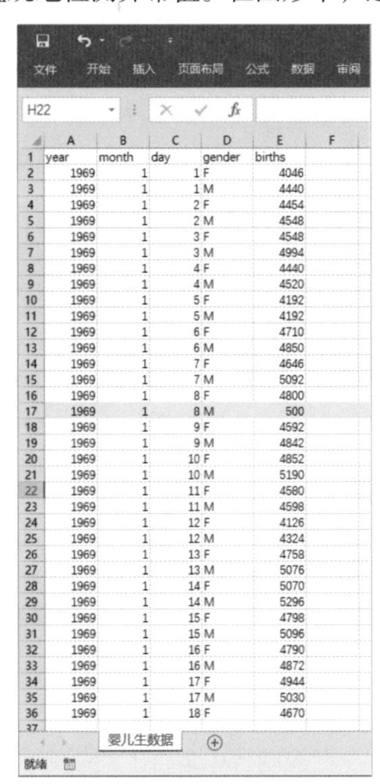

| | A | B | C | D | E | F |
|---|---|---|---|---|---|---|
| 1 | year | month | day | gender | births | |
| 2 | 1969 | 1 | 1 | F | 4046 | |
| 3 | 1969 | 1 | 1 | M | 4440 | |
| 4 | 1969 | 1 | 2 | F | 4454 | |
| 5 | 1969 | 1 | 2 | M | 4548 | |
| 6 | 1969 | 1 | 3 | F | 4548 | |
| 7 | 1969 | 1 | 3 | M | 4994 | |
| 8 | 1969 | 1 | 4 | F | 4440 | |
| 9 | 1969 | 1 | 4 | M | 4520 | |
| 10 | 1969 | 1 | 5 | F | 4192 | |
| 11 | 1969 | 1 | 5 | M | 4192 | |
| 12 | 1969 | 1 | 6 | F | 4710 | |
| 13 | 1969 | 1 | 6 | M | 4850 | |
| 14 | 1969 | 1 | 7 | F | 4646 | |
| 15 | 1969 | 1 | 7 | M | 5092 | |
| 16 | 1969 | 1 | 8 | F | 4800 | |
| 17 | 1969 | 1 | 8 | M | 500 | |
| 18 | 1969 | 1 | 9 | F | 4592 | |
| 19 | 1969 | 1 | 9 | M | 4842 | |
| 20 | 1969 | 1 | 10 | F | 4852 | |
| 21 | 1969 | 1 | 10 | M | 5190 | |
| 22 | 1969 | 1 | 11 | F | 4580 | |
| 23 | 1969 | 1 | 11 | M | 4598 | |
| 24 | 1969 | 1 | 12 | F | 4126 | |
| 25 | 1969 | 1 | 12 | M | 4324 | |
| 26 | 1969 | 1 | 13 | F | 4758 | |
| 27 | 1969 | 1 | 13 | M | 5076 | |
| 28 | 1969 | 1 | 14 | F | 5070 | |
| 29 | 1969 | 1 | 14 | M | 5296 | |
| 30 | 1969 | 1 | 15 | F | 4798 | |
| 31 | 1969 | 1 | 15 | M | 5096 | |
| 32 | 1969 | 1 | 16 | F | 4790 | |
| 33 | 1969 | 1 | 16 | M | 4872 | |
| 34 | 1969 | 1 | 17 | F | 4944 | |
| 35 | 1969 | 1 | 17 | M | 5030 | |
| 36 | 1969 | 1 | 18 | F | 4670 | |

图5-12 “婴儿出生数据.csv”数据集

● births：表示在特定日期和性别下的出生人数。

注意：黄色底纹的列所对应的这一天的出生人数只有500人，这个数据就是异常数据。事实上很多数据我们是无法直接查看出来的，这时我们可以通过程序代码进行检查，具体代码如下。

```
# 读取数据
data <- read.csv("data/ 婴儿出生数据 .csv")

# 提取 births 列的数据
births <- data$births

# 计算四分位数和 IQR
quantiles <- quantile(births, probs = c(0.25, 0.75))
iqr <- quantiles[2] - quantiles[1]

# 计算异常值的上下界限
lower_bound <- quantiles[1] - 1.5 * iqr
upper_bound <- quantiles[2] + 1.5 * iqr

# 1. 标识异常值
outliers <- which(births < lower_bound | births > upper_bound)

# 打印异常值
print(outliers)
```

在控制台中运行上述指令，返回结果如下。

```
[1] 16
```

打印的结果是16，这意味着在births列中，索引16的数据被认为是一个异常值，因为它超出了通过四分位数方法计算的异常值范围。

如果我们希望进一步处理这个异常值，可以根据我们的需求选择一种替换策略。在我们的数据中，这个异常值是数字16，可以考虑将其替换为中位数或其他合适的值，或者根据自己的分析目标来决定如何处理它。使用中位数替换的代码如下。

```
# 处理异常值（如将异常值替换为中位数）
births_clean <- births
births_clean[outliers] <- median(births)

# 如果你想将处理后的数据放回原始数据框中，可以这样做：
data$births <- births_clean
```

在控制台中运行上述指令，如果data数据已经被替换，使用如下指令执行data数据。使用View(data)函数查看数据的结果如图5-13所示。注意其中索引16的数据被替换为4710。

```
View(data)
```

**提示** ⚠

View(data) 是R语言中的一个函数，用于在R语言中查看数据框或数据集的内容。它通常用于图形用户界面的R集成开发环境中，如RStudio。当我们在RStudio中运行 View(data) 时，会弹出一个新的窗口，其中显示了数据框data的内容。

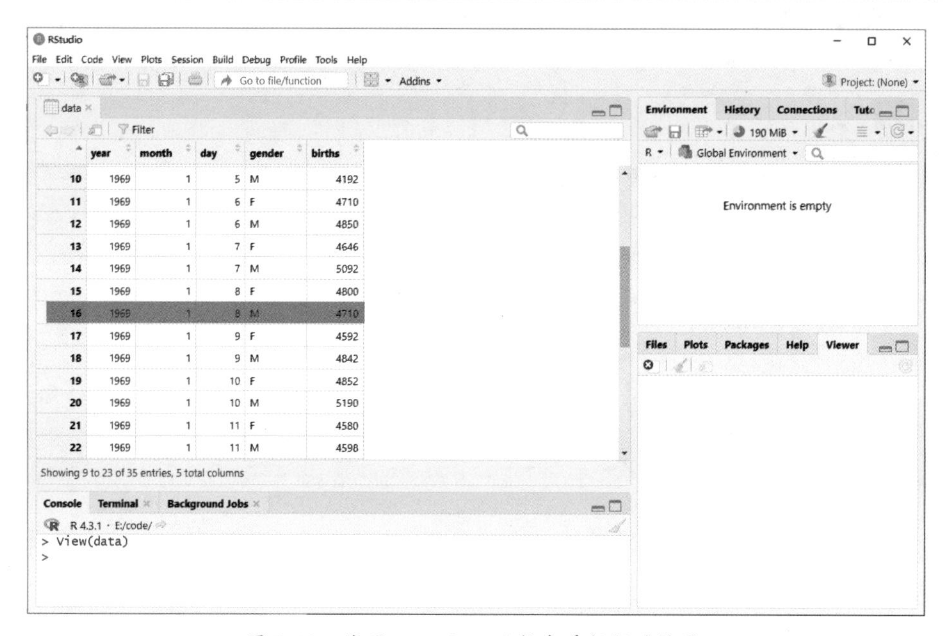


图 5-13　使用 View(data) 函数查看数据的结果

## 5.3 数据的统计分析方法

数据的统计分析是指对收集到的数据进行整理、汇总和分析，以获得关于数据特征和趋势的洞察和结论。数据的统计分析可以帮助我们了解数据的分布情况、中心趋势、变异程度及可能存在的关联性。以下是一些常用的数据统计分析方法。

（1）描述统计分析（Descriptive Statistics）：用于对数据的基本特征进行总结和描述。常用的描述统计指标包括平均值、中位数、众数、标准差、范围、百分位数等，它们能够提供数据的集中趋势、分散程度和分布形态等信息。

（2）频数分析（Frequency Analysis）：用于统计和展示数据中不同取值的出现频率。通过绘制频数分布表和直方图，可以直观地观察数据的分布情况，了解数据在哪些取值上较为集中或分散。

（3）相关性分析（Correlation Analysis）：用于探索数据之间的相关性。通过计算相关系数（如皮尔逊相关系数），可以判断两个变量之间的线性关系强弱和方向。相关分析可以帮助我们了解变量之间的关联程度，为后续的预测和建模提供依据。

（4）假设检验（Hypothesis Testing）：用于验证关于数据总体的假设。通过设置一个原假设和备择假设，并基于样本数据进行统计推断，可以判断原假设是否可接受或拒绝。假设检验可以帮助我们进行数据的推断和决策，如判断两组数据是否存在显著差异。

（5）方差分析（Analysis of Variance）：用于比较三个或更多组之间的均值差异是否显著。方差分析常用于比较不同处理组之间的效果差异，如在实验设计和市场研究中的应用。

（6）时间序列分析（Time Series Analysis）：用于研究时间上连续观测数据的特征和趋势。通过对时间序列数据进行平稳性检验、趋势分析、季节性分解等，可以揭示数据中的周期性、趋势性和季节性规律。

以上是一些常见的数据统计分析方法，可以根据具体的数据类型和分析目的选择适合的方法。数据的统计分析可以帮助我们更好地理解数据，发现数据中的规律和趋势，为决策提供依据和支持。

## 5.3.1 描述统计分析

描述统计分析是一种对数据进行总结和描述的统计方法，用于揭示数据的基本特征、分布情况和关系。它提供了对数据集中值的汇总统计，包括中心趋势、离散程度和数据分布等方面的信息。

**❶ 描述统计分析的常用方法**

（1）中心趋势度量。

- 平均值（Mean）：表示数据的平均水平，是各数据值的总和除以观测数。
- 中位数（Median）：表示数据的中间值，将数据按大小排序后的中间值，对于偏态分布的数据有较好的代表性。
- 众数（Mode）：表示数据中出现频率最高的值，对于分类数据或具有明显峰值的连续数据有意义。

（2）离散程度度量。

- 标准差（Standard Deviation）：衡量数据值与平均值的离散程度，标准差越大，数据越分散。
- 方差（Variance）：标准差的平方，用于衡量数据的离散程度。
- 范围（Range）：表示数据的最大值和最小值之间的差异，用于衡量数据的波动性。

（3）数据分布。

- 频数统计（Frequency Count）：计算数据中每个取值的出现次数。
- 百分位数（Percentiles）：将数据按大小排序后，确定某个特定百分比的位置，用于描述数据的分布情况。
- 偏度（Skewness）：衡量数据分布的偏斜程度，正偏斜表示数据右偏，负偏斜表示数据左偏。
- 峰度（Kurtosis）：衡量数据分布的尖峰程度，正峰度表示数据分布更集中，负峰度表示数据分布更平坦。

描述统计分析可以帮助我们了解数据的基本特征，包括中心趋势、离散程度和数据分布等方面的信息，从而对数据进行初步的探索和解读。它是数据分析的重要工具，在各个领域中都有广泛的应用。

### ❷ R 语言中常用的描述统计方法

R 语言提供了丰富的描述统计方法和函数，用于分析和总结数据的基本特征。以下是一些常用的描述统计方法和相应的 R 函数。

- mean()：计算平均值。
- median()：计算中位数。
- min()：计算最小值。
- max()：计算最大值。
- sd()：计算标准差。
- var()：计算方差。
- sum()：计算总和。

我们可以根据数据和分析的需要使用这些方法来了解数据的特征和分布情况。

使用这些函数的示例代码如下。

```
# mean()（平均值）
data <- c(12, 15, 18, 21, 24)
mean_value <- mean(data)
print(mean_value)
# median()（中位数）
data <- c(12, 15, 18, 21, 24)
median_value <- median(data)
print(median_value)
# min()（最小值）
data <- c(12, 15, 18, 21, 24)
min_value <- min(data)

print(min_value)
# max()（最大值）
data <- c(12, 15, 18, 21, 24)
max_value <- max(data)
print(max_value)
# sd()（标准差）
data <- c(12, 15, 18, 21, 24)
sd_value <- sd(data)
print(sd_value)
# var()（方差）
data <- c(12, 15, 18, 21, 24)
var_value <- var(data)
print(var_value)
# sum()（总和）
data <- c(12, 15, 18, 21, 24)
```

```
sum_value <- sum(data)
print(sum_value)
```

上述示例代码运行结果如下。

```
[1] 18
[1] 18
[1] 12
[1] 24
[1] 4.743416
[1] 22.5
[1] 90
```

**❸ 统计摘要信息**

统计摘要信息是对数据集的基本统计特征进行总结和描述。这些摘要信息通常包括以下内容。

- 均值（Mean）：表示数据的中心趋势。
- 中位数（Median）：将数据排序后的中间值，用于表示数据的中心位置。
- 最小值（Minimum）：表示数据的最小观测值。
- 最大值（Maximum）：表示数据的最大观测值。
- 标准差（Standard Deviation）：用于表示数据的离散程度。
- 方差（Variance）：是标准差的平方，也用于衡量数据的离散程度。
- 四分位数（Quartiles）：用于描述数据的分布情况。

统计摘要信息通常以表格或文本形式呈现，可以帮助数据分析人员快速了解数据的基本特征。在R语言中，可以使用 summary() 函数来生成包括上述统计信息的摘要报告。示例代码如下。

```
# 创建一个数据框
data <- data.frame(
  A = c(1, 2, 3, 4, 5),
  B = c(2, 4, 6, 8, 10),
  C = c(10, 20, 30, 40, 50)
)

# 使用 summary 函数获取统计摘要
summary_data <- summary(data)

# 打印统计摘要
print(summary_data)
```

上述示例代码运行结果如下。

```
        A              B              C
 Min.   :1    Min.   : 2    Min.   :10
```

```
 1st Qu.:2   1st Qu.: 4   1st Qu.:20
 Median :3   Median : 6   Median :30
 Mean   :3   Mean   : 6   Mean   :30
 3rd Qu.:4   3rd Qu.: 8   3rd Qu.:40
 Max.   :5   Max.   :10   Max.   :50
```

这个运行结果是使用R的 summary() 函数生成的统计摘要信息，它提供了对数据集各列的基本统计特征的描述。结果解释如下。

- Min.（最小值）：这一列显示了数据集各列的最小值。例如，第一列（A列）的最小值为1，第二列（B列）的最小值为2，第三列（C列）的最小值为10。
- 1st Qu.（第一四分位数）：这一列显示了数据集各列的第一四分位数，也称为25%分位数。它表示数据集中有25%的观测值小于或等于这个值。例如，第一列（A列）的第一四分位数为2，第二列（B列）的第一四分位数为4，第三列（C列）的第一四分位数为20。
- Median（中位数）：这一列显示了数据集各列的中位数，即将数据排序后的中间值。例如，第一列（A列）的中位数为3，第二列（B列）的中位数为6，第三列（C列）的中位数为30。
- Mean（均值）：这一列显示了数据集各列的均值，即平均值。例如，第一列（A列）的均值为3，第二列（B列）的均值为6，第三列（C列）的均值为30。
- 3rd Qu.（第三四分位数）：这一列显示了数据集各列的第三四分位数，也称为75%分位数。它表示数据集中有75%的观测值小于或等于这个值。例如，第一列（A列）的第三四分位数为4，第二列（B列）的第三四分位数为8，第三列（C列）的第三四分位数为40。
- Max.（最大值）：这一列显示了数据集各列的最大值。例如，第一列（A列）的最大值为5，第二列（B列）的最大值为10，第三列（C列）的最大值为50。

这些统计摘要信息可以帮助我们快速了解数据的基本分布和特征，包括中心趋势（均值、中位数）、分散度（最小值、最大值、四分位数），以及数据的范围。这些信息对于数据的初步探索和理解非常有用。

### 5.3.2 相关性分析

相关性分析是一种用于衡量两个变量之间的线性相关程度的统计分析方法。它可以帮助我们了解变量之间的关系，并揭示变量之间的相互影响。

在进行相关性分析之前，我们需要确保变量是数值型的。对于类别型变量，需要进行适当的编码或转换。以下是进行相关性分析的一般步骤。

（1）准备数据：确保数据集中包含要分析的变量。如果有缺失值或异常值，需要进行适当的处理。

（2）计算相关系数：常用的相关系数是皮尔逊相关系数，它可以衡量两个变量之间的线性关系强度和方向。

（3）理解相关系数：皮尔逊相关系数的取值范围为-1～1。

- 当相关系数为1时，表示完全正相关，即两个变量呈线性正关系。

● 当相关系数为 -1 时，表示完全负相关，即两个变量呈线性负关系。

● 当相关系数接近 0 时，表示没有线性关系，即两个变量之间没有线性关联。

（4）示例：两只股票相关性分析。

假设你关注了股票A和股票B，你想要确定这两只股票之间的相关性，并尝试利用这种相关性来制订交易策略。

2023年1月1日到2023年1月5日期间股票A和股票B的价格数据保存在“股票数据.csv”文件中。股票A和股票B的价格数据如图5-14所示。

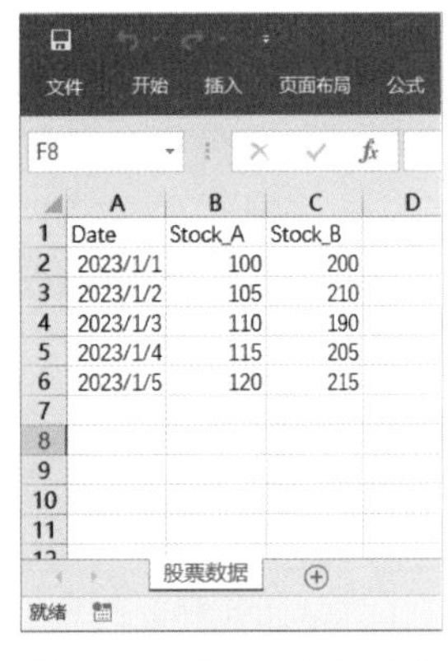


图5-14 股票A和股票B的价格数据

示例代码如下。

```
# 从 CSV 文件读取数据
df <- read.csv('data/ 股票数据 .csv')                ①

# 转换日期列为日期类型
df$Date <- as.Date(df$Date)                          ②
# 将日期列设为索引
rownames(df) <- df$Date                              ③
df$Date <- NULL                          # 删除原始日期列
# 计算相关系数
correlation_matrix <- cor(df$Stock_A, df$Stock_B)    ④
# 打印皮尔逊相关系数
cat(" 皮尔逊相关系数 :", correlation_matrix, "\n")
```

上述示例代码运行结果如下。

```
皮尔逊相关系数 : 0.4109975
```

上述示例代码解释如下。

代码第①行使用 read.csv() 函数从名为“data/股票数据.csv”的CSV文件中读取数据，并将其存储在名为 df 的数据框中。

代码第②行使用 as.Date() 函数将数据框中的Date列（日期列）的数据类型从字符型转换为日期型。这是因为日期通常以字符形式出现在CSV文件中，但在分析中通常需要将其转换为日期格式以进行日期相关的操作。

代码第③行使用rownames() 函数将数据框 df 的行名（行索引）设置为Date列的值。这样做的目的是将日期列作为数据框的行索引，并且在后面的分析中可以更方便地使用日期。

代码第④行使用cor()函数计算数据框 df 中的 Stock_A 列和 Stock_B 列之间的皮尔逊相关系数，并将结果存储在名为“correlation_matrix”的变量中。相关系数用于衡量两个变量之间的线性关系程度。

皮尔逊相关系数为 0.4109975，借此可以推断出股票A和股票B的价格变动有一定的正相关性，但不能确定其具体的趋势（上涨或下跌）。要更准确地了解股票A和股票B之间的相关性及趋势，需要进一步分析和考察其他因素。

### 5.3.3 时间序列分析

时间序列分析是一种用于分析时间相关数据的方法，其中数据按照时间顺序排列。它可以帮助我们揭示数据中的趋势、季节性、周期性和随机性等特征，以及预测未来的趋势和行为。图5-1所示的“opsd_germany_daily.csv”就是时间序列数据集。

常见的时间序列分析方法包括以下几种。

（1）移动平均模型（MA）：是一种基本的时间序列模型，它假设当前观测值与前期观测值的线性组合相关。移动平均模型通常用MA(q)表示，其中q表示滞后阶数，表示当前观测值与过去q期观测值的相关性。

（2）自回归模型（AR）：是一种假设当前观测值与过去观测值的线性组合相关的模型。自回归模型通常用AR(p)表示，其中p表示自回归阶数，表示当前观测值与过去p期观测值的相关性。

（3）自回归移动平均模型（ARMA）：是自回归模型和移动平均模型的结合。ARMA模型通常用ARMA(p, q)表示，其中p表示自回归阶数，q表示移动平均阶数，表示当前观测值与过去p期观测值和过去q期观测值的相关性。

（4）自回归积分移动平均模型（ARIMA）：是ARMA模型的扩展，它引入了差分操作来处理非平稳时间序列。ARIMA模型通常用ARIMA(p, d, q)表示，其中p表示自回归阶数，d表示差分阶数，q表示移动平均阶数。

（5）季节性自回归积分移动平均模型（SARIMA）：是ARIMA模型的季节性扩展，用于处理具有季节性变动的时间序列数据。SARIMA模型通常用SARIMA(p, d, q)(P, D, Q, s)表示，其中p、d、q表示非季节性部分的阶数，P、D、Q表示季节性部分的阶数，s表示季节性周期。

除了上述常见的时间序列分析方法，还有其他一些扩展或变体的模型，如指数平滑模型（Exponential Smoothing）、GARCH模型等，用于处理不同类型和特征的时间序列数据。

选择合适的时间序列模型取决于数据的特征、模型的适用性和性能评估等因素。根据实际情况，可以使用单个模型或组合多个模型来进行分析和预测。

**❶ MA时间序列分析**

在R语言中，可以使用TTR包中的SMA()和EMA()函数来计算时间序列的移动平均。

为了使用TTR包，我们通过如下指令安装TTR包。

```
install.packages("TTR")
```

通过如下指令加载TTR包。

```
library(TTR)
```

用以下示例代码，演示如何使用MA时间序列分析。

```
# 生成模拟时间序列数据
set.seed(123)                                                    ①
data <- ts(rnorm(100))                                           ②

# 加载 TTR 包
library(TTR)

# 计算 10 日简单移动平均
sma10 <- SMA(data, n = 10)

# 计算 10 日指数移动平均
ema10 <- EMA(data, n = 10)

# 可视化
plot(data, type = "l")                                           ③
lines(sma10, col = "blue", lwd = 2)  # 调整简单移动平均线的宽度为 2  ④
lines(ema10, col = "red", lwd = 2)   # 调整指数移动平均线的宽度为 2  ⑤
legend("bottomleft", lty = 1, col = c("blue", "red"),
 legend = c("SMA10", "EMA10"))                                   ⑥
```

上述代码是一个R示例，用于生成模拟的时间序列数据，计算并可视化该数据的简单移动平均（SMA）线和指数移动平均（EMA）线。

上述示例代码的解释如下。

代码第①行设置随机数种子，以确保生成的随机数据是可重复的，这是为了在模拟时间序列数据时获得一致的结果。

代码第②行生成包含100个随机正态分布数据点的时间序列数据，并将其存储在名为 data 的时间序列对象中。

代码第③行绘制原始时间序列数据的折线图，其中plot()是R的内置函数，用于创建各种类型的图表和可视化，包括散点图、折线图、直方图、箱线图等，其中type = "l" 表示绘制折线图。

代码第④行在原始数据的图上添加简单移动平均线，col = "blue" 设置线的颜色为蓝色，lwd = 2 设置线的宽度为2。

代码第⑤行在原始数据的图上添加指数移动平均线，col = "red" 设置线的颜色为红色，lwd = 2 设置线的宽度为2。

代码第⑥行添加图例，显示简单移动平均线和指数移动平均线的标签，并设置它们的颜色和线型。

运行上述示例代码，会在Plots（绘图）窗口显示图形（见图5-15）。

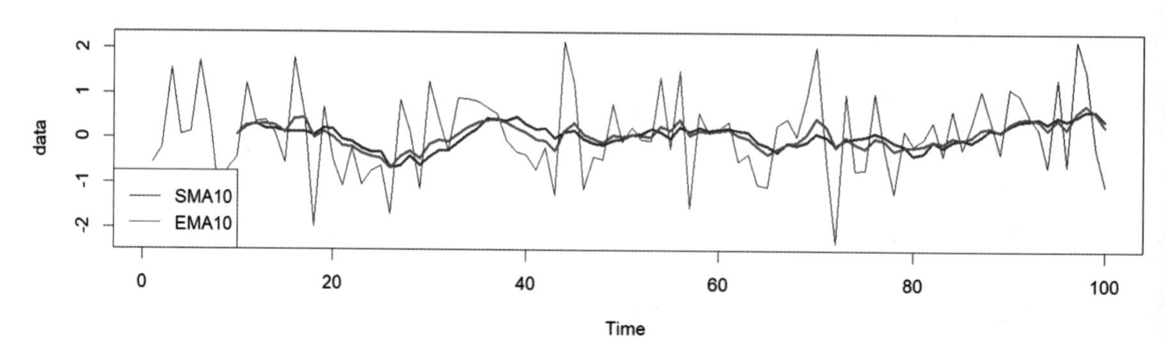


图 5-15 示例代码在Plots窗口显示的图形

我们从原始时间序列数据（黑色线）、计算的简单移动平均线（蓝色线）和指数移动平均线（红色线），可以清晰地识别出数据的趋势。

**❷ 示例：德国日用电量时间序列 MA 分析**

本小节我们将通过一个具体的示例介绍如何使用MA时间序分析。示例实现代码如下。

```
# 加载包
library(TTR)

# 读取数据
data <- read.csv("data/opsd_germany_daily.csv")                    ①
# 转换日期列为 Date 格式
data$Date <- as.Date(data$Date, format = "%Y/%m/%d")               ②
# 提取 Consumption 列为时间序列
consump <- ts(data$Consumption,
              start = c(2006, 1), frequency = 365)                 ③

# 计算 5 日移动平均
consump_ma5 <- SMA(consump, n=5)
# 计算 10 日移动平均
consump_ma10 <- SMA(consump, n=10)
# 增加底部边距和设置 y 轴范围
par(mar = c(5, 4, 6, 2))  # 增加底部边距

# 绘制原始用电量线
plot(consump, main=" 用电量移动平均线 ", col="blue", ylim = c(0, max(consump))) ④

# 绘制 5 日移动平均线和 10 日移动平均线
lines(consump_ma5, col="deep pink", lwd=2)                          ⑤
lines(consump_ma10, col="sea green", lwd=2)                         ⑥
```

```
# 添加图例
legend("bottomright",                                                ⑦
       legend=c("5日移动平均", "10日移动平均", "原始用电量"),
       col=c("deep pink", "sea green", "blue"),
       lty=1,
       lwd=2)
```

这段R代码用于读取包含时间序列数据的CSV文件，并进行一些时间序列分析和可视化。以下是对上述代码的解释。

代码第①行读取名为“opsd_germany_daily.csv”的CSV文件中的数据，并将其存储在名为data的数据框中。

代码第②行将数据框中的日期列（假设为“Date”）转换为Date格式，以便R可以正确地解释日期数据。format参数指定了日期的格式，这里是"%Y/%m/%d"，表示年、月、日。

代码第③行提取数据框中的“Consumption”列，然后将其转换为时间序列对象。start参数指定了时间序列的开始日期（这里是2006年1月），frequency参数指定了时间序列的频率，这里是每年365个数据点。

代码第④行绘制原始的用电量时间序列数据，其中consump是要绘制的时间序列数据。main参数设置图表的标题为“用电量移动平均线”。col参数设置原始用电量线的颜色为蓝色。ylim参数设置y轴的范围，从0到最大用电量值。

代码第⑤行绘制5日移动平均线，使用"deep pink"颜色并设置线的宽度为2。这条线是基于原始用电量数据计算得出的。

代码第⑥行绘制10日移动平均线，使用"sea green"颜色并设置线的宽度为2。同样，这条线也是基于原始用电量数据计算得出的。

代码第⑦行使用了legend()函数来创建一个图例，用于解释和标识图中的三条线的含义。以下是对这段代码中各个参数的解释。

- "bottomright"：是图例的位置参数，它指定了图例应该位于绘图区域的右下角。
- legend参数：是一个字符向量，包含了每个图例条目的标签。在这里，字符向量包括“5日移动平均”“10日移动平均”“原始用电量”。每个标签对应一个数据系列或线条。
- col参数：是一个字符向量，指定了每个图例条目的颜色。在这里，字符向量包括“deep pink”（深粉色）、“sea green”（海绿色）和“blue”（蓝色）。每个颜色对应一个数据系列或线条。
- lty参数：是一个整数值，指定了线型（line type）的样式。在这里，lty=1表示使用实线。
- lwd参数：是一个整数值，指定了线条的宽度。在这里，lwd=2表示线条宽度为2。

运行上述示例会在Plots（绘图）窗口显示用电量移动平均线的图形（见图5-16）。

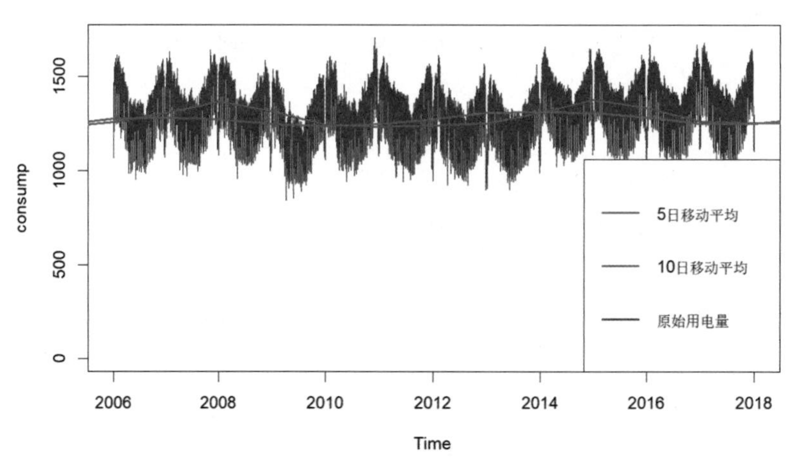


图 5-16　用电量移动平均线

从图5-16可见，原始用电量数据和两条移动平均线的时间序列图，有助于可视化用电量数据的趋势和平滑度。移动平均线可用于平滑数据以捕捉潜在的趋势。

## 5.4 本章总结

本章介绍了R语言在科技领域中的数据分析。我们学习了数据接口的使用，包括读写CSV、Excel、JSON文件，以及R包的应用。数据清洗部分包括内置数据集、缺失值和异常值处理。描述统计分析和统计摘要信息有助于理解数据。相关性分析和时间序列分析提供了深入洞察数据的方法。通过示例，我们分析了股票相关性和德国日用电量时间序列。这些技能将有助于应对科技领域的数据挑战。

# 第6章 单变量图形的绘制

在科学和技术领域，R语言科技绘图具有重要的意义，它对于研究、数据分析和传达科技发现有着关键性的作用。以下是一些R语言科技绘图的重要意义。

（1）数据可视化：科技绘图通过图形化展示数据，使复杂的数据集更容易理解。科学家和研究人员可以通过图形化数据来探索数据的特征、趋势和模式。

（2）探索性数据分析：科技绘图有助于进行探索性数据分析，帮助研究人员发现数据中的关键信息和异常值。它是数据科学工作流程中的关键步骤之一。

（3）科研发现：科技绘图可以帮助研究人员可视化科研数据，从而更容易识别新的科学发现、模式和趋势，这对于研究领域的前沿探索非常重要。

（4）数据传达：科技绘图是将科研成果和数据传达给其他科学家、决策者和公众的重要手段。清晰、有力的图形可以更好地传达科技信息。

（5）学术出版物：科技绘图是学术论文和出版物中的重要组成部分。

## 6.1 R绘图基础

我们在深入讨论R语言科技绘图之前，先介绍一下R绘图基础。

### 6.1.1 R绘图包

R常用绘图包有以下几个。

（1）ggplot2：是R语言中最受欢迎和广泛使用的2D绘图包之一。它提供了高度可定制的图形创建方法，基于“图层”的概念，允许用户创建漂亮的统计图形，包括散点图、直方图、箱线图、线图等。ggplot2提供了丰富的主题和自定义选项，使得数据可视化更容易。

（2）base：是R的内置绘图系统，虽然功能相对较少，但它是学习绘图的良好起点。它包括常用的绘图函数，如plot()、hist()、boxplot()等，适用于快速创建基本的2D图形。

由于ggplot2在R语言中最受欢迎和广泛使用，所以本书将重点介绍如何使用ggplot2包绘制图形。我们需要通过如下指令安装ggplot2包。

```
install.packages("ggplot2")
```

## 6.1.2 图形基本构成要素

在数据可视化中，图形通常由一些基本构成要素组成，这些要素有助于理解和解释数据。以下是图形中一些常见的基本构成要素。

（1）数据点：是图形中表示实际数据的元素。在散点图中，每个数据点通常表示一个数据观测值；而在柱状图、折线图中，数据点表示不同类别或时间点的数据值。

（2）坐标轴：是图形的基本框架，用于显示数据的位置和范围。通常有x轴（水平轴）和y轴（垂直轴），它们构成了图形的坐标系。

（3）刻度：用于标示数值的位置。刻度标记通常包括数字或标签，帮助读者在图形中找到特定数据点的位置。

（4）标题：提供了有关图形内容的简要说明，用于指示图形的主题或目的。

（5）轴标签：是x轴和y轴上的标签，它们说明了坐标轴所表示的含义。例如，x轴标签通常描述了横轴上的变量，y轴标签描述了纵轴上的变量。

（6）图例：用于解释图形中的颜色、符号或线条，以及它们与数据或类别之间的关系。图例通常位于图形的一侧或底部。

（7）主题：是图形的整体外观和样式，包括背景颜色、字体、线条样式等。主题可以改变图形的外观，使其更加美观或符合特定需求。

这些基本构成要素组合在一起，可以帮助读者理解图形中的数据信息。根据不同类型的图形和可视化任务，这些要素的具体形式和设置可能会有所不同。在创建图形时，可以根据数据和目标来调整这些要素，以更好地传达所需的信息。

柱状图基本构成要素如图6-1所示。

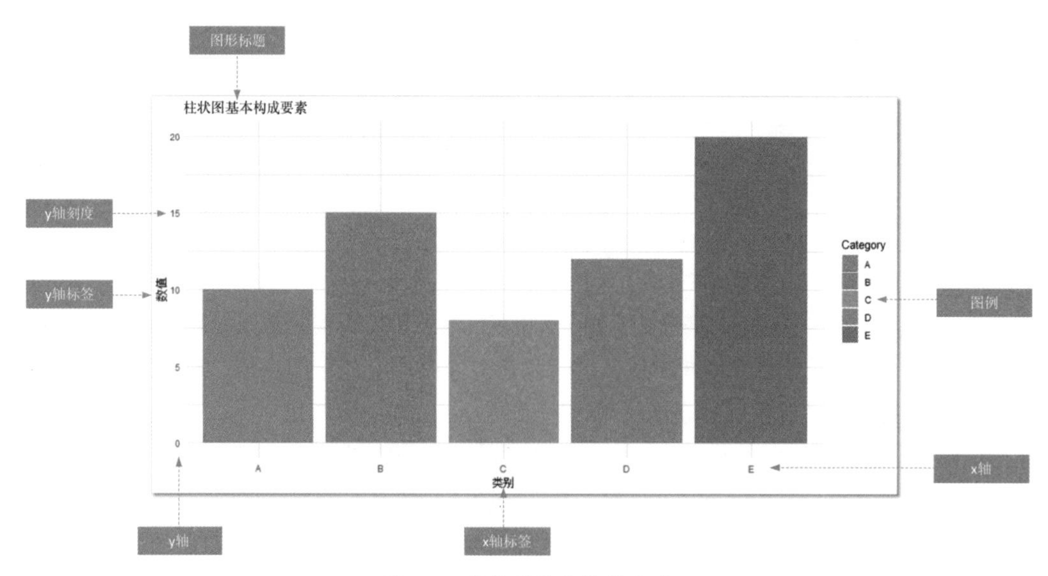


图6-1　柱状图基本构成要素

### 6.1.3 图形的图层

在R的ggplot2系统中，图形是通过不同的图层（layer）叠加构建而成的。以下是一些常见的图层。

（1）数据层（data layer）：用ggplot()指定数据集。

（2）映射层（mapping layer）：用aes()定义数据到美学属性（颜色、形状、大小等）的映射关系。

（3）几何对象层（geom layer）：用geom函数（geom_point、geom_line等）定义图形要素的类型。

（4）统计变换层（stat layer）：对数据进行统计变换后映射到美学属性，如bin、quantile等。

（5）位置调整层（position adjustment layer）：调整图形要素的位置，如stack、dodge等。

（6）协调层（coord layer）：设置坐标系，如coord_polar()。

（7）面板层（facet layer）：创建多个子图图形，如facet_wrap()。

（8）主题层（theme layer）：美化图形外观，如theme_gray()。

通过组合这些图层，可以生成各类图形。图层的叠加顺序也会影响图形效果。掌握图层概念是高效使用ggplot2的基础。

以下是一个将散点图和平滑曲线叠加在一起的简单示例代码。

```
library(ggplot2)

data <- diamonds[1:1000, ]                                        ①
ggplot(data) +                                                    ②
  aes(x = carat, y = price) +                                     ③
  geom_point(size=1.5, shape=23) +                                ④
  stat_smooth() +                                                 ⑤
  theme_light() +                                                 ⑥
  labs(x=" 克拉重量 ", y=" 价格 ")                                 ⑦
print(p)                                                          ⑧
# 保存图片
ggsave("my_plot.png", my_plot, width = 8, height = 6, units = "in") ⑨
```

上述示例代码解释如下。

这段代码是使用R的ggplot2包创建和绘制一个散点图及添加一个平滑曲线。

代码第①行data <- diamonds[1:1000, ]从内置的数据集diamonds中选择了前1000行的数据，并将其存储在一个名为data的数据框中。这个数据框包含了钻石的信息，包括克拉重量（carat）和价格（price）等，data就是数据层。

代码第②行ggplot(data) + 创建了一个ggplot对象，并将数据集data传递给它，这是创建可视化图形的起点。这里的“+”是叠加后面的映射层。

代码第③行aes(x = carat, y = price)在ggplot对象中定义了数据的映射方式。它告诉ggplot2将数据中的carat列映射到x轴，将price列映射到y轴。这意味着x轴将显示钻石的克拉重量，y轴将显示钻石的价格。

代码第④行 geom_point(size=1.5, shape=23) 添加了散点图的图层（几何对象层）。geom_point() 函数表示要在图形上添加散点图。size=1.5 指定了散点的大小，shape=23 指定了散点的形状。在这里，形状 23 代表一个带有中心空洞的菱形散点。

代码第⑤行 stat_smooth() 添加了一个平滑曲线的图层。它会自动拟合数据并绘制一个平滑的曲线，以显示数据的趋势。

代码第⑥行 theme_light() 设置了图形的主题，将图形的背景色设置为亮色主题，使图形看起来更加清晰。

代码第⑦行 labs(x=" 克拉重量 ", y=" 价格 ") 为 x 轴和 y 轴添加了标签，分别标识了它们所表示的内容。

代码第⑧行通过 print() 函数在 R 控制台或 R 脚本中显示图形。

代码第⑨行使用 ggsave() 函数将柱状图保存为一个图像文件，具体解释如下。

- my_plot.png 是要保存的图像文件的文件名。
- my_plot 是要保存的图形对象。
- width = 8、height = 6 参数指定了图像的宽度和高度，分别设置为 8 英寸（20.32cm）和 6 英寸（15.24cm）。
- units = "in" 参数指定了宽度和高度的单位，这里设置为英寸（inches）。

运行上述示例代码，会在 Plots（绘图）窗口显示图片，并在当前工作目录下生成 my_plot.png 文件，生成的图形的图层如图 6-2 所示。

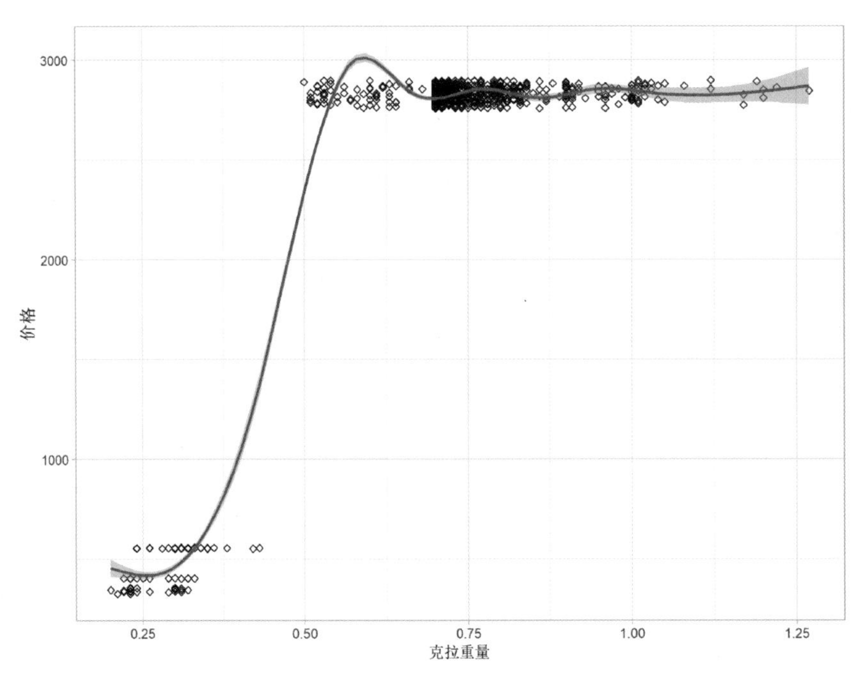


图 6-2　生成的图形的图层

## 6.1.4 图形主题

图形主题（Chart Themes）是图形外观和样式的集合，它们定义了图形的颜色、字体、背景、边框等可视化属性。通过应用不同的主题，我们可以改变图形的外观，使其更符合自己的需求或更具吸引力。在R语言中，有许多内置的主题，也可以自定义主题。

以下是一些常见的内置图形主题。

- theme_gray(): 默认主题，背景为白色，文字为黑色。
- theme_minimal(): 简洁主题，背景为白色，文本和线条为黑色，适用于简单的图形。
- theme_light(): 亮色主题，背景为淡灰色，文本和线条为黑色，适用于需要高对比度的图形。
- theme_dark(): 暗色主题，背景为黑色，文本和线条为白色，适用于强调数据的图形。
- theme_bw(): 黑白主题，背景为白色，文本和线条为黑色，适用于打印图形。
- theme_void(): 无主题，没有背景或边框，适用于创建自定义图形。

自定义主题时可以使用theme()函数来自定义图形主题，修改颜色、字体、大小等属性，以满足特定的需求。

以下示例代码演示如何设置图形的暗色主题。

```
library(ggplot2)

# 创建示例数据
data <- data.frame(
  x = rnorm(100),
  y = rnorm(100)
)

# 创建映射
p <- ggplot(data, aes(x = x, y = y))

# 应用不同主题
p<- p + geom_point() + theme_dark()       # 暗色主题
# p<- p + geom_point() + theme_gray()     # 默认主题
# p<- p + geom_point() + theme_minimal()  # 简洁主题
# p<- p + geom_point() + theme_light()    # 亮色主题
# p<- p + geom_point() + theme_bw()       # 黑白主题
# p<- p + geom_point() + theme_void()     # 无主题

# 打印图片
print(p)
```

运行上述示例代码显示暗色主题。暗色主题如图6-3所示。

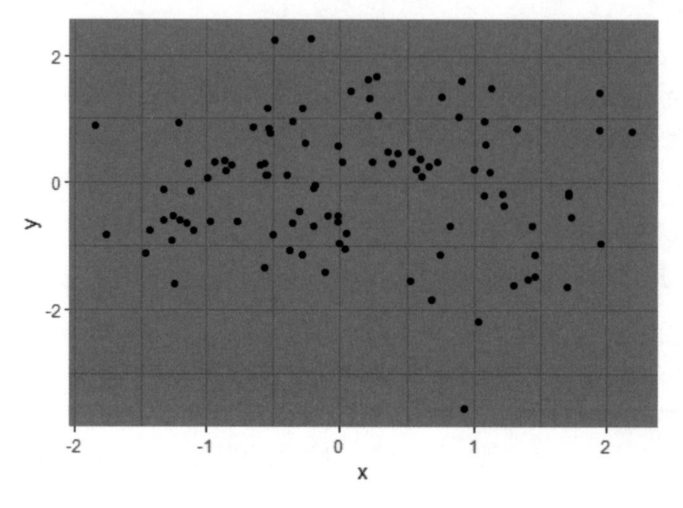


图6-3　暗色主题

要查看不同主题的效果，读者需要逐个取消注释并运行每个主题的代码块运行测试，具体过程不再赘述。

## 6.1.5 R图形分类

在R语言中，图形主要有以下几个类别，每个类别有不同的图形类型和应用场景。

- 散点图（Scatterplots）
- 折线图（Line Charts）
- 直方图（Histograms）
- 箱线图（Boxplots）
- 柱状图（Bar Charts）
- 饼图（Pie Charts）
- 热图（Heatmaps）
- 面积图（Area Charts）
- 雷达图（Radar Charts）
- 气泡图（Bubble Charts）
- 地图（Maps）
- 3D图（3D Plots）

根据图形中包含的变量个数可以将图形分为以下几种。

- 单变量图形
- 双变量图形
- 多变量图形

本章我们将重点介绍单变量图形。单变量图形是用于探索和描述单一变量（或一组相关的单一变量）的图形。这种图形的主要目的是了解单个变量的分布、特性、中心趋势和离群值等。单变量图形包括直方图、箱线图、密度图、小提琴图、饼图等，用于单一变量的可视化。

## 6.2 直方图

直方图是一种用于可视化数据分布的图形类型。它显示数据集中各数值范围的频率分布情况，特别适合连续型数据。直方图将数据范围划分为若干个连续的区间（称为“箱子”或“区间”），然后统计每个区间内数据点的数量或频率，最终以条形图的形式展示出来。

以下是直方图的主要特点和构成要素。

（1）x 轴：通常表示数据的数值范围或区间，按照一定的划分方式排列。

（2）y 轴：表示每个数值范围内数据点的频率或数量。它可以表示数据点的个数，也可以表示相对频率（频率与总数的比值）。

（3）箱子 / 区间：数据范围被划分为多个箱子或区间，每个箱子用来容纳特定范围内的数据点。箱子的宽度可以根据数据的分布情况调整。

（4）条形：每个箱子对应一个条形，其高度表示该箱子内的数据点数量或频率。高度越高，表示该范围内数据点越多。

（5）直方图可用于探索数据的分布特征，如数据的中心位置、离散程度、异常值等。直方图绘制过程中需要选择合适的箱子数量和宽度，以便更好地呈现数据的分布情况。

### 6.2.1 绘制图形一般步骤

绘制图形的一般步骤如下。

（1）加载包：首先加载需要的 R 包，如 ggplot2，以便使用其绘图功能。

（2）创建数据映射：使用 ggplot() 函数创建数据映射，指定数据集及 x 轴和 y 轴的变量。

（3）添加几何对象层：使用 geom_×××() 函数（如 geom_density()、geom_point()、geom_boxplot() 等）来添加所需类型的图形对象层，这决定了图形的类型。

（4）设置图形主题和标签：使用 labs() 函数和 theme_×××() 函数（如 theme_minimal()、theme_light() 等）来设置图形的标题、轴标签、颜色、主题等外观特性。

（5）打印图形：最后使用 print() 函数或直接执行图形对象以在 R 语言中显示图形。

这些步骤允许我们创建不同类型和样式的图形，并根据需要对它们进行定制。我们通过适当地选择几何对象和设置，可以创建各种各样的图形以更好地探索和展示数据。

### 6.2.2 示例：绘制空气温度分布直方图

以下是一个简单的 R 代码示例，演示如何使用 ggplot2 创建直方图，该示例使用直方图来可视化 airquality 数据集的温度数据的分布情况，具体的实现代码如下。

```
# 加载 ggplot2 包
library(ggplot2)

# 创建温度直方图
temperature_histogram <- ggplot(data = airquality, aes(x = Temp)) +      ①
    geom_histogram(binwidth = 5, fill = "sky blue", color = "black") +   ②
    labs(                                                                 ③
        title = "温度分布直方图",
        x = "温度（华氏度）",
        y = "频率"
    )
# 显示温度直方图
print(temperature_histogram)
```

上述示例代码解释如下。

代码第①行创建了一个名为temperature_histogram的变量，用于存储绘制温度直方图的图形对象，ggplot()函数用于创建一个ggplot2图形，其中data参数指定了要使用的数据集，aes(x = Temp)设置了x轴的数据为Temp。

代码第②行geom_histogram()函数用于添加直方图图层，表示我们要创建一个直方图。其中binwidth = 5指定了直方图的箱子(bin)宽度为5，这决定了数据分组的粒度；fill = "skyblue"设置直方图的填充颜色为天蓝色；color = "black"设置直方图的边框颜色为黑色。

代码第③行labs()函数用于添加图形的标签和标题，其中title = "温度分布直方图"设置了图形的标题为"温度分布直方图"；x = "温度(华氏度)"设置了x轴的标签为"温度(华氏度)"；y = "频率"设置了y轴的标签为"频率"。

使用RStudio运行示例代码，可以在Plots窗口看到显示的图形。温度分布直方图如图6-4所示。

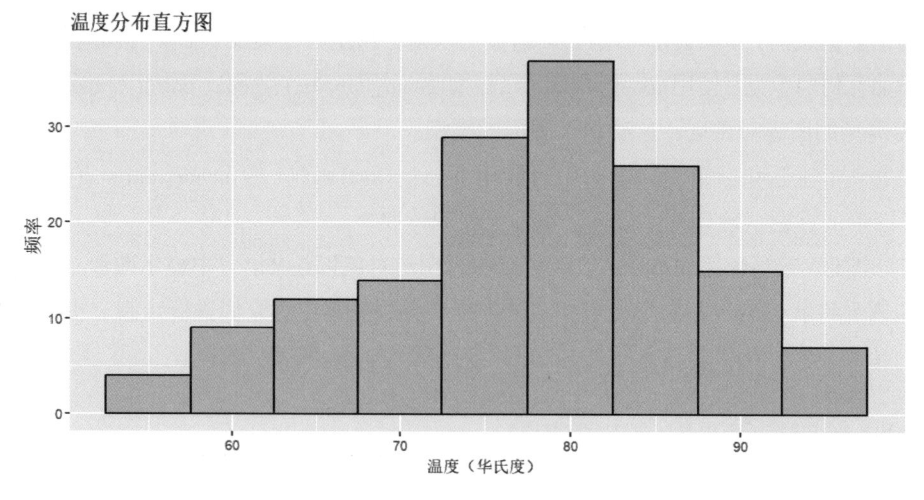


图6-4 温度分布直方图

从直方图中，我们可以看到温度数据的分布情况。例如，可以看到温度在70°F～80°F的数据点数量较多，而在60°F以下和90°F以上的温度范围内数据点较少。直方图有助于了解温度数据的中心趋势和分散程度，以及可能存在的异常值。

# 6.3 箱线图

箱线图又称为盒须图，是数据可视化中的一种常用图形类型。箱线图用于展示数据的分布和离散度，显示数据的中位数、上下四分位数、异常值等信息，有助于快速了解数据的分布特点，并通过箱体和虚线的形式呈现。箱线图如图6-5所示。

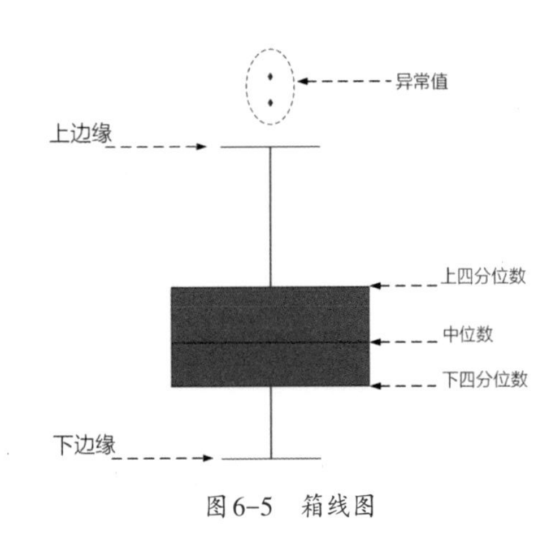


图6-5　箱线图

- 上四分位数，又称"第一四分位数"，等于该样本中所有数值由小到大排列后第25%的数字。
- 中位数，又称"第二四分位数"，等于该样本中所有数值由小到大排列后第50%的数字。
- 下四分位数，又称"第三四分位数"，等于该样本中所有数值由小到大排列后第75%的数字。

## 6.3.1 箱线图应用

箱线图应用十分广泛，主要包括以下几个方面。

（1）查看数据集的分布情况：通过箱线图可以直观地了解数据的集中趋势、对称性及异常值情况，对数据进行初步的分析。

（2）比较不同数据集的分布差异：可以通过绘制多个数据集的箱线图并排进行比较，观察它们的位置、范围和形状差异。

（3）判定数据集是否满足某种分布：通过箱线图的形状可以大致判断数据是否符合正态分布或其他分布形状。

（4）箱线图也可以与其他图形结合，形成更丰富的图形表示，如与散点图组合展示数据的分布和散点情况。

总之，利用箱线图可以直观显示数据的分布特征，是进行初步数据分析的重要工具。但其无法显示数据的具体分布形态，需要搭配其他图形使用。

## 6.3.2 示例：绘制婴儿出生数据箱线图

在5.2.3小节我们使用了统计方法检测异常值，事实上我们还可以采用可视化方法实现。我们可以通过箱线图检测异常值，具体代码如下。

```
# 加载ggplot2包
library(ggplot2)
new_dir <- "E:\\code\\"
setwd(new_dir)

# 读取数据
data <- read.csv("data/婴儿出生数据.csv")

# 创建箱线图
boxplot_plot <- ggplot(data, aes(x = "", y = births)) +
  geom_boxplot(fill = "skyblue", color = "black") +
  labs(
    title = "婴儿出生数据分布的箱线图",
    y = "出生人数"
  ) +
  theme_minimal()

# 显示箱线图
print(boxplot_plot)
```

这段代码首先加载ggplot2包，然后读取了婴儿出生数据。接下来，使用ggplot函数创建箱线图，其中aes函数指定了x轴为空，y轴为出生人数。然后使用geom_boxplot函数创建箱线图层，指定填充颜色和边框颜色。labs函数用于添加标题和y轴标签，而theme_minimal函数使用了一个简洁的主题。

最后，使用print函数显示箱线图，生成一个表示婴儿出生数据分布的箱线图（见图6-6）。

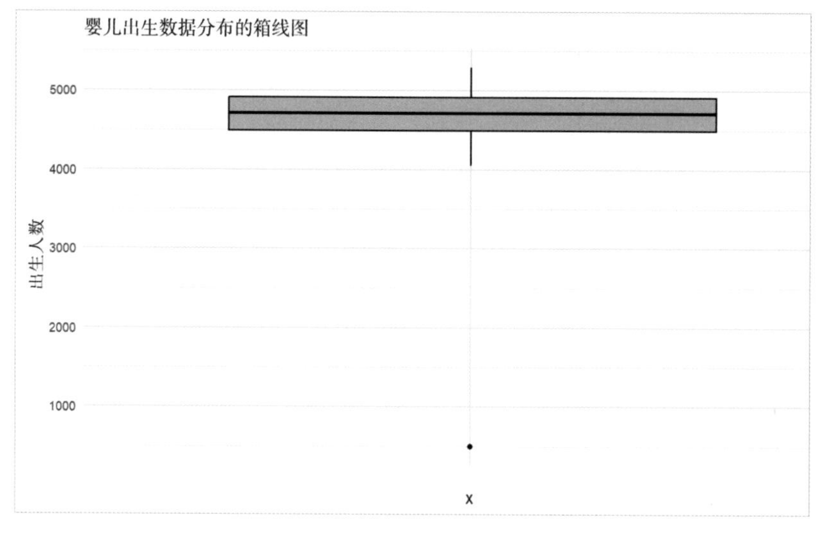


图6-6　婴儿出生数据分布的箱线图

从图6-6可见，在箱线图之外存在数据点，这种数据点通常被认为是异常值。

# 6.4 密度图

密度图是一种用于可视化数据分布的图形，它显示了连续变量的概率密度分布。

## 6.4.1 密度图应用

密度图的主要应用如下。

（1）显示数据分布形态：密度图能直观地展示数据的分布形式，如正态分布、偏态分布、多峰分布等。

（2）比较不同数据分布：可以通过多个密度图的重叠来比较不同数据样本的分布形状。

（3）发现数据集中的模态：密度图可以清楚地显示数据集的单模态、双模态或多模态分布。

（4）查找突出点或异常值：在密度图中可以观察到异常突出的峰值点或偏离主曲线的异常点。

（5）评估拟合效果：可以通过观察数据分布与理论分布拟合曲线的重合状况来评估拟合效果。

（6）显示离散性变量的连续概率：可以为离散型数据生成密度曲线，将其可视化为连续分布。

（7）密度图也可以与其他图形组合使用，如与箱线图重叠以同时显示密度和四分位数。

总之，密度图通过直观的曲线展示了数据分布的细节，能提供比直方图和箱线图更丰富的信息，是了解和展示数据集分布的有效工具。

## 6.4.2 示例：德国每日电力消耗密度图

在第 5 章的示例中，我们使用过 2006 年 1 月德国每日能源消费和可再生能源发电量的时间序列数据，该数据来自 opsd_germany_daily.csv 文件。下面我们通过绘制密度图可视化分析德国每日电力消耗情况。

具体代码如下。

```
# 加载 ggplot2 包
library(ggplot2)

# 读取数据
data <- read.csv("data/opsd_germany_daily.csv")                    ①
# 创建密度图
density_plot <- ggplot(data, aes(x = Consumption)) +               ②
  geom_density(fill = "sky blue", color = "black") +  # 添加密度曲线  ③
  labs(                                                            ④
    title = " 德国每日电力消耗密度图 ",
    x = " 电力消耗 ",
    y = " 密度 "
  ) +
  theme_minimal()  # 使用简洁的主题
```

```
# 显示密度图
print(density_plot)
```

上述示例代码解释如下。

代码第①行读取名为“opsd_germany_daily.csv”的数据集。这个数据集包含了每日的电力消耗数据，其中包括“Consumption”列，表示电力消耗。

代码第②行创建一个密度图对象，并将数据集data传递给ggplot()函数。在aes()函数中，指定了“x = Consumption”，表示我们要在x轴上绘制“Consumption”列的数据。

代码第③行geom_density(fill = "skyblue", color = "black")添加了密度曲线层。这一层用来绘制电力消耗数据的密度分布曲线，fill参数设置了曲线的填充颜色为天蓝色，color参数设置了曲线的边框颜色为黑色。

代码第④行使用labs()函数来设置图形的标题和轴标签。title参数设置了图形的标题为“电力消耗密度图”；x参数设置了x轴的标签为“电力消耗”；y参数设置了y轴的标签为“密度”。

然后使用theme_minimal()函数设置图形的主题为简洁主题，这可以改善图形的外观和一致性。

最后，通过print(density_plot)来显示创建的密度图。德国每日电力消耗密度图如图6-7所示。

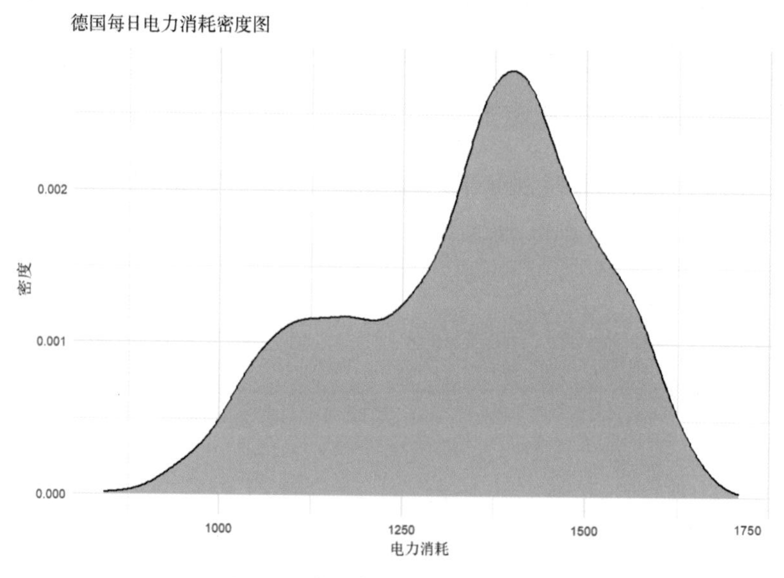


图6-7　德国每日电力消耗密度图

## 6.5 小提琴图

小提琴图(见图6-8)是一种数据可视化图形，可以认为是箱线图和核密度图的结合。它用于可视化数据的分布和密度，以帮助分析数据的形状、中位数、四分位数范围及可能的多峰性。

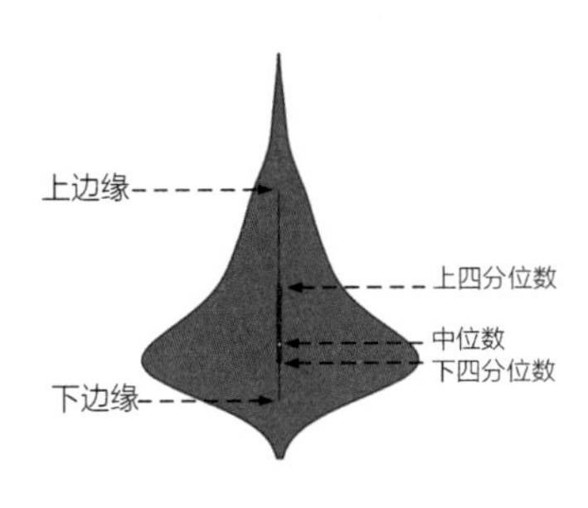


图 6-8　小提琴图

## 6.5.1 小提琴图与密度图比较

小提琴图和密度图都是用于展示数据分布形态的图形，主要区别如下。

（1）小提琴图同时展示了数据的密度分布和四分位数信息，密度图只显示分布的形状。

（2）小提琴图通过原始样本直接生成，密度图通过核函数估计得到概率密度曲线。

（3）小提琴图对数据量少的样本也能给出合理估计，密度图需要足够大的样本量。

（4）小提琴图更直观，可以直接看出数据的峰值、偏斜情况。密度图需要一定解析。

（5）密度图可以绘制理论分布与数据的拟合效果。小提琴图侧重展示样本本身的分布。

（6）小提琴图更适合互相比较不同数据集，密度图更适合单个数据集分布形态。

（7）小提琴图对异常值或离群点更敏感。密度图中异常值或离群点对总体曲线影响较小。

总体来说，小提琴图信息更丰富直观，更适合对比多数据集；密度图更抽象简洁，着重数据整体分布形状。两者可相辅相成，提供更全面的分布视图。

## 6.5.2 示例：德国每日电力消耗小提琴图

小提琴图与密度图比较类似，本小节将6.4.2小节的示例采用小提琴图重新绘制，具体代码如下。

```
# 加载 ggplot2 包
library(ggplot2)

# 读取数据
data <- read.csv("data/opsd_germany_daily.csv")

# 创建小提琴图
violin_plot <- ggplot(data, aes(x = "", y = Consumption)) +
  geom_violin(fill = "sky blue") +              ①

  labs(
    title = " 德国每日电力消耗小提琴图 ",
    x = "",
    y = " 电力消耗 "
```

```
  ) +

  theme_minimal()
# 显示小提琴图
print(violin_plot)
```

上述示例主要代码解释如下。

我们重点看代码第①行，其中geom_violin()函数用来绘制小提琴图，其他代码不再赘述。运行上述代码创建小提琴图。德国每日电力消耗小提琴图如图6-9所示。

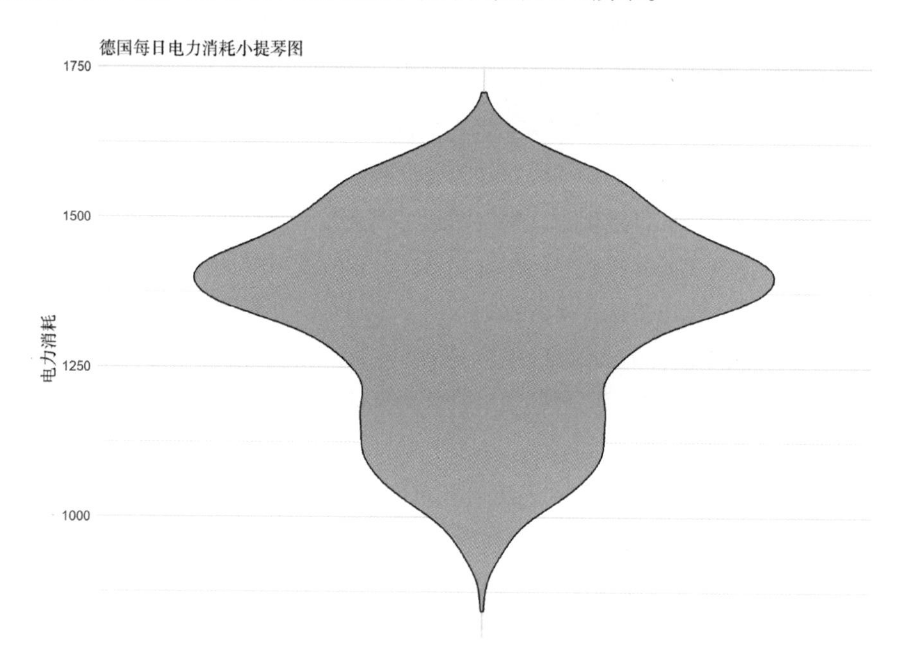


图6-9　德国每日电力消耗小提琴图

### 6.5.3 示例：绘制婴儿出生数据小提琴图

小提琴图对异常值或离群点很敏感，所以还可以检测异常值或离群点。本小节我们再将6.3.2小节婴儿出生数据绘制成小提琴图，用来检测异常值，具体代码如下。

```
# 加载 ggplot2 包
library(ggplot2)
new_dir <- "E:\\code\\"
setwd(new_dir)

# 读取数据
data <- read.csv("data/ 婴儿出生数据 .csv")
```

```
# 创建小提琴图
violin_plot <- ggplot(data, aes(x = "", y = births)) +
  geom_violin(fill = "skyblue", color = "black") +
  labs(
    title = "婴儿出生数据分布的小提琴图",
    y = "出生人数"
  ) +
  theme_minimal()

# 显示小提琴图
print(violin_plot)
```

运行上述代码创建小提琴图（见图6-10）。

从图6-10可见，异常值非常明显（其中x表示异常值），另外数据集中在4000～5000之间。

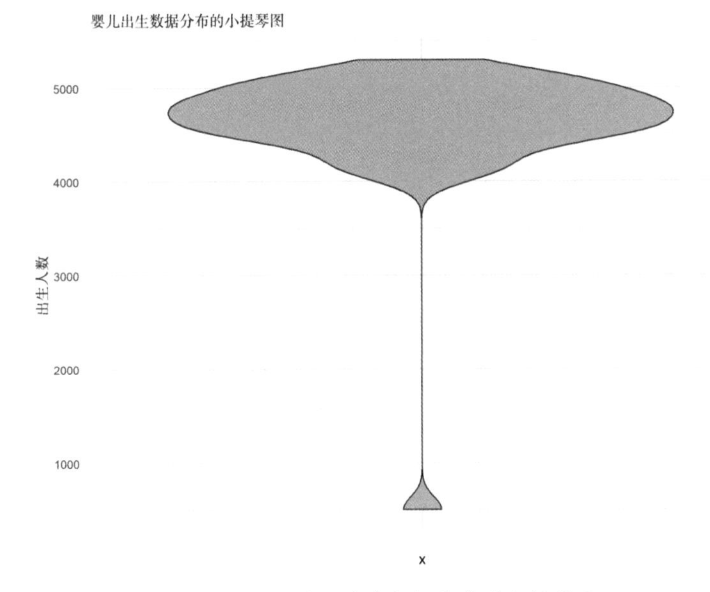


图6-10　婴儿出生数据分布的小提琴图

# 6.6 饼图

饼图是一种常用的数据可视化工具，用于显示不同类别或部分占整体的比例关系。饼图通常是一个圆形，被分割成多个扇形，每个扇形的面积表示相应类别或部分所占比例的大小。

## 6.6.1 创建饼图

在R语言中，可以使用不同的包来创建饼图，其中最常用的包是ggplot2，它提供了丰富的图形定制选项。

使用ggplot2的ggplot()函数创建一个基本的绘图对象，并在其中指定数据和映射。

```
ggplot(data = your_data, aes(x = "", y = proportion, fill = category))
```

● data参数：指定数据集，即包含类别和比例的数据框。

● aes()函数：在映射中，x = ""表示将整个饼图看作一个整体（不分割），y = proportion表示映射比例，fill = category表示使用类别来填充各个扇形。

### 6.6.2 示例：绘制婴儿性别比例饼图

本示例是从“婴儿出生数据.csv”文件读取数据婴儿出生数据，然后计算男女婴儿的数量，再使用ggplot2创建饼图并显示出来。

具体代码如下。

```
# 加载 ggplot2 包
library(ggplot2)

# 读取数据
data <- read.csv("data/婴儿出生数据.csv")

# 计算男女婴儿的数量
male_count <- sum(data$gender == "M")
female_count <- sum(data$gender == "F")

# 计算男女婴儿的百分比
total_count <- male_count + female_count
male_percentage <- (male_count / total_count) * 100
female_percentage <- (female_count / total_count) * 100

# 使用 round 函数保留小数点后两位
male_percentage <- round(male_percentage, 2)
female_percentage <- round(female_percentage, 2)

# 创建一个包含男女婴儿数量和百分比的数据框
gender_data <- data.frame(
  Gender = c("男性", "女性"),
  Count = c(male_count, female_count),
  Percentage = c(male_percentage, female_percentage)
)
# 创建饼图
pie_chart <- ggplot(gender_data, aes(x = "", y = Count, fill = Gender)) +   ①
  geom_bar(stat = "identity") +                                            ②
```

```
  coord_polar(theta = "y") +                          ③
  labs(
    title = "婴儿性别比例饼图",
    x = NULL,
    y = NULL,
    fill = NULL
  ) +
  theme_void() +                                      ④
  geom_text(aes(label = paste0(Percentage, "%")),
    position = position_stack(vjust = 0.5))           ⑤

# 显示饼图
print(pie_chart)
```

上述示例代码解释如下。

代码第①行使用ggplot2创建一个饼图，在aes函数中，x = ""用于创建一个空的x轴标签；y = Count指定y轴的数据为数量；fill = Gender用于填充颜色以区分男女婴儿。

代码第②行使用geom_bar函数创建一个柱状图，stat="identity" 表示直接使用源数据，而不是统计计算。

代码第③行使用coord_polar函数将图形转化为极坐标图，以创建饼图。

通常，柱状图是基于直角坐标系绘制的，但这里通过将坐标系转换为极坐标，将柱状图转化为饼图。在极坐标中，数据点的位置由半径（r）和角度（theta）来表示，这是创建饼图所需的。

代码第④行使用theme_void函数应用无主题的样式，以去除多余的背景和网格线。

代码第⑤行是添加文本标签，显示百分比，并使用position_stack函数将文本标签放在柱状图的中间。

最后，这段代码将生成一个饼图，用于可视化婴儿性别的比例，包括男女婴儿的数量和百分比。婴儿性别比例饼图如图6-11所示。

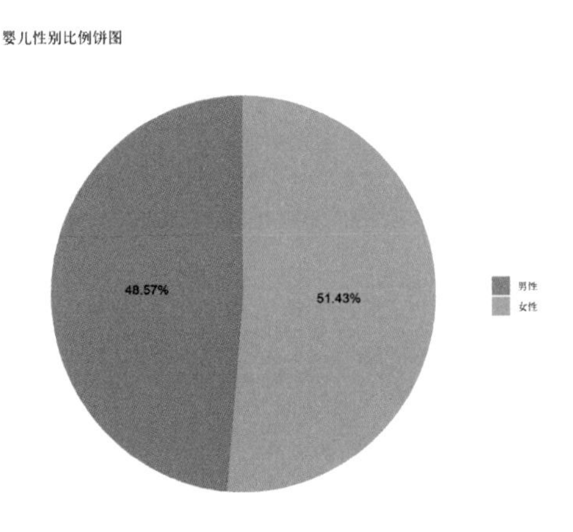


图6-11　婴儿性别比例饼图

## 6.7 本章总结

本章重点介绍了R语言中绘制单变量图形的方法。我们首先学习了R绘图的基本概念，包括绘图包、图形基本构成要素、图层、主题、R图形分类。然后，深入研究了直方图、箱线图、密度图、小提琴图和饼图等不同类型的单变量图形。通过示例，我们了解了如何创建这些图形并应用于实际的数据集，如空气温度分布数据、婴儿出生数据和德国每日电力消耗数据。这些图形有助于我们更好地理解数据的分布、离散程度和特征，为数据分析提供了重要的可视化工具。

# 07 第7章 双变量图形绘制

双变量图可用于可视化两个不同变量之间的关系或相互影响。常见的双变量图形类型包括散点图、折线图、双变量面积图、柱状图、条形图、热力图、核密度图、线性回归图等。选择哪种图形类型取决于要探索的数据和所关心的关系类型，不同的图形类型适用于不同的数据情境和分析目的。本章我们来介绍这些双变量图形。

## 7.1 散点图

散点图是最基本的双变量图之一，用于显示两个变量之间的关系。每个数据点在图上表示为一个点，其中一个变量位于x轴，另一个变量位于y轴。通过观察散点图，可以识别两个变量之间的趋势、关联性和离群值。

### 7.1.1 散点图应用

散点图是一种用于可视化两个变量之间关系的图形类型，它通常用于以下情况。

(1)关联分析：散点图可以帮助确定两个变量之间是否存在关联关系。如果散点图显示数据点在图上形成一条趋势线(正相关或负相关)，则可以得出两个变量之间存在一定的关联。

(2)异常值检测：通过查看散点图，可以轻松地识别偏离正常模式的异常值。异常值通常是图上离群的数据点。

(3)集群识别：如果散点图中存在多个簇(聚类)，则可以推断数据在不同组之间具有不同的特性。

(4)趋势分析：散点图可以帮助分析数据的趋势，如是否存在周期性的模式或趋势。

(5)相关性分析：通过计算两个变量之间的相关系数，可以量化它们之间的关联程度。

以下是一些散点图的应用示例。

(1)金融市场分析：用于分析不同资产之间的相关性，以便构建投资组合。

(2)医学研究：用于研究药物剂量与患者症状之间的关系。

(3)生态学：用于分析不同环境因素之间的相互作用，如温度和物种多样性之间的关系。

(4)制造业质量控制：用于检测生产过程中的异常值和质量问题。

### 7.1.2 示例：绘制汽车马力与燃油效率散点图

本小节我们使用R内置数据集mtcars来创建一个散点图。

mtcars是一个内置于R语言中的经典数据集，它包含一些不同汽车型号的性能和规格信息。这个数据集经常被用作数据分析和可视化的示例和练习的素材。

mtcars数据集包含32辆不同型号的汽车，每辆汽车有11个性能和规格方面的特征变量，以下是对这些变量的描述。

- mpg：每加仑英里数（miles per gallon），燃油效率。
- cyl：气缸数。
- disp：排量（发动机总体积，单位立方英寸）。
- hp：马力（horsepower）。
- drat：驱动轴比。
- wt：车重（weight）。
- qsec：1/4英里加速时间（秒）。
- vs：V/S（V形发动机或平面发动机）。
- am：传动类型（自动或手动）。
- gear：前进挡数。
- carb：化油器数。

mtcars数据集通常用于分析汽车性能、燃油效率、马力和其他相关特征之间的关系。

我们来创建一个散点图，显示汽车的马力与每加仑英里数之间的关系，从而帮助我们理解马力和燃油效率之间的关联。

示例代码如下。

```
# 加载ggplot2包
library(ggplot2)
# 使用mtcars数据集
data(mtcars)
# 创建散点图
my_plot <- ggplot(mtcars, aes(x = hp, y = mpg)) +                ①
  geom_point(aes(color = factor(cyl)), size = 3) +               ②
  labs(title = "汽车马力与燃油效率关系的散点图",                    ③
x = "马力 (horsepower)",
y = "每加仑英里数 (miles per gallon)") +
  scale_color_discrete(name = "气缸数") +                         ④
  theme_minimal()

# 保存图形为图像文件（此示例为PNG格式，你可以选择其他格式）
```

```
ggsave("汽车马力与燃油效率关系的散点图.png", my_plot,                ⑤
width = 8, height = 6, units = "in")
# 打印图形(可选)
print(my_plot)                                                    ⑥
```

上述示例代码解释如下。

代码第①行创建了一个散点图，并将其存储在名为my_plot的变量中。其中使用ggplot()函数创建了一个新的图形，aes()函数定义了x轴变量和y轴变量，这里分别是汽车马力和每加仑英里数。

代码第②行使用geom_point()函数添加散点图的图层。其中aes()函数定义了颜色映射，不同气缸数的汽车用不同颜色标记，并设置点的大小为3。

代码第③行使用labs()函数为图形添加标题和轴标签。

代码第④行使用scale_color_discrete()函数定义颜色映射的离散比例尺，将气缸数作为图例的标题。

代码第⑤行使用ggsave()函数将散点图保存为图像文件，其中参数“汽车马力与燃油效率散点图.png”是保存的图像文件的文件名；参数my_plot是要保存的图形对象；参数width = 8、height = 6、units = "in"定义了图像的宽度、高度以及单位(单元为英寸)。

代码第⑥行(可选)用于在R控制台中打印散点图，以便在R语言中查看图形的外观和布局。

运行上述代码，生成散点图。汽车马力与燃油效率关系的散点图如图7-1所示。

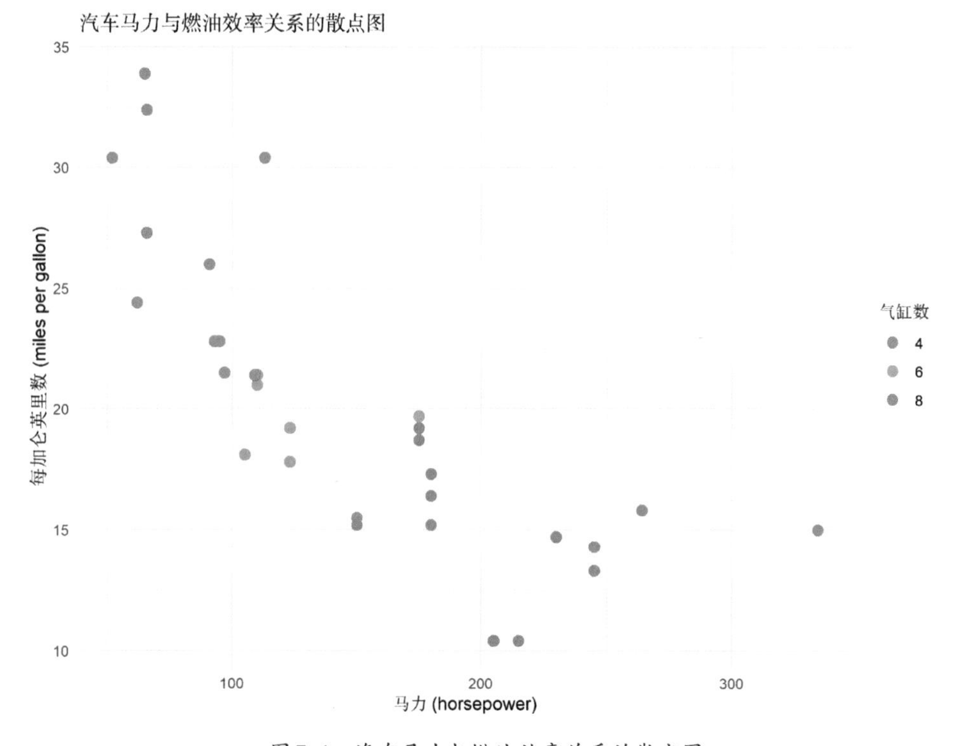


图7-1　汽车马力与燃油效率关系的散点图

# 7.2 折线图

折线图通常用于显示两个变量之间的趋势随时间的变化。

## 7.2.1 折线图应用

折线图是一种常用的数据可视化工具，它用于显示数据随时间、顺序或其他连续性变量的变化趋势。下面是一些折线图的应用示例。

(1)股票价格趋势图：折线图经常用于展示股票价格随时间的波动情况。x轴通常表示时间，y轴表示股票价格，每个点对应某一时刻的股价。这种图形可以帮助投资者分析股票的走势和趋势。

(2)气温变化趋势图：气象学家使用折线图来显示某个地区的气温随季节或年份的变化。这种图形可以帮助人们理解气候模式和季节性变化。

(3)销售数据趋势图：企业可以使用折线图来跟踪产品销售随时间的变化。这种图形可以帮助企业管理者了解产品销售的季节性趋势和周期性模式。

(4)生产指标趋势图：制造业可以使用折线图来监控生产指标，如产量、质量和效率随时间的变化。这有助于优化生产流程和识别潜在问题。

无论是在商业、科学、教育还是其他领域，折线图都是一种强大的工具，可用于可视化和分析随时间或其他连续性变量的数据趋势。

在R语言中，可以使用ggplot2包来创建自定义的折线图，以满足用户的需求。

## 7.2.2 示例：婴儿出生数据折线图

在5.2.3小节我们使用统计方法检测异常值时，使用过“婴儿出生数据.csv”数据。我们再使用该数据集绘制婴儿出生数据折线图，具体代码如下。

```
# 加载 ggplot2 包
library(ggplot2)

new_dir <- "E:\\code\\"
setwd(new_dir)

# 读取数据
data <- read.csv("data/婴儿出生数据（清洗后）.csv")              ①

# 创建折线图
line_plot <- ggplot(data, aes(x = as.Date(paste(year, month, day, sep = "-")),
y = births)) +                                                  ②
  geom_line(color = "blue") +  # 添加折线，设置颜色
  labs(
```

```
    title = "婴儿出生数据折线图",
    x = "日期",
    y = "出生数量"
  ) +
  theme_gray()   # 使用灰色的主题

# 显示折线图
print(line_plot)
# 保存图片
ggsave("婴儿出生数据折线图.png", line_plot, width = 8, height = 6, units = "in")
```

上述示例代码解释如下。

代码第①行从“婴儿出生数据(清洗后).csv”的CSV数据文件读取数据，并将数据存储在一个名为data的数据框中。数据包含了婴儿出生日期和出生数量。

代码第②行ggplot()是创建折线图的代码块，其中包括以下内容。

- ggplot(...)：创建一个ggplot对象，其中定义了数据、x轴和y轴映射。
- geom_line()：添加折线图层，将婴儿出生数据按日期绘制成折线，设置折线的颜色为"blue"。

运行上述代码，生成如图7-2所示的婴儿出生数据折线图。

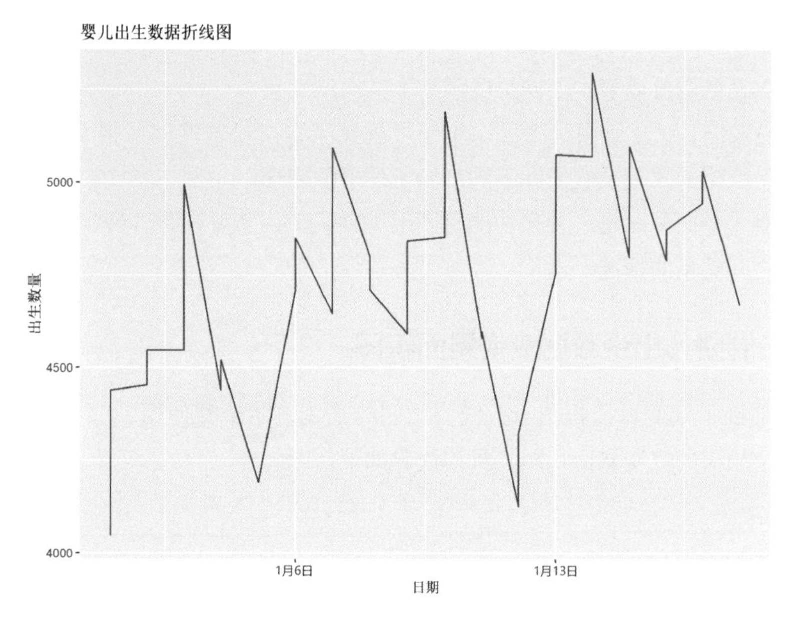


图 7-2　婴儿出生数据折线图

## 7.3 双变量面积图

面积图是一种用于可视化数据趋势或分布的图形类型。它通常用于显示一个或多个变量随时间的变化趋势，以及这些趋势之间的关系。本节我们重点讨论双变量面积图。

双变量面积图和折线图都是用于可视化两个变量之间关系的图形类型，但它们有以下区别。

- 双变量面积图填充了折线图下方的区域，而折线图只显示折线，不填充区域。
- 双变量面积图更适合强调数据的累积效果，而折线图更适合强调单一变量的趋势。
- 双变量面积图通常用于显示时间序列数据，而折线图还可以用于其他类型的数据。

### 7.3.1 双变量面积图应用

双变量面积图通常用于可视化两个变量之间的关系，特别是在考虑时间序列数据时。以下是一些双变量面积图的应用示例。

（1）金融数据分析：双变量面积图可以用于可视化不同金融资产的价格趋势。例如，我们可以创建一个双变量面积图，将股票价格和市场指数的变化趋势显示在同一图形上，以帮助分析它们之间的相关性和波动性。

（2）销售与市场份额：如果我们想了解不同产品或品牌的销售趋势及它们在市场份额方面的表现，双变量面积图可以帮助我们可视化这些数据。每个产品或品牌的市场份额可以用填充区域的方式表示。

（3）生态学研究：在生态学中，双变量面积图可以用于显示不同物种的种群趋势。我们可以将不同物种的种群大小显示在同一个图形上，以了解它们之间的相互作用和竞争关系。

（4）天气数据分析：当分析气温和湿度等天气数据时，双变量面积图可以用于可视化这两个变量之间的关系。填充区域可以表示不同湿度水平下的温度变化。

（5）股票交易策略：双变量面积图可以用于可视化某种交易策略的回报率与市场指数的关系。这有助于分析交易策略的效果及它们在不同市场条件下的表现。

总的来说，双变量面积图是一种多功能的图形类型，适用于可视化各种领域的数据，特别是需要比较两个变量之间关系的情况。

### 7.3.2 示例：绘制婴儿出生数据双变量面积图

为了更清晰地展示双变量面积图与折线图之间的区别，本节将使用7.2.2小节中绘制的折线图的数据来创建一个相应的双变量面积图，具体代码如下。

```
# 加载ggplot2包
library(ggplot2)

new_dir <- "E:\\code\\"
setwd(new_dir)

# 读取数据
data <- read.csv("data/婴儿出生数据 （清洗后）.csv")

# 创建双变量面积图
```

```
area_plot <- ggplot(data, aes(x = as.Date(paste(year, month, day, sep = "-")),
y = births)) +
  geom_area(fill = "pink") +  # 添加双变量面积图，设置填充颜色 ①
  labs(
    title = "婴儿出生数据双变量面积图",
    x = "日期",
    y = "出生数量"
  ) +
  theme_gray()  # 使用灰色的主题

# 显示双变量面积图
print(area_plot)

# 保存图片
ggsave("婴儿出生数据双变量面积图.png", area_plot, width = 8, height = 6, units =
"in")
```

上述示例代码解释如下。

代码第①行使用geom_area()函数绘制双变量面积图，其他代码与折线图类似，这里不再赘述。

运行上述示例代码，生成如图7-3所示的婴儿出生数据双变量面积图。

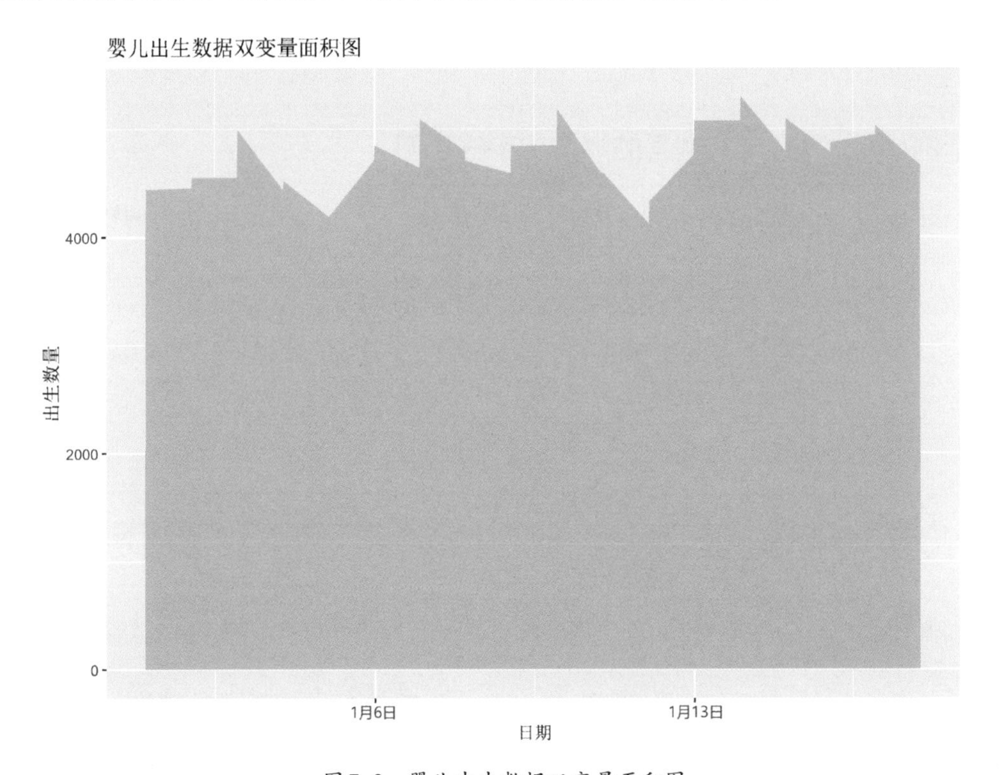


图7-3　婴儿出生数据双变量面积图

# 7.4 柱状图

柱状图可以用于比较不同类别或组之间的两个变量。一个变量通常表示在x轴上的不同类别或组，另一个变量表示在y轴上的值。这种图形常用于显示类别数据的比较。

## 7.4.1 柱状图应用

柱状图是一种常见的数据可视化图形类型，用于展示不同类别或组之间的数据比较。以下是柱状图的一些应用示例。

（1）销售数据比较：柱状图可用于比较不同产品、地区或时间段的销售数据。每个柱子代表一个产品或地区，柱子的高度表示销售额或销售数量。

（2）调查结果：在社会科学研究中，柱状图可用于呈现调查结果，例如，不同选项的选择频率。每个柱子代表一个选项，柱子的高度表示选择该选项的人数或百分比。

（3）时间趋势：柱状图也可用于显示时间趋势。我们可以创建一个时间序列柱状图，其中x轴表示时间，y轴表示某个度量指标，例如，每月销售额的变化。

（4）对比类别：柱状图适用于对比不同类别的数据，例如，比较不同产品、部门、城市或年度的性能数据。

在R语言中，我们可以使用ggplot2包轻松创建各种类型的柱状图，根据数据和需求进行自定义，以有效地传达信息和趋势。

## 7.4.2 示例：绘制不同汽车型号的燃油效率柱状图

下面我们使用R内置的mtcars数据集创建一个柱状图，来比较不同汽车型号的燃油效率（每加仑英里数）。

具体实现代码如下。

```
# 加载 ggplot2 包
library(ggplot2)

# 使用 mtcars 数据集
data("mtcars")

# 创建柱状图并选择性显示 x 轴标签
my_plot <- ggplot(mtcars, aes(x = rownames(mtcars), y = mpg)) +          ①
  geom_bar(stat = "identity", fill = "blue") +                             ②
  labs(x = "汽车型号", y = "燃油效率 (mpg)", title = "不同汽车型号的燃油效率柱状图") +
                                                                           ③
  theme(axis.text.x = element_text(angle = 45, hjust = 1))  # 旋转标签    ④
```

```
# 保存图形为图像文件（此示例为 PNG 格式，你可以选择其他格式）
ggsave("汽车燃油效率柱状图.png", my_plot, width = 10, height = 6, units = "in")

# 显示图形
print(my_plot)
```

上述示例代码解释如下。

代码第①行创建了一个ggplot2图形对象。mtcars是数据集，aes()函数定义了图形的美学映射（aesthetic mapping）。x = rownames(mtcars) 将x轴映射到汽车型号（数据集中的行名），y = mpg 将y轴映射到燃油效率。

代码第②行添加了柱状图的几何对象（geom_bar）。stat = "identity" 表示使用数据集中的实际值作为柱子的高度，fill = "blue" 设置柱子的填充颜色为蓝色。

代码第③行设置图形的标签，包括x轴标签、y轴标签和图形标题。

代码第④行设置图形的主题，其中axis.text.x = element_text(angle = 45, hjust = 1) 旋转x轴上的标签，使它们以45度角显示，并通过hjust = 1控制标签的水平对齐方式，如果 hjust = 1 表示文本右对齐。

运行上述代码，生成如图7-4所示的不同汽车型号的燃油效率柱状图。

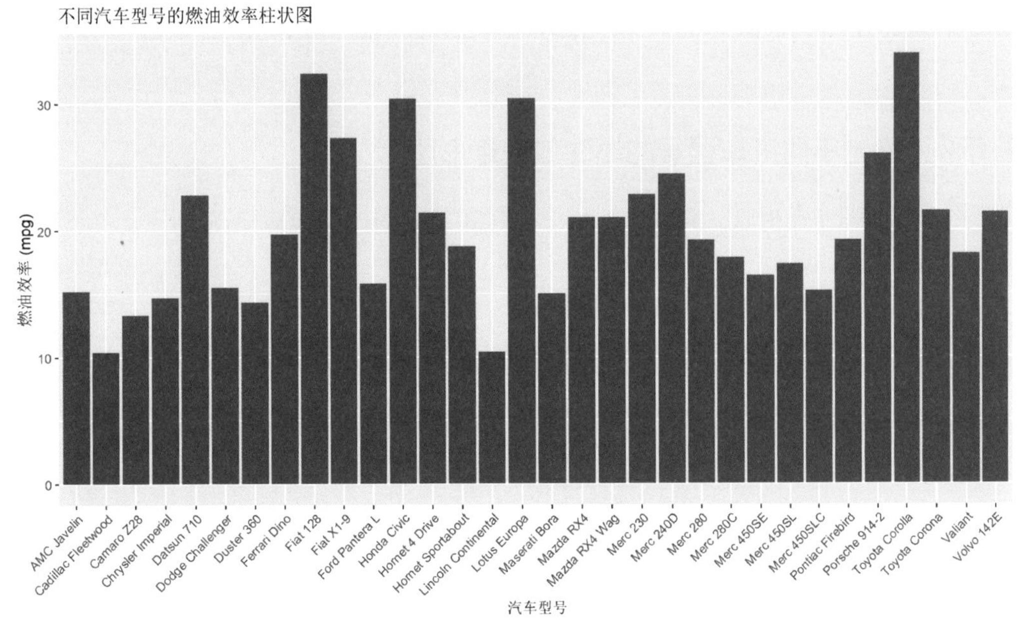


图7-4　不同汽车型号的燃油效率柱状图

## 7.5 条形图

条形图是一种数据可视化工具，通常用于比较不同类别或组之间的数据值。它由一组垂直或水平的条形（也称为柱形）组成，每个条形的高度（或长度）表示相应类别或组的数据值。

## 7.5.1 条形图与柱状图的区别

条形图和柱状图在数据可视化中常用于相似的目的，但它们之间存在以下区别。

（1）方向不同。

- 条形图通常是水平的，条形从左到右延伸，每个条形的长度表示相应类别或组的数据值。
- 柱状图通常是垂直的，柱子从下到上延伸，每个柱子的高度表示相应类别或组的数据值。

（2）用途不同。

- 条形图常用于比较不同类别或组之间的数据，特别是当类别名称较长或需要显示在图形的底部时。
- 柱状图也用于比较不同类别或组的数据，但通常在类别名称较短或可以垂直显示时。

（3）视觉效果不同。

由于方向不同，条形图和柱状图的视觉效果有所不同。条形图在比较多个类别时可能需要更多的水平空间，而柱状图在比较多个类别时可能需要更多的垂直空间。

总的来说，条形图和柱状图都是强大的数据可视化工具，可以用于比较不同类别或组之间的数据。我们可以根据具体的数据性质和可视化需求选择使用图形的类型，以确保数据的有效传达和理解的便利。

## 7.5.2 示例：绘制不同汽车型号的燃油效率条形图

条形图和柱状图非常相似，本小节将7.4.2小节中绘制的柱状图的数据来创建一个条形图，具体代码如下。

```
# 载入必要的库
library(ggplot2)

# 使用 mtcars 数据集
data(mtcars)

# 创建燃油效率条形图
my_plot <-ggplot(mtcars, aes(x = reorder(row.names(mtcars), -mpg), y = mpg)) +
  geom_bar(stat = "identity", fill = "blue") +                ①
  coord_flip() + # 横向展示条形图                              ②
  labs(x = "汽车型号", y = "燃油效率 (mpg)",title = "不同汽车型号的燃油效率条形图") +
  theme_minimal()
  ggsave("不同汽车型号的燃油效率条形图.png", my_plot, width = 8, height = 6,
units = "in")
print(my_plot)
```

上述示例代码解释如下。

代码第①行使用geom_bar函数创建了条形图，stat = "identity"表示直接使用数据集中的值，并且设置了条形的填充颜色为蓝色。

代码第②行coord_flip()用于横向展示条形图，这样汽车型号的标签可以更好地显示。

运行上述代码，生成如图7-5所示的不同汽车型号的燃油效率条形图。

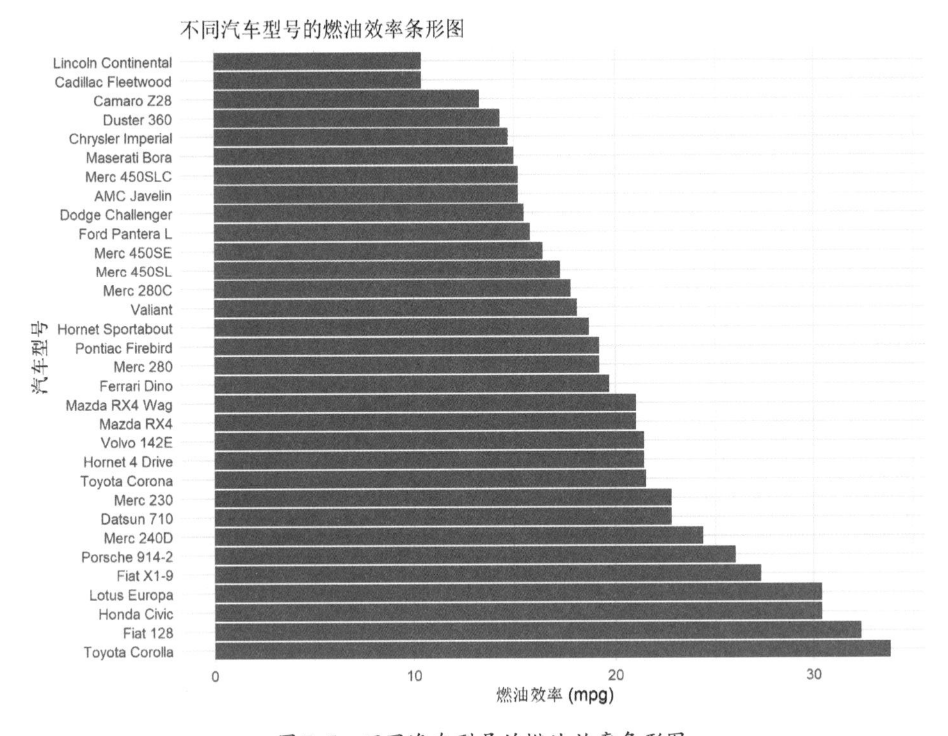


图7-5　不同汽车型号的燃油效率条形图

## 7.6 热力图

热力图用于可视化两个分类变量之间的关系，通过颜色编码来表示不同组合的频率或值，它可以帮助识别变量之间的相关性和模式。

### 7.6.1 热力图应用

在科技领域，热力图可用于可视化和分析各种类型的数据，帮助科学家、工程师和研究人员发现模式、趋势和关联性。以下是热力图在科技领域中的重点应用场景。

（1）温度分布：在气象学中，热力图可用于显示地理区域的温度分布情况。每个单元格表示一个地理位置，颜色表示温度。

（2）基因表达分析：在生物学中，热力图通常用于可视化基因表达数据。行表示基因，列表示样本，单元格的颜色表示基因在不同样本中的表达水平。

（3）金融分析：在金融领域，热力图可用于可视化不同股票或资产之间的相关性。每个单元格可以表示两种资产之间的相关性，颜色深浅表示相关性的强度。

（4）图像处理：在计算机视觉中，热力图可用于表示图像中不同区域的像素强度。这有助于完成图像分割、特征提取等任务。

总的来说，热力图是一种强大的工具，可用于可视化和分析各种类型的数据，帮助用户快速识别模式、关联性和趋势。在实际应用中，可以根据数据和分析目标来定制热力图的样式和参数。

### 7.6.2 创建热力图

使用ggplot2库创建热力图会用到geom_tile函数。下面展示如何创建一个热力图，使用的数据是随机生成的数据。

```
# 加载 ggplot2 库
library(ggplot2)

# 设置随机种子以保持结果一致
set.seed(110)                                                    ①

# 创建示例数据
data <- matrix(rnorm(100, 0, 5), nrow = 10, ncol = 10)          ②

# 列名和行名
colnames(data) <- paste0("col", 1:10)
rownames(data) <- paste0("row", 1:10)

# 转换数据为数据框
data_df <- as.data.frame(as.table(data))                         ③
colnames(data_df) <- c("Row", "Column", "Value")

# 使用 ggplot2 创建热力图
my_plot<- ggplot(data = data_df, aes(x = Row, y = Column, fill = Value)) +  ④
  geom_tile() +                                                  ⑤
  scale_fill_gradient(low = "blue", high = "red") +              ⑥
  labs(x = "", y = "") +
  theme_minimal() +
  theme(legend.position = "right") +                             ⑦
  coord_fixed(ratio = 1)                                         ⑧

ggsave("热力图1.png", my_plot, width = 8, height = 6, units = "in")
print(my_plot)
```

上述示例代码解释如下。

代码第①行set.seed(110)是设置随机数生成器的种子，以确保生成的随机数是可复制的。

代码第②行使用matrix函数生成一个包含随机数的10×10矩阵，这个矩阵模拟了示例数据。

代码第③行将矩阵data转换为数据框，每一行代表一个数据记录，包括行名(Row)、列名(Column)和值(Value)。

代码第④行创建一个ggplot对象，设置数据框data_df作为数据源，定义了x轴(Row)、y轴(Column)和填充颜色(Value)的映射。

代码第⑤行使用geom_tile函数添加热力图的矩形块。

代码第⑥行设置填充颜色映射，低值为蓝色，高值为红色。

代码第⑦行将图例(legend)位置设置为图的右侧。

代码第⑧行使用coord_fixed函数确保图形是正方形的。

运行上述代码，生成如图7-6所示的热力图。

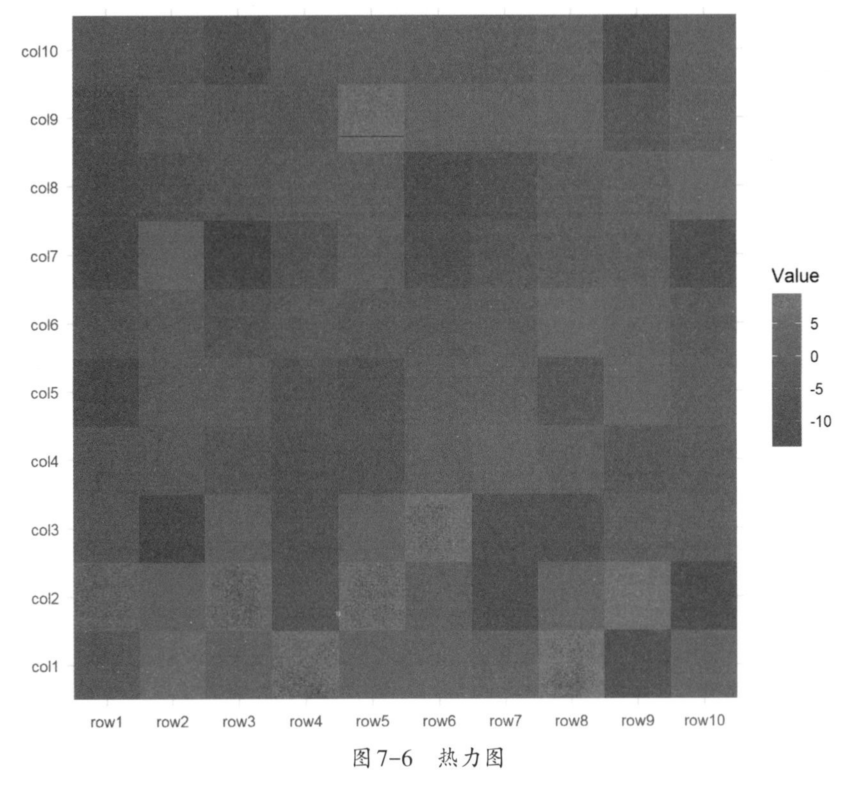


图7-6　热力图

我们还可以根据需要自定义图形的大小、颜色映射和其他外观属性。

在热力图中我们经常使用调色板，其中colorRampPalette()函数自定义颜色调色板，其语法如下。

```
colorRampPalette(colors, space = "Lab")
```

参数说明如下。

- colors：一个包含颜色的向量，指定渐变的起始颜色和结束颜色。可以是颜色名称(如红、蓝)

或十六进制颜色代码（如“#FF0000”表示红色）的向量。

- space：指定颜色空间，通常为“Lab”（默认值）或“RGB”，在大多数情况下，使用默认值。

示例代码如下。

```
# 设置随机种子以保持结果一致
set.seed(110)

# 生成模拟数据，矩阵大小为 10 行 10 列
data <- matrix(rnorm(100, 0, 5), nrow = 10, ncol = 10)
# 设置列名称
colnames(data) <- paste0("col", 1:10)
# 设置行名称
rownames(data) <- paste0("row", 1:10)

# 转换为数据框，以兼容 ggplot2
data_df <- as.data.frame(as.table(data))
colnames(data_df) <- c("Row", "Column", "Value")
# 生成自定义连续颜色渐变色板
my_colors <- colorRampPalette(c("cyan", "dark green"))                    ①

# 将值离散化，用于填充色映射
data_df$Value_group <- cut(data_df$Value, breaks = 5)                     ②

# 使用 ggplot2 绘制热力图
ggplot(data = data_df, aes(x = Row, y = Column, fill = Value_group)) +   ③
  geom_tile() +                                                           ④
  scale_fill_manual(values = my_colors(5)) +                              ⑤
  labs(x = "", y = "") +
  theme_minimal() +
  coord_fixed(ratio = 1)
```

上述示例代码解释如下。

代码第①行使用colorRampPalette()函数生成两色之间的渐变色板，这里是从青色到深绿色。

代码第②行将值离散化，用于填充色映射，其中使用cut()函数将Value列离散化成5个组，用于热力图的颜色映射填充。

代码第③行创建一个ggplot对象，指定了数据来源是data_df，并设置了x轴（Row）、y轴（Column）和填充色（fill）的映射。

代码第④行添加了一个瓷砖（tile）图层，用于创建热力图。

代码第⑤行设置了填充色的手动映射，使用了之前的自定义颜色渐变色板my_colors。

运行上述代码，生成如图7-7所示的热力图。

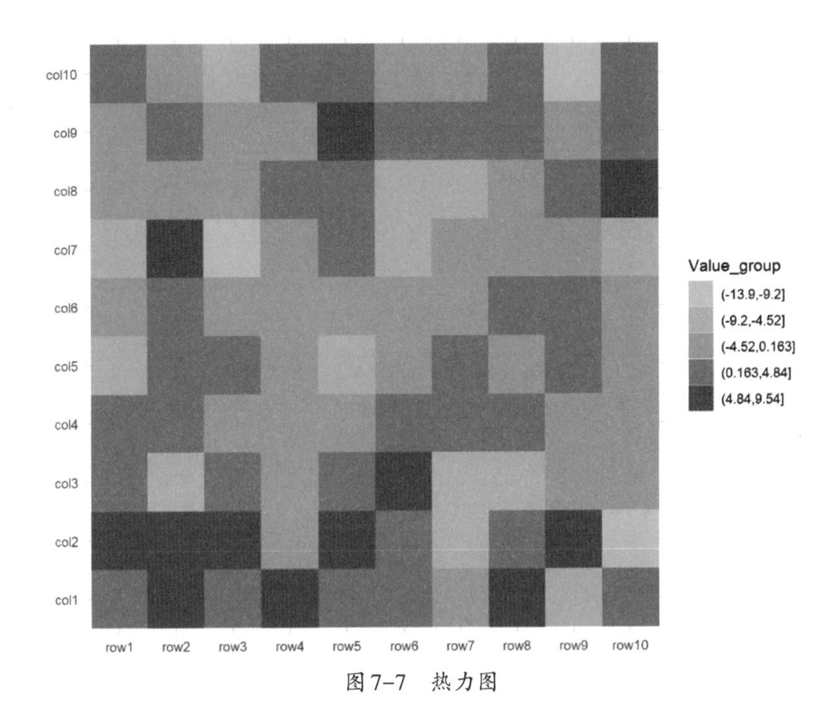


图 7-7　热力图

### 7.6.3 示例：绘制不同汽车型号的性能相关性热力图

R 语言内置数据集 mtcars 包含了 32 种不同型号的汽车的性能数据，包括燃油效率、马力等。本小节我们使用这个数据集创建一个热力图来可视化不同汽车型号之间的性能差异。

具体实现代码如下。

```
# 载入必要的库
library(ggplot2)
# 计算相关系数矩阵
cor_matrix <- cor(mtcars)                                                   ①
# 使用 ggplot2 创建相关性热力图
my_plot <-ggplot(data = as.data.frame(as.table(cor_matrix)),                ②
  aes(x = Var1, y = Var2, fill = Freq)) +                                   ③
  geom_tile() +                                                             ④
  scale_fill_gradient(low = "blue", high = "red", name = " 性能相关性 ") +  ⑤
  labs(x = "", y = "") +

  theme_minimal() +
  theme(axis.text.x = element_text(angle = 45, hjust = 1))                  ⑥

  ggsave(" 热力图 3.png", my_plot, width = 8, height = 6, units = "in")
print(my_plot)
```

上述示例代码解释如下。

代码第①行计算 mtcars 数据集中各列之间的相关系数矩阵，并将结果存储在 cor_matrix 变量中。

相关系数矩阵包含了不同汽车型号的性能指标之间的相关性信息。

代码第②行创建了一个基础的绘图对象。data参数将相关系数矩阵转换成数据框。

代码第③行的aes参数设置了x轴(Var1)、y轴(Var2)和填充颜色(fill)的映射。

代码第④行添加了一个瓷砖(tile)图层，用于绘制热力图。瓷砖的颜色表示相关系数的强度和方向。

代码第⑤行设置了填充颜色的渐变范围，从蓝色到红色，并将颜色图例的标题设置为“性能相关性”。

代码第⑥行设置x轴标签的角度和水平对齐，以便更好地显示。

综合来看，这段代码的目标是创建一个相关性热力图，将其保存为图像文件，同时在屏幕上显示以供查看。这可以帮助分析者可视化和理解不同汽车性能指标之间的相关性。

运行上述示例代码，生成如图7-8所示的不同汽车型号的性能相关性热力图。

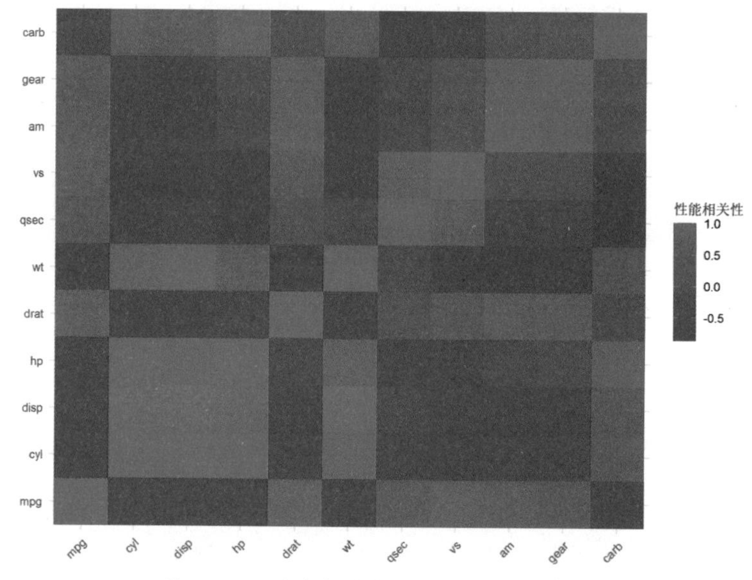


图7-8　不同汽车型号的性能相关性热力图

# 7.7 核密度图

核密度图是密度图的一种特定类型，它使用核函数(通常是高斯核函数)对数据进行平滑估计，从而生成一条平滑的概率密度曲线。

核密度图通常用于连续变量的分布可视化，它表示数据在连续数值范围内的概率密度分布。

## 7.7.1 核密度图应用

核密度图是一种非常有用的可视化工具，可用于多种数据分析场景。以下是核密度图的常见应用示例。

（1）异常值检测：通过观察核密度图的尾部区域，我们可以识别数据中的异常值。异常值通常是位于分布的尾部或不同于主要分布的数据点。

（2）密度估计：核密度图提供了一种对数据分布的平滑估计。这在统计建模和概率密度函数估计中非常有用。

（3）可视化密度比较：你可以使用核密度图来比较两个或多个不同数据集的密度分布。这有助于理解这些数据集之间的相似性或差异性。

（4）概率密度估计：核密度图可用于估计某个特定数值处的概率密度。这对于计算累积概率或制定决策规则非常有用。

总之，核密度图是一种灵活的工具，可用于多种数据探索和分析任务，帮助分析者更好地理解数据分布和变量之间的关系。它在数据科学、统计分析和可视化中都有广泛的应用。

## 7.7.2 示例：绘制鸢尾花花萼长度核密度图

R提供了一个内置数据集——鸢尾花数据集，该数据集是机器学习和统计分析领域中最常用的经典数据集之一，由英国统计学家和生物学家Ronald A. Fisher（罗纳德·A. 费希尔）于1936年收集整理。该数据集包含了鸢尾花属（Iris genus）的三个不同品种的花的测量数据，具体如下。

- 山鸢尾花：iris setosa。
- 变色鸢尾花：iris versicolor。
- 维吉尼亚鸢尾花：iris virginica。

鸢尾花数据集中的每个品种都有50个样本，总共包含150个样本。每个样本都包含以下四个特征的测量值，以厘米为单位。

- 花萼长度（sepal length）：花萼是花的外部绿色叶片，测量从基部到顶部的长度。
- 花萼宽度（sepal width）：花萼的最宽部分的宽度。
- 花瓣长度（petal length）：花瓣是花的内部、有颜色的片状结构，测量从基部到顶部的长度。
- 花瓣宽度（petal width）：花瓣的最宽部分的宽度。

鸢尾花数据集通常用于以下目的。

（1）分类问题：鸢尾花数据集是一个经典的分类问题示例，可用于训练和评估机器学习分类模型，如支持向量机、决策树、随机森林等，目标是根据四个特征将鸢尾花分为三个品种。

（2）可视化：该数据集也广泛用于可视化和数据分析。通过绘制散点图、箱线图、核密度图等，可以更好地理解不同品种之间的特征分布。

（3）教育和演示：鸢尾花数据集常用于统计学和数据科学教育中的教学和演示，因为它简单而容易理解，同时具有足够的复杂性，可以展示不同的统计和机器学习概念。

本小节我们采用鸢尾花数据集Sepal.Length（花萼长度）变量创建一个核密度图。

具体代码如下。

```
# 载入必要的库
library(ggplot2)
```

```
# 创建核密度图
my_plot <-ggplot(data = iris, aes(x = Sepal.Length, fill = Species)) + ①
  geom_density(alpha = 0.5) + # 添加核密度曲线，设置填充颜色和透明度      ②
  labs(title = "鸢尾花花萼长度核密度图", x = "花萼长度 (cm)", y = "密度") + # 设置
标题和轴标签
  scale_fill_manual(values = c("setosa" = "red", "versicolor" = "blue",
"virginica" = "green")) + # 设置颜色映射                               ③
  theme_minimal() # 使用最小化的主题风格

  ggsave("鸢尾花花萼长度核密度图.png", my_plot, width = 8, height = 6, units =
"in")
print(my_plot)
```

上述示例代码解释如下。

代码第①行创建了一个ggplot2的绘图对象，并使用鸢尾花数据集作为数据。在aes()函数中，设置了x轴变量为花萼长度（Sepal.Length），并使用fill参数指定了颜色映射的变量为鸢尾花的种类（Species）。

代码第②行使用geom_density()函数添加了核密度曲线，设置了填充颜色和透明度（alpha为0.5）。这会在图中创建三条核密度曲线，分别表示三个不同种类的鸢尾花。

代码第③行使用scale_fill_manual()函数手动设置了颜色映射，将不同种类的鸢尾花映射到不同的颜色。例如，setosa映射为红色，versicolor映射为蓝色，virginica映射为绿色。

运行上述代码，生成如图7-9所示的鸢尾花花萼长度核密度图。

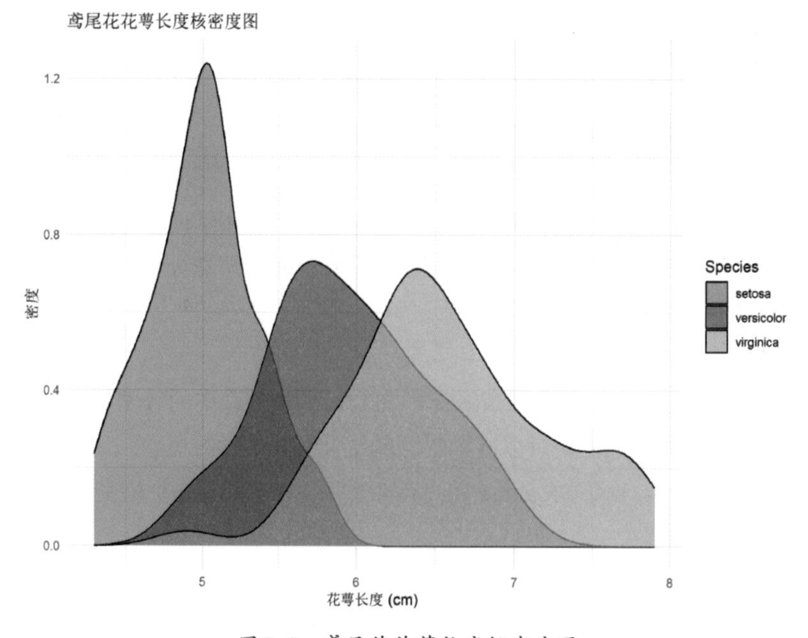


图7-9　鸢尾花花萼长度核密度图

这段代码创建了一个美观的核密度图，用不同颜色表示不同种类的鸢尾花的花萼长度分布情况，并将图形保存为PNG文件。这可以帮助我们更好地理解数据的分布特点。

# 7.8 线性回归图

线性回归图是一种统计图形，用于可视化两个变量之间的线性回归分析结果，其主要组成部分如下。

（1）散点图：显示了观测数据点，其中x轴通常表示自变量，y轴表示因变量。每个数据点表示一个观测值，通过x和y的位置来表示。

（2）回归线（Regression Line）：是一条直线，它表示自变量和因变量之间的线性关系。该线通过散点图的数据点，尽量拟合这些数据点，以最小化残差平方和。回归线的斜率和截距用于描述线性关系的强度和方向。

（3）置信区间（Confidence Interval）：表示回归线的不确定性。它通常是在回归分析中计算的，用于估计回归线的参数（斜率和截距）的不确定性范围。置信区间可以帮助判断回归线是否显著。

（4）预测区间（Prediction Interval）：表示对新观测值预测的不确定性。它比置信区间更宽，因为它不仅考虑了回归线的不确定性，还考虑了随机误差的不确定性。

（5）残差图（Residual Plot）：显示每个数据点的残差，即观测值与回归线的距离。残差图用于检查模型是否符合线性回归的假设，如残差是否随机分布。

线性回归图直观地展示了两个变量之间的相关性和线性关系，是理解和表达线性回归分析结果的核心可视化方法之一。正确理解和绘制线性回归图对于分析师或读者理解模型至关重要。

## 7.8.1 线性回归图应用

线性回归图是一种用于可视化线性回归模型的工具，通常用于以下目的。

（1）展示数据和拟合线：线性回归图通常包括散点图，用于显示原始数据点，以及一条拟合的线性回归线，用于表示数据的线性关系。

（2）评估回归模型：通过观察数据点与回归线的接近程度，可以初步评估线性回归模型的拟合质量。如果数据点紧密围绕在回归线附近，说明模型可能是一个合适的选择。

（3）识别异常值：线性回归图有助于识别异常值或离群点，这些异常值或点可能对回归模型产生不良影响。

（4）检查模型假设：线性回归图还可用于检查线性回归模型的一些基本假设，如误差项的正态性、同方差性和线性关系。

## 7.8.2 示例：绘制汽车燃油效率与重量的线性回归图

本小节介绍使用R语言中的ggplot2库绘制汽车燃油效率与重量的线性回归图。这个示例使用了内置的mtcars数据集，该数据集包含了不同汽车型号的性能数据——燃油效率和汽车重量（wt）。

具体实现代码如下。

```
# 加载 ggplot2 库
library(ggplot2)

# 创建散点图和线性回归图
my_plot <-ggplot(data = mtcars, aes(x = mpg, y = wt)) +                    ①
  geom_point() +   # 散点图                                                  ②
  geom_smooth(method = "lm", se = FALSE, color = "blue") +   # 线性回归线   ③
  labs(x = "每加仑英里数 (mpg)", y = "重量 (wt)") +   # 标签                 ④
  theme_minimal()   # 主题风格
my_plot <- my_plot +
  ggtitle("汽车燃油效率与重量的线性回归图")                                   ⑤
  ggsave("汽车燃油效率与重量的线性回归图.png", my_plot, width = 8, height = 6,
units = "in")
print(my_plot)
```

上述示例代码解释如下：

代码第①行设置数据源为内置的mtcars数据集，同时指定x轴（mpg）和y轴（wt）的映射。

代码第②行geom_point()用于绘制散点图，显示每辆汽车的mpg与wt的观测值。

代码第③行添加线性回归线，使用线性回归方法（“lm”），不显示置信区间，将线条颜色设置为蓝色。

代码第④行使用labs()函数添加了x轴和y轴的标签，分别为“每加仑英里数 (mpg)”和“重量 (wt)”。然后使用theme_minimal()设置了图的主题风格，使图看起来更简洁。

代码第⑤行通过使用ggtitle()函数为图添加了一个标题，标题文本是“汽车燃油效率与重量的线性回归图”。

运行上述代码，生成如图7-10所示的汽车燃油效率与重量的线性回归图。

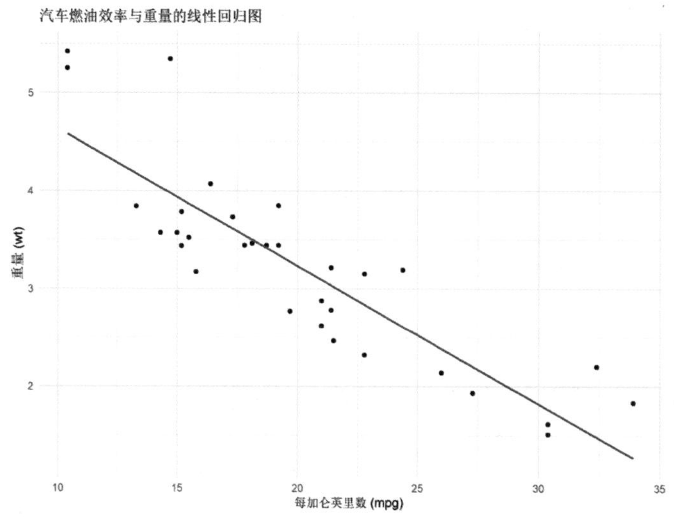


图7-10　汽车燃油效率与重量的线性回归图

## 7.9 本章总结

本章重点介绍了R语言中绘制双变量图形的方法。我们学习了多种图形类型，包括散点图、折线图、双变量面积图、柱状图、条形图、热力图、核密度图和线性回归图。通过这些图形，我们可以更好地理解两个变量之间的关系、趋势和相关性。每种图形都有不同的应用场景，例如，散点图用于展示两个连续变量的分布和散布情况；折线图用于呈现随时间变化的趋势；柱状图和条形图用于比较不同类别的数据；热力图用于可视化相关性矩阵；核密度图用于展示密度分布；线性回归图用于拟合和可视化回归模型。这些图形为双变量分析提供了有力的工具，能够帮助我们深入挖掘数据的关联性。

# 08 第8章 多变量图形的绘制

多变量图形用于可视化和分析多个变量之间的关系和模式。常见的多变量图形类型包括气泡图、雷达图、网状图、堆叠折线图、堆叠面积图、堆叠柱状图、平行坐标图、矩阵图、分面网格分类图、三元相图等。

## 8.1 气泡图

气泡图是一种数据可视化图形，用于展示三个或更多变量之间的关系。它类似于散点图，但在气泡图中，除了横轴和纵轴上的数据点之外，还使用了一个或多个气泡的大小来表示第三个或更多的变量。

气泡图通常由以下要素组成。

（1）横轴：表示数据集中的一个变量，通常是一个数值变量。

（2）纵轴：也表示数据集中的一个变量，通常是一个数值变量。

（3）气泡的大小：表示数据集中的另一个数值变量。气泡的大小可以根据该变量的数值来调整，通常使用面积或直径来表示。较大的气泡表示较大的数值，较小的气泡表示较小的数值。

（4）气泡的颜色：可以表示数据集中的第四个变量，通常是一个分类变量。不同的颜色表示不同的类别或子组，这有助于进一步区分数据。

（5）数据点标签（可选）：可以选择在气泡上添加标签，以显示具体数值或其他相关信息。

### 8.1.1 气泡图应用

气泡图是一种多变量可视化工具，常见于数据分析和数据可视化领域。它的应用范围非常广，以下是一些常见的气泡图应用场景。

（1）经济数据分析：气泡图常用于展示不同国家或地区的经济指标，如国内生产总值（GDP）和人均收入之间的关系。横轴可以表示GDP，纵轴表示人均收入，而气泡的大小可以表示人口数量，不同颜色的气泡代表不同的国家或地区，这有助于比较各地的经济状况。

（2）金融市场分析：在金融领域，气泡图可以用于展示不同资产类别的回报率、波动性和市值之间的关系。这有助于投资者权衡风险和回报之间的关系。

（3）科学研究：气泡图可用于展示实验结果，其中横轴和纵轴表示两个相关变量，气泡的大小可以表示第三个变量，如实验样本的数量。

（4）地理信息系统（GIS）：气泡图在GIS中常用于地理数据的可视化，其中横轴和纵轴表示地理坐标，气泡的大小可以表示地区的人口或某种地理现象的强度。

（5）环境科学：气泡图可用于显示不同国家或地区的环境指标，如二氧化碳排放量和可再生能源使用情况，以便进行环境政策和可持续发展研究。

（6）医疗和生物学：气泡图可用于显示不同治疗方案的效果，其中横轴和纵轴表示治疗参数，气泡的大小表示患者数量，不同颜色的气泡可以表示不同的疾病类型。

（7）社会科学：气泡图可用于分析社会变量之间的关系，如教育水平、收入和居住地的关联，以便理解社会问题和趋势。

上述只是气泡图的一些应用示例，实际上，气泡图可用于任何需要同时展示多个变量之间关系的场景。通过合理选择横轴、纵轴、气泡大小和颜色的变量，可以帮助分析师和决策者更好地理解数据，做出有意义的决策。

## 8.1.2 气泡图与散点图的区别

气泡图实际上是一种特殊类型的散点图，它在散点图的基础上引入了额外的维度，通过点的大小和颜色来表示第三个维度的信息。它们之间存在以下区别。

（1）点的大小和颜色表示不同。

- 散点图：所有的数据点通常具有相同的大小和颜色，主要目的是显示数据点之间的分布、关联性和趋势。
- 气泡图：通过点的大小和颜色来表示一个或多个额外的变量。通常，气泡图使用点的大小来表示数据点的某种特征或值，而点的颜色则用于表示另一个特征或值。这使得气泡图能够同时传达更多的信息。

（2）数据的多维度表示不同。

- 散点图：主要用于显示两个变量之间的关系，其中一个变量位于x轴，另一个变量位于y轴。这使得散点图适用于探索两个变量之间的相关性。
- 气泡图：通常用于同时表示三个或更多变量之间的关系。除了x轴和y轴上的两个变量外，点的大小和颜色还可以用来表示其他维度的信息。

（3）适用场景不同。

- 散点图：适用于探索和呈现数据点之间的分布、趋势、异常值等关系，适合用于比较两个变量之间的关联性。
- 气泡图：展示多个变量之间的复杂关系，尤其是在需要同时考虑大小和颜色的情况下，在多变量分析、数据聚类和数据子集区分中非常有用。

总之，气泡图和散点图都是重要的数据可视化工具，但它们在表示多维数据关系和信息传达方面有不同的优势。选择使用哪种图形类型通常取决于我们的数据集和分析目的。

### 8.1.3 示例：绘制空气质量气泡图

本小节我们将利用R语言中的内置数据集airquality绘制气泡图来分析纽约市不同月份的风速、温度和臭氧浓度之间的关系。

示例实现代码如下。

```
# 加载必要的库
library(ggplot2)
# 使用airquality数据集创建气泡图，并设置na.rm参数
my_plot <- ggplot(airquality, aes(x = Wind, y = Temp,
size = Ozone, color = Month))+                                ①
  geom_point(na.rm = TRUE) +  # 删除包含缺失值的数据点              ②
  scale_size_continuous(range = c(3, 10)) +                    ③
  scale_color_viridis_c() +                                    ④
  labs(x = "风速 (Wind)", y = "温度 (Temp)", size = "臭氧浓度 (Ozone)") +
  theme_minimal()

# 打印显示图片
print(my_plot)
# 保存图片
ggsave("绘制空气质量气泡图.png", my_plot, width = 8, height = 6, units = "in")
```

上述示例代码解释如下。

代码第①行是创建气泡图的基本部分。它使用airquality数据集，并定义了气泡图中的各种变量和美学映射。x轴表示风速（Wind），y轴表示温度（Temp），气泡的大小由臭氧浓度（Ozone）决定，颜色表示月份（Month）。

代码第②行是在气泡图上添加点的几何图层。na.rm = TRUE选项告诉ggplot2删除包含缺失值的数据点。

代码第③行是用于调整气泡大小范围的代码。它将气泡大小的范围设置为3～10，以确保气泡在图中具有适当的大小。

代码第④行是用于设置颜色映射的代码。它使用viridis调色板来为不同月份的数据点设置不同的颜色。

**提示** ⚠

viridis调色板是一种用于数据可视化的颜色调色板，它具有一系列鲜明且易于区分的颜色，适用于绘制热力图、散点图、气泡图等图形。viridis调色板的设计目标是在不同颜色之间保持均匀的感知亮度变化，以确保数据可视化在不同的屏幕上或打印品质上都有良好的可读性。

viridis调色板有多个变种，包括magma、plasma、inferno等，每个变种具有不同的颜色映射，以适应不同的数据可视化需求。这些调色板可以通过R语言中的viridis包或Python中的matplotlib库来使用。

运行上述代码，生成如图8-1所示的空气质量气泡图。

从图中我们可以观察到以下几个趋势和关联性。

（1）风速与温度之间的关系：在图中，风速位于x轴，温度位于y轴。我们可以看到，当风速较低时，温度分布相对较高，而当风速较高时，温度分布相对较低。这可能暗示了风速和温度之间的一些关联性。

（2）臭氧浓度的表示：点的大小表示臭氧浓度。在图中，较大的点表示较高的臭氧浓度，而较小的点表示较低的臭氧浓度。我们可以看到，高臭氧浓度的数据点主要集中在温度较高的区域，这表明高温天气可能与较高的臭氧浓度有关。

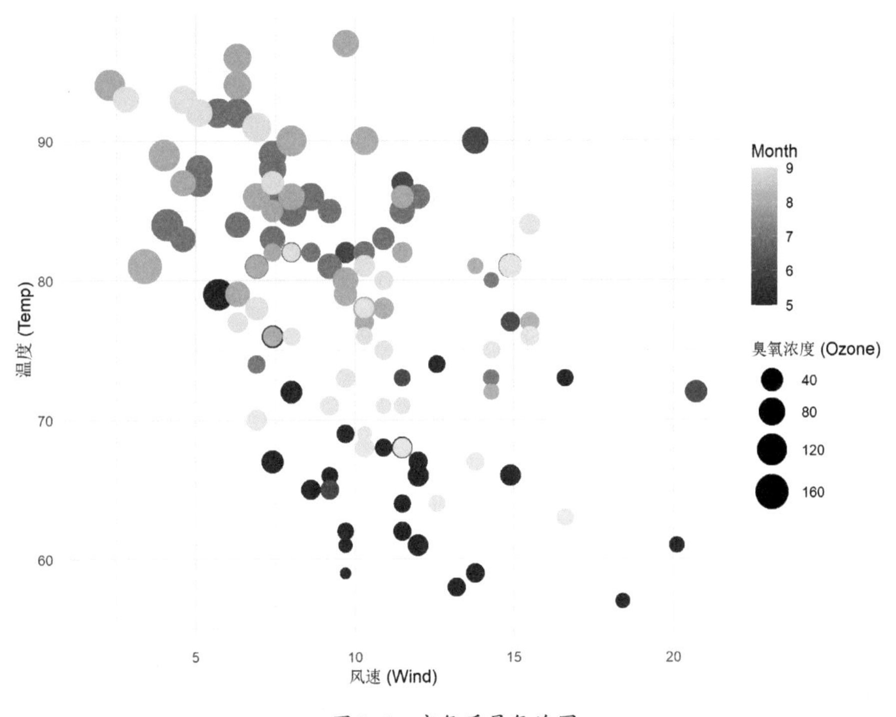


图8-1　空气质量气泡图

## 8.2 雷达图

雷达图又称为蛛网图或星型图，是一种用于可视化多维数据的图形。它通常用于比较多个数据点或实体在多个属性或特征上的表现。雷达图的核心特点是将不同属性的数据值映射到一个多边形的顶点上，然后通过连接这些顶点形成一个多边形，展示多个数据点之间的差异和相似性。

## 8.2.1 雷达图应用

雷达图通常用于以下情况。

（1）多维度数据比较：当我们想要比较多个相关的数据维度时，雷达图非常有用。每个轴代表一个维度，我们可以在同一图形中轻松比较不同数据点在各个维度上的表现。

（2）显示模式、趋势或特征：雷达图可以用来显示数据点在多个维度上的模式、趋势或特征。通过观察各轴上的线条或区域形状，可以更容易发现数据之间的关系。

（3）评估绩效：雷达图常用于评估个体或组织在多个指标上的绩效。每个轴可以表示一个关键绩效指标，从而帮助评估绩效的全貌。

（4）设定目标：雷达图也可以用于设定目标或计划，可以在图形中表示当前状态，然后在各轴上标记目标或期望的值，以便比较实际绩效与目标之间的差距。

**提示** ⚠

使用雷达图时要谨慎，因为它可能在某些情况下不够直观，特别是维度较多时。正确的数据归一化和明确的标签可以确保图形的可解释性。

## 8.2.2 创建雷达图

在R语言中，要创建雷达图，可以使用fmsb包。创建雷达图的步骤如下。

（1）通过如下指令安装fmsb包。

```
install.packages("fmsb")
```

（2）通过如下指令加载fmsb包。

```
library(fmsb)
```

（3）使用fmsb包的radarchart()函数创建雷达图。

## 8.2.3 示例：绘制问卷调查结果雷达图

现在我们有一个问卷调查结果如图8-2所示，数据保存在“问卷调查.csv”文件中。

本小节我们从“问卷调查.csv”文件读取数据，然后绘制雷达图，便于我们分析用户的满意度。

具体实现代码如下。

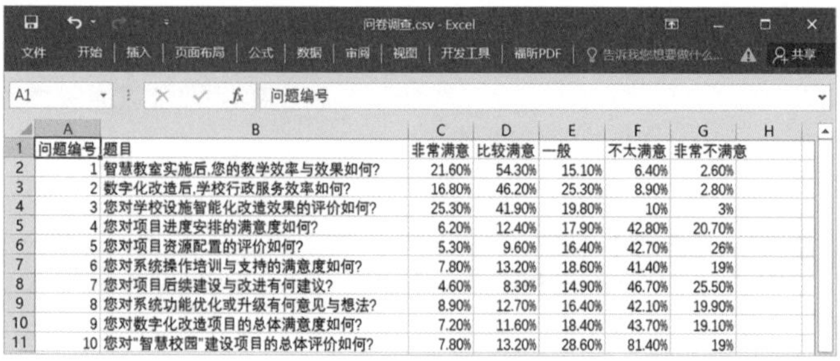

| 问题编号 | 题目 | 非常满意 | 比较满意 | 一般 | 不太满意 | 非常不满意 |
|---|---|---|---|---|---|---|
| 1 | 智慧教室实施后,您的教学效率与效果如何? | 21.60% | 54.30% | 15.10% | 6.40% | 2.60% |
| 2 | 数字化改造后,学校行政服务效率如何? | 16.80% | 46.20% | 25.30% | 8.90% | 2.80% |
| 3 | 您对学校设施智能化改造效果的评价如何? | 25.30% | 41.90% | 19.80% | 10% | 3% |
| 4 | 您对项目进度安排的满意度如何? | 6.20% | 12.40% | 17.90% | 42.80% | 20.70% |
| 5 | 您对项目资源配置的评价如何? | 5.30% | 9.60% | 16.40% | 42.70% | 26% |
| 6 | 您对系统操作培训与支持的满意度如何? | 7.80% | 13.20% | 18.60% | 41.40% | 19% |
| 7 | 您对项目后续建设与改进有何建议? | 4.60% | 8.30% | 14.90% | 46.70% | 25.50% |
| 8 | 您对系统功能优化或升级有何意见与想法? | 8.90% | 12.70% | 16.40% | 42.10% | 19.90% |
| 9 | 您对数字化改造项目的总体满意度如何? | 7.20% | 11.60% | 18.40% | 43.70% | 19.10% |
| 10 | 您对"智慧校园"建设项目的总体评价如何? | 7.80% | 13.20% | 28.60% | 81.40% | 19% |

图8-2 问卷调查结果

```
# 从 CSV 文件中读取数据，并指定文件编码为 GBK
survey_data <- read.csv("data/ 问卷调查 .csv", fileEncoding = "GBK")      ①
```

```
# 删除列名中的空格
colnames(survey_data) <- gsub(" ", "", colnames(survey_data))  ②

# 去除百分号并将数据转换为数字
for (i in 2:ncol(survey_data)) {                                 ③
  survey_data[, i] <- as.numeric(sub("%", "", survey_data[, i])) / 100
}

# 删除不需要的列（如题目和序号列名）
survey_data <- survey_data[, -c(1, 2)]                           ④

my_plot <- radarchart(                                           ⑤
  df = survey_data,
  axistype = 1,
  pcol = c("red", "blue", "green", "purple", "orange"),
  plwd = 1.5,
  cglcol = "gray",
  cglty = 1,
  axislabcol = "black",
  vlcex = 1.2,  # 增加标签字体大小
  title = "问卷调查结果雷达图"
)

# 打印图片
print(my_plot)
```

上述示例代码解释如下。

代码第①行从名为“data/问卷调查.csv”的CSV文件中读取数据，并指定文件编码为GBK。这是因为文件包含中文字符，需要使用适当的编码解析文件。

代码第②行删除数据框列名中的空格，以确保列名不包含空格。

代码第③行使用循环遍历数据框的列，从第2列开始（因为第1列是标题）。在循环中，sub("%", "", survey_data[, i])使用正则表达式去除每个元素中的百分号，as.numeric()将结果转换为数值型。100是将数值除以100，将百分比转换为小数形式。

代码第④行删除不需要的列，即第1列（标题）和第2列（序号）。

代码第⑤行使用fmsb库中的radarchart函数创建雷达图，它指定了雷达图的各种属性，包括颜色、线宽、网格线颜色、轴标签颜色等。

运行上述示例代码，生成如图8-3所示的问卷调查结果雷达图。

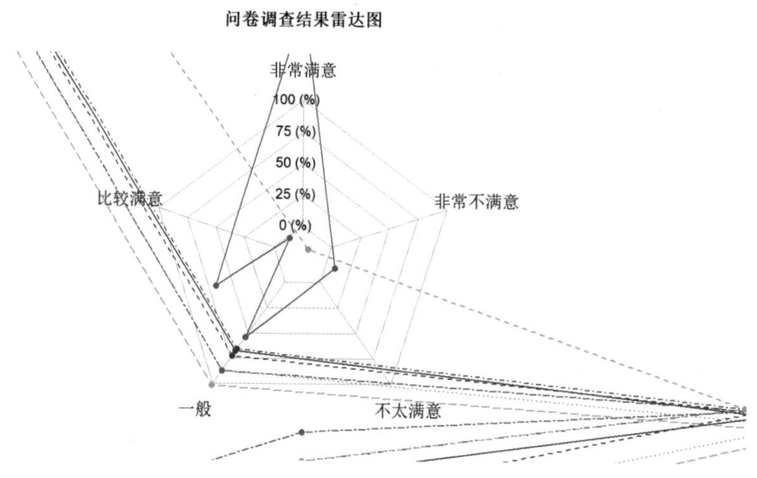


图 8-3　问卷调查结果雷达图

从图 8-3 可知，“比较满意”“一般”偏多，而“非常满意”“非常不满意”“不太满意”比较少。

## 8.3 网状图

网状图是一种用于可视化表示多个节点之间连接关系的图形，其中节点通常代表个体、对象、实体或任何具有关联性的事物，而连接线（边）表示节点之间的关系。网状图可以帮助我们理解和分析各种复杂关系，包括社交网络、交通网络、通信网络、生物网络等。

### 8.3.1 创建网状图

R语言中创建网状图，我们可以使用igraph包中的函数。下面我们介绍使用igraph包创建网状图的步骤。

（1）通过如下指令安装igraph包。

```
install.packages("igraph")
```

（2）通过如下指令加载igraph包。

```
library(igraph)
```

（3）使用igraph包的plot()函数创建网状图。

创建简单的网状图的示例代码如下。

```
# 安装和加载 igraph 包
library(igraph)

# 创建一个示例数据框，包含边信息
data <- data.frame(
```

```
  from = c("A", "B", "C", "A", "D"),
  to = c("B", "C", "A", "D", "E")
)

# 使用 graph_from_data_frame 函数创建图
g <- graph_from_data_frame(data))          ①

# 使用 plot() 函数可视化图形
plot(g, layout = layout_as_tree(g))        ②
```

上述示例代码解释如下。

代码第①行graph_from_data_frame(data)用于创建一个图对象g。

代码第②行使用plot()函数可视化这个图。我们可以根据自己的数据创建相应的数据框，并使用相似的代码来创建和可视化自己的图。

运行上述代码，显示如图8-4所示的简单网状图。

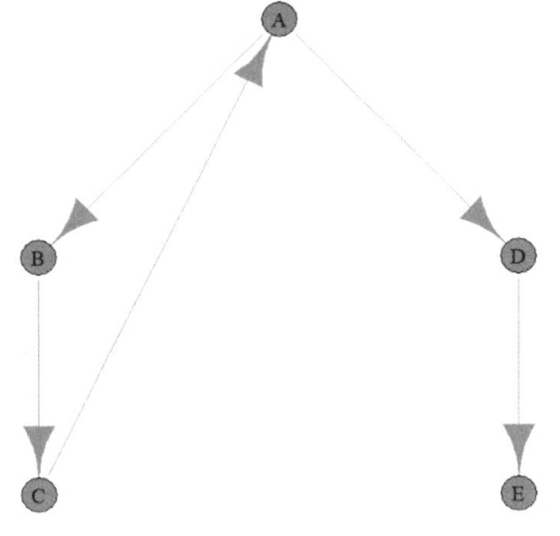

图8-4　简单网状图

## 8.3.2 示例：绘制蛋白质相互作用网状图

本小节我们将介绍绘制蛋白质相互作用网状图的示例。

具体示例代码如下。

```
# 安装和加载 igraph 包
library(igraph)

# 创建示例的蛋白质相互作用网状数据
nodes <- c("Protein1", "Protein2", "Protein3", "Protein4", "Protein5")      ①
edges <- data.frame(
    from = c("Protein1", "Protein1", "Protein2", "Protein3", "Protein3"),
    to = c("Protein2", "Protein3", "Protein3", "Protein4", "Protein5"))     ②

# 创建图对象
g <- graph_from_data_frame(edges, vertices = nodes)                         ③
# 绘制网状图
plot(g, layout = layout.fruchterman.reingold, vertex.label = V(g)$name,
    edge.arrow.size = 0.5, edge.curved = 0.2, vertex.size = 30)            ④
```

上述示例代码解释如下。

代码第①行创建了一个包含蛋白质名称的向量nodes。这些名称将用作网状图的节点，表示蛋白质。

代码第②行创建了一个数据框 edges，其中包含网状图的边信息。数据框的from列和 to 列分别表示每条边的起始节点和目标节点。在这个示例中，有五个相互作用关系，每个都由两个节点之间的一条边表示。

代码第③行代码使用igraph 包中的graph_from_data_frame()函数，将节点信息和边信息转化为一个图对象 g。这个图对象表示蛋白质相互作用网状，其中节点表示蛋白质，边表示相互作用关系。

代码第④行使用igraph 包中的plot()函数来绘制网状图，其参数如下。

- layout = layout.fruchterman.reingold 指定了使用Fruchterman-Reingold布局算法来布置节点，使得相关的节点彼此靠近。
- vertex.label = V(g)$name 用于显示节点标签，将节点名称显示在节点上。
- edge.arrow.size = 0.5 控制边箭头的大小。
- edge.curved = 0.2 控制边的曲率。
- vertex.size = 30 控制节点的大小。

这段代码的目的是创建一个简单的蛋白质相互作用网状图，并将其可视化。在实际的生物学研究中，相互作用网状可能会更加复杂，包含更多的节点和边，以反映不同蛋白质之间的复杂的相互作用关系。这种网状可以用于研究生物学中蛋白质之间的相互作用、信号传导路径等重要信息。

运行上述代码显示如图8-5所示的蛋白质相互作用网状图。

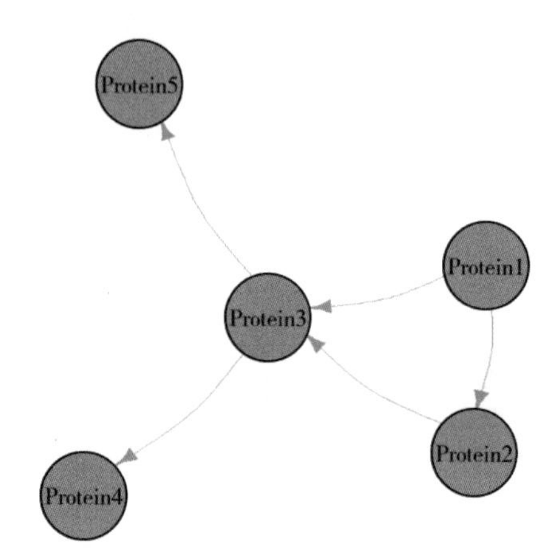


图8-5　蛋白质相互作用网状图

**提示**

Fruchterman-Reingold布局算法是一种用于网状图布局的常见算法之一，它被广泛用于可视化网状图。该算法的目标是在二维平面上布置图的节点，以使相关的节点彼此靠近，不相关的节点相对远离，从而呈现出直观的图形结构。

## 8.4 堆叠折线图

折线图通常用于显示两个变量之间的关系，其中一个变量通常位于 x 轴，另一个变量位于 y 轴。折线图主要用于展示趋势、变化和关系。

而堆叠折线图是一种多变量图，它允许我们在同一图形中显示多个变量，通常是一个时间序列中的多个系列或组。在堆叠折线图中，每个系列的折线都在同一图形上绘制，然后堆叠在一起，以显示它们的总和。这种图形可用于比较多个系列的趋势，同时展示它们相对于总体的贡献。

总之，折线图是一种用于显示两个变量之间关系的常见图形，而堆叠折线图是一种多变量图，用于比较多个系列的趋势并展示它们相对于总体的贡献。

## 8.4.1 堆叠折线图应用

堆叠折线图在数据可视化中有广泛的应用，特别适用于展示多个系列的趋势及它们相对于总体的贡献。以下是堆叠折线图的一些常见应用场景。

（1）时间序列数据的趋势比较：堆叠折线图常用于比较多个时间序列数据的趋势。例如，一个公司可能使用堆叠折线图来比较不同产品线的销售趋势，以了解哪个产品线对总销售额的贡献最大。

（2）市场份额分析：堆叠折线图可以用于比较不同公司或产品在市场上的份额变化。每个公司或产品的趋势线叠加在一起，显示它们在市场份额方面的相对贡献。

（3）资源分配和规划：在项目管理和资源规划中，堆叠折线图可用于比较不同项目或任务的进度趋势，以及它们对总体资源利用的影响。

（4）社会经济数据：政府和研究机构可以使用堆叠折线图来比较不同地区或群体的社会经济指标，如失业率、人口增长率等的趋势，以便更好地了解这些变化。

（5）生态学研究：堆叠折线图可用于比较不同物种或生态系统中各个因素的趋势，以研究它们之间的相互作用。

（6）投资组合分析：在金融领域，堆叠折线图可用于比较不同投资组合中各个资产的表现，并展示它们对总投资组合价值的贡献。

总之，堆叠折线图是一种强大的数据可视化工具，适用于多个领域，可以帮助分析师、决策者和研究人员更好地理解多个系列的趋势及它们在整体中的相对影响并做出有根据的决策和推断。

## 8.4.2 示例：绘制苹果公司股票 OHLC 堆叠折线图

股票分析通常会采用OHLC堆叠折线图。OHLC是Open（开盘价）、High（最高价）、Low（最低价）、Close（收盘价）的首字母缩写。本小节我们来介绍绘制苹果公司股票OHLC堆叠折线图。

具体实现代码如下。

```
# 如果未加载 ggplot2 包，那么加载它
if (!requireNamespace("ggplot2", quietly = TRUE)) {                ①
  library(ggplot2)
}

# 从 CSV 文件中读取数据
data <- read.csv("data/AAPL.csv", header = TRUE)                   ②

# 清洗数据：去除收盘价、开盘价、最高价和最低价中的 "$" 符号并转换为数值
data$Close <- as.numeric(sub("\\$", "", data$Close))              ③
data$Open <- as.numeric(sub("\\$", "", data$Open))
data$High <- as.numeric(sub("\\$", "", data$High))
data$Low <- as.numeric(sub("\\$", "", data$Low))                  ④
```

```
# 设置鲜艳颜色
close_color <- "#FF5733"  # 红色
open_color <- "#FFD700"   # 金色
high_color <- "#FF1493"  # 粉色
low_color <- "#00FF00"   # 绿色

# 绘制堆叠折线图，并设置线条颜色
ggplot(data, aes(x = as.Date(Date, format = "%m/%d/%Y"))) +         ⑤
  geom_line(aes(y = Close, color = "收盘价"), size = 1) +           ⑥
  geom_line(aes(y = Open, color = "开盘价"), size = 1) +
  geom_line(aes(y = High, color = "最高价"), size = 1) +
  geom_line(aes(y = Low, color = "最低价"), size = 1) +             ⑦
  labs(x = "日期", y = "价格") +
  scale_color_manual(values = c("收盘价" = close_color, "开盘价" = open_color,
"最高价" = high_color, "最低价" = low_color)) +                    ⑧
  theme_gray()
# 打印显示图片
print(my_plot)
# 保存图片
ggsave("苹果公司股票OHLC堆叠折线图.png", my_plot, width = 8, height = 6, units
= "in")
```

上述示例代码解释如下。

代码第①行检查是否已加载ggplot2包，如果未加载，则加载它。这是为了确保我们可以使用ggplot2包来创建图形。

代码第②行使用read.csv函数从CSV文件中读取数据，文件名为“AAPL.csv”，并且数据包含标题行（header = TRUE）。

代码第③行和第④行清洗数据，去除收盘价、开盘价、最高价和最低价中的"$"符号，并将它们转换为数值。这是通过as.numeric(sub("\\$", "", ...))来实现的，其中...分别代表Close、Open、High和Low列。

代码第⑤行使用ggplot函数创建一个新的ggplot2图形对象，设置x轴为日期（使用as.Date函数将日期列解析为日期格式），y轴为空。

代码第⑥行和第⑦行使用geom_line函数添加四个折线图层，分别对应收盘价、开盘价、最高价和最低价，并分别设置线条颜色和线条宽度。

代码第⑧行使用scale_color_manual函数手动设置线条颜色，将“收盘价”“开盘价”“最高价”和“最低价”与之前定义的颜色关联起来。

运行上述代码显示如图8-6所示的苹果公司股票OHLC堆叠折线图。

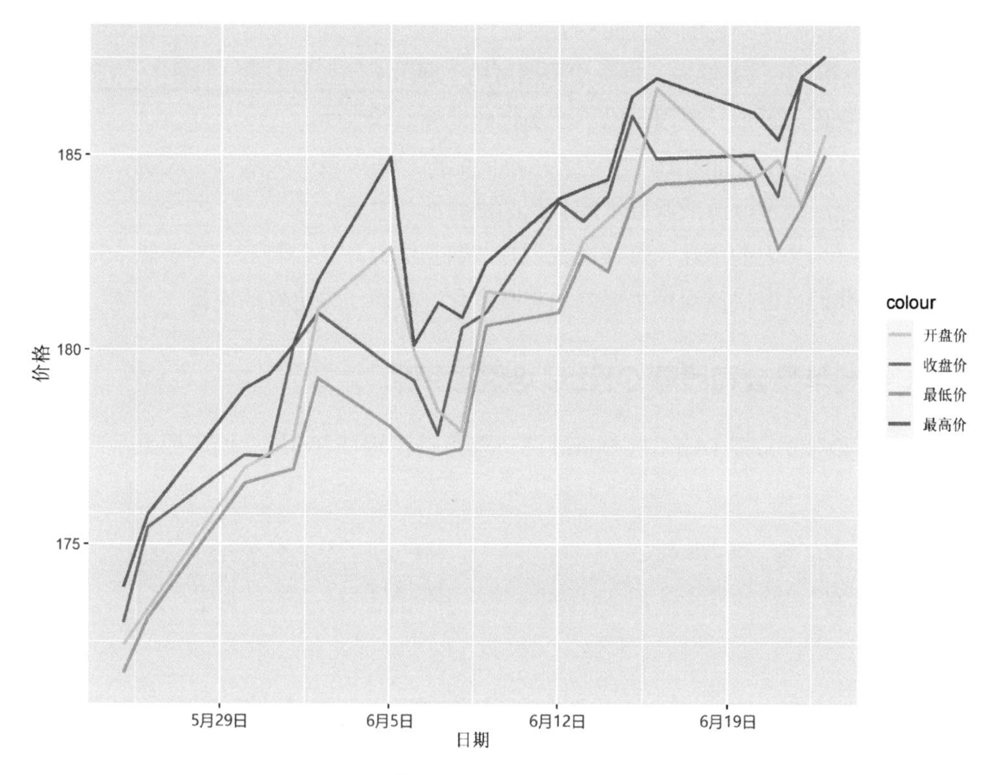


图 8-6　苹果公司股票 OHLC 堆叠折线图

# 8.5 堆叠面积图

堆叠面积图是一种数据可视化图形，通常用于展示多个类别的数据在一个连续轴上的累积关系。每个类别的数据以不同颜色的堆叠区域表示，便于观察整体趋势及每个类别的贡献。

## 8.5.1 堆叠面积图应用

堆叠面积图通常用于展示多个类别或组的数据在一个时间段或连续轴上的积累趋势。以下是堆叠面积图的一些应用场景。

（1）财务数据分析：堆叠面积图可以用来展示公司的财务数据，如收入、成本、利润等在不同时间段的堆叠变化。每个类别代表一个财务指标，而时间轴表示不同的财年或季度。

（2）市场份额分析：堆叠面积图可用于展示不同竞争对手在市场上的份额随时间的变化。每个竞争对手的市场份额以不同颜色的堆叠面积表示，以便比较它们的影响力。

（3）生态学研究：堆叠面积图可以用来展示不同物种在生态系统中的相对丰富度随时间的变化。每个物种的丰富度以不同颜色的堆叠面积表示。

（4）人口统计学：堆叠面积图可以用于展示不同年龄组或人口组在一段时间内的人口分布变化。

每个年龄组或人口组以不同颜色的堆叠面积表示。

（5）气象数据分析：在气象学中，堆叠面积图可用于展示不同气象因素（如温度、湿度、降水等）在一年中的季节性变化。每个气象因素以不同颜色的堆叠面积表示。

（6）能源消耗分析：堆叠面积图可用于展示不同能源，如煤炭、天然气、风能、太阳能等，在一个地区的消耗情况。每种能源来源以不同颜色的堆叠面积表示。

堆叠面积图是一个强大的工具，可帮助我们理解数据的分布、趋势和相对贡献。通过比较不同类别的堆叠面积，我们可以快速识别主要的趋势和变化，从而做出更好的决策。

### 8.5.2 示例：绘制苹果公司股票OHLC堆叠面积图

8.4.2小节的苹果公司股票OHLC堆叠折线图，还可以使用OHLC堆叠面积图来呈现，具体代码如下。

```
# 如果未加载 ggplot2 包，那么加载它
if (!requireNamespace("ggplot2", quietly = TRUE)) {
  library(ggplot2)
}

# 从 CSV 文件中读取数据
data <- read.csv("data/AAPL.csv", header = TRUE)

# 清洗数据：去除收盘价、开盘价、最高价和最低价中的 "$" 符号并转换为数值
data$Close <- as.numeric(sub("\\$", "", data$Close))
data$Open <- as.numeric(sub("\\$", "", data$Open))
data$High <- as.numeric(sub("\\$", "", data$High))
data$Low <- as.numeric(sub("\\$", "", data$Low))

# 绘制堆叠面积图
my_plot <- ggplot(data, aes(x = as.Date(Date, format = "%m/%d/%Y"))) +
  geom_area(aes(y = Close - Open, fill = "收盘价 - 开盘价"), alpha = 0.5) +     ①
  geom_area(aes(y = Open - Low, fill = "开盘价 - 最低价"), alpha = 0.5) +
  geom_area(aes(y = High - Open, fill = "最高价 - 开盘价"), alpha = 0.5) +      ②
  labs(x = "日期", y = "价格差") +
  scale_fill_manual(values = c("收盘价 - 开盘价" = close_color, "开盘价 - 最低价"
= open_color, "最高价 - 开盘价" = high_color)) +
  theme_gray()
# 打印显示图片
print(my_plot)
# 保存图片
ggsave("苹果公司股票堆叠面积图.png", my_plot, width = 8, height = 6, units = "in")
```

上述示例代码解释如下。

代码第①行和第②行使用geom_area函数用于添加堆叠面积图层，分别表示“收盘价—开盘价”“开盘价—最低价”和“最高价—开盘价”，并通过alpha = 0.5设置透明度。

运行上述代码显示如图8-7所示的苹果公司股票OHLC堆叠面积图。

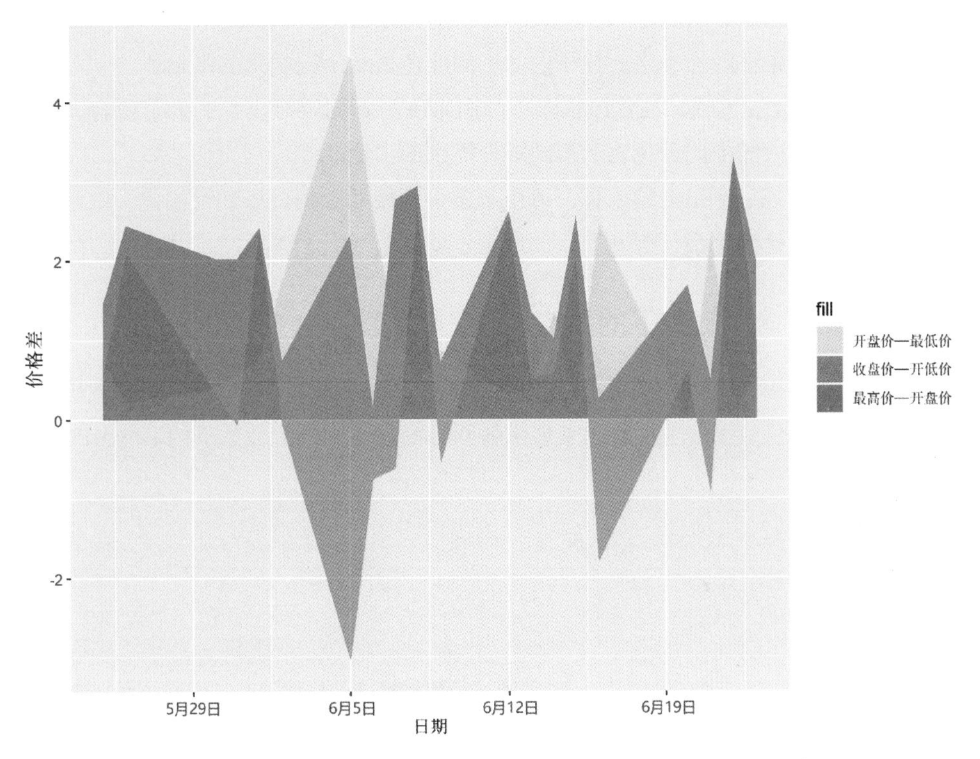


图8-7 苹果公司股票OHLC堆叠面积图

# 8.6 堆叠柱状图

堆叠柱状图是一种用于可视化分类数据的图形类型，特别适用于展示多个类别在一个或多个组中的相对比例和总计。它将多个柱状图堆叠在一起，以形成一个整体柱状图，其中每个柱子代表一个组，而堆叠在柱子内部的不同颜色代表不同的类别。

## 8.6.1 堆叠柱状图应用

堆叠柱状图在数据可视化中有各种应用，主要用于呈现不同类别的数据在多个组或子组中的比例和组成。以下是堆叠柱状图的一些常见应用。

（1）市场份额分析：堆叠柱状图常用于展示不同品牌或公司的市场份额。每个柱子代表一个市场或行业，柱子内的不同颜色表示不同品牌或公司的市场份额，帮助观察者理解各个品牌的相对地位。

（2）资源分配：在项目管理中，堆叠柱状图可用于展示不同资源或任务在项目中的分配情况。每个柱子代表一个项目阶段或时间段，柱子内的不同颜色表示不同资源或任务的占用情况，有助于优化资源分配。

（3）研究数据分析：在科学研究中，堆叠柱状图可以用来展示实验数据的不同类别的分布情况。每个柱子代表一个实验条件或样本组，柱子内的不同颜色表示不同类别的测量值。

（4）金融分析：在金融领域，堆叠柱状图可以用来展示不同资产类别的投资组合。每个柱子代表一个投资组合，柱子内的不同颜色表示不同资产类别的占比。

总之，堆叠柱状图是一个强大的工具，可用于多个领域的数据分析和可视化，以帮助观察者更好地理解数据的组成和比例关系。

### 8.6.2 示例：绘制不同气缸数下的平均MPG柱状图

本小节我们通过数据可视化来探索不同汽车制造商的气缸数量分布情况。气缸数量是汽车性能的一个重要指标，我们将使用堆叠柱状图来展示各制造商在不同气缸数量下的平均MPG值。

示例实现代码如下。

```
# 设置图形标题
my_plot <-ggplot(mtcars, aes(x = factor(cyl), y = mpg,
fill = factor(gear))) +                                              ①
  geom_bar(stat = "identity") +                                      ②
  labs(title = "不同气缸数下的平均 MPG 值（按齿轮数堆叠）柱状图", x = "气缸数", y =
"平均 MPG") +                                                        ③
  scale_fill_manual(values = c("3" = "blue", "4" = "green", "5" = "red"))
                                                                     ④
# 打印显示图形
print(my_plot)
# 保存图片
ggsave("堆叠柱状图 .png", my_plot, width = 10, height = 6, units = "in")
```

上述示例代码解释如下。

代码第①行创建了一个 ggplot2 图形对象 my_plot，使用了 mtcars 数据集。aes() 函数定义了图形的映射，其中 x 轴使用 cyl 列（汽缸数），y 轴使用 mpg 列（平均 MPG 值），fill 用于根据 gear 列（齿轮数）填充颜色。

代码第②行使用 geom_bar() 函数创建柱状图，stat = "identity" 表示使用原始数据中的值确定每个柱子的高度。

代码第③行使用 labs() 函数设置图形的标题和轴标签。

代码第④行使用 scale_fill_manual() 函数手动指定填充颜色，将不同齿轮数（3、4、5）映射到蓝色、绿色和红色。

运行上述代码显示如图8-8所示的不同气缸数下的平均MPG柱状图。

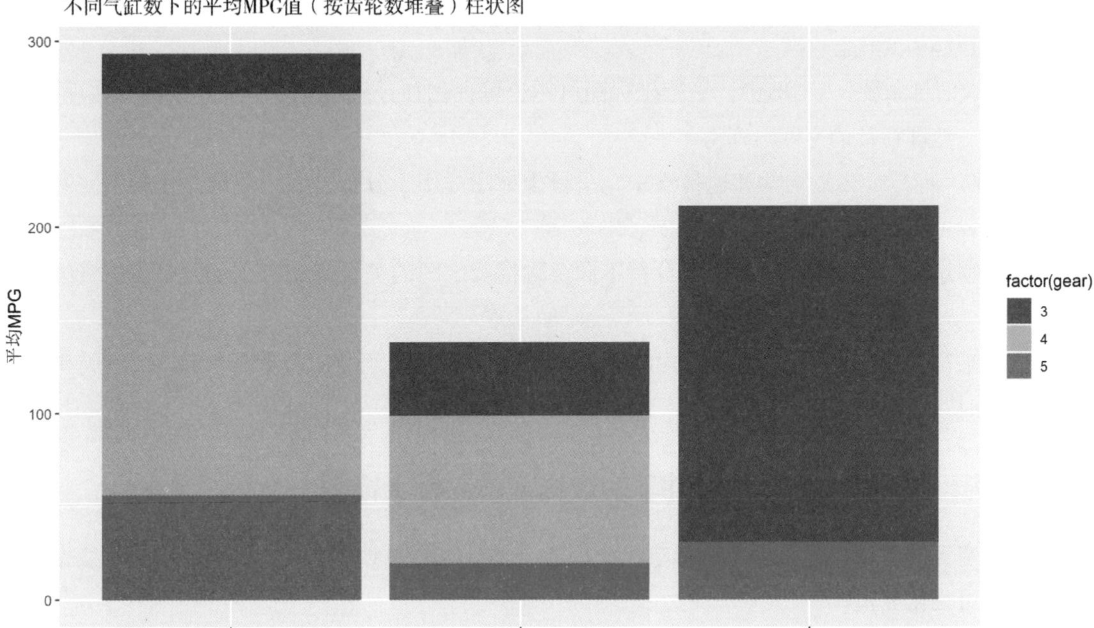


图8-8　不同气缸数下的平均MPG（按齿轮数堆叠）柱状图

# 8.7 平行坐标图

平行坐标图是一种用于可视化多维数据的图形。它在数据可视化中广泛使用，特别适用于探索多个特征或属性之间的关系。在平行坐标图中，每个数据点表示一条线段，该线段与坐标轴平行，每个坐标轴代表数据的一个特征或属性。通过在不同的坐标轴上绘制线段，可以观察到不同特征之间的关系和模式。

## 8.7.1 平行坐标图应用

平行坐标图在多个领域都有广泛的应用，特别是用于可视化和分析多维数据。以下是平行坐标图的一些常见应用。

（1）数据探索和发现模式：平行坐标图可用于探索多维数据集中的模式、趋势和异常值。通过观察线段在不同坐标轴上的分布和交叉，可以帮助数据分析人员识别数据中的关系和规律。

（2）特征分析：在机器学习和数据科学中，平行坐标图可以用来分析不同特征之间的相关性和影响。这有助于选择最重要的特征用于建模和预测。

（3）分类和聚类：平行坐标图可以帮助可视化不同类别或簇之间的差异。这对于分类和聚类任务的结果解释和验证非常有用。

（4）时间序列分析：如果每个坐标轴代表时间的不同点，那么平行坐标图可用于可视化时间序列数据中的趋势和变化。

（5）地理信息系统：在GIS中，平行坐标图可用于可视化和分析具有多个地理属性的地理数据，如城市规划、地理特征的空间分布等。

（6）生物信息学：在生物学和遗传学中，平行坐标图可用于分析基因组数据，比较不同基因的表达水平或者可视化不同样本之间的差异。

（7）金融分析：平行坐标图可用于分析不同金融指标之间的关系，或者用于股票和投资组合的分析。

总之，平行坐标图是一种多功能的可视化工具，可用于各个领域的数据分析和探索，特别是涉及多维数据时。

## 8.7.2 示例：绘制高温和低温条件下的数据差异平行坐标图

温度对空气的各项指标有一定的影响，我们通过平行坐标图对高温和低温对空气各项数据指标的影响进行可视化分析。

具体示例代码如下。

```
# 使用GGally包
library(GGally)                                                        ①

# 创建一个新的数据列，用于指定颜色
# 假设您想根据温度（Temperature）将数据分为高和低两组
airquality$Color <- ifelse(airquality$Temp > 80, "red", "blue")      ②

# 创建平行坐标图
my_plot <- ggparcoord(airquality, columns = c("Ozone", "Solar.R", "Wind",
"Temp", "Month"),                                                      ③
                order = c(1, 2, 3, 4, 5),
                groupColumn = "Color") + scale_color_manual(values = c("blue",
                           "red")) # 手动指定颜色

print(my_plot)
# 保存图片
ggsave(" 平行坐标图 .png", my_plot, width = 10, height = 6, units = "in")
```

上述示例代码解释如下。

代码第①行加载GGally包，它是用于创建平行坐标图的包。

代码第②行创建颜色列：在数据集airquality中，通过代码创建一个名为Color的新数据列。这一列的值是根据温度（Temp）来设置的。如果温度大于80华氏度，将颜色设置为“red”，否则设置为“blue”。这一列用于在平行坐标图中区分高温和低温条件下的数据点。

代码第③行使用ggparcoord函数创建平行坐标图。具体来说，以下参数被传递给函数。

- airquality：要绘制的数据集。
- columns：要在图中显示的属性列。在这个示例中属性列包括“Ozone”“Solar.R”“Wind”“Temp”“Month”。
- order：属性列在图中的显示顺序。在这里，按照给定的顺序显示属性列。
- groupColumn：用于分组数据点的列。这里使用之前创建的Color列，将数据点分为高温和低温两组，分别以红色和蓝色表示。

运行上述代码显示如图8-9所示的高温和低温条件下的数据差异平行坐标图。

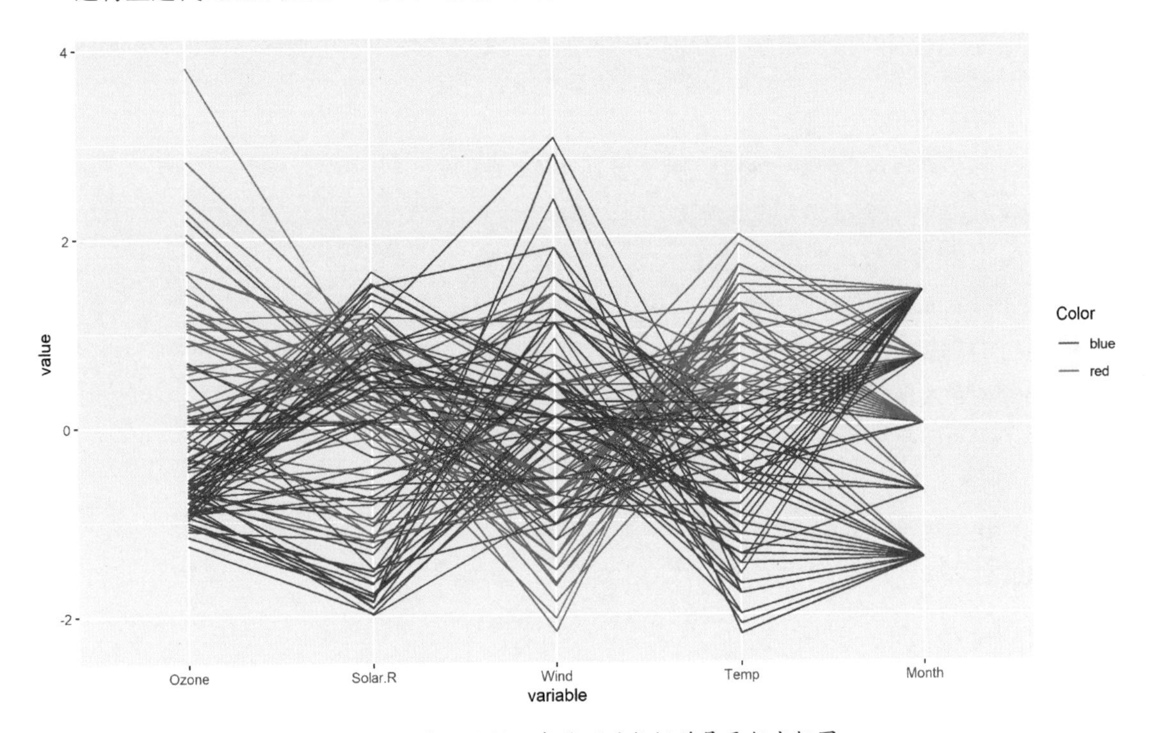


图8-9　高温和低温条件下的数据差异平行坐标图

通过图8-9可知，如果在平行坐标图中观察到在某个属性的x轴上，红色数据点比蓝色数据点多，那么可以初步认为在高温条件下，该属性的值较高，而在低温条件下，该属性的值较低。这种观察表明高温可能对该属性的影响比低温更大。

## 8.8 矩阵图

矩阵图（Correlation Matrix Plot）是一种用于可视化多个变量之间相关性的图形。通常，矩阵图以矩阵的形式呈现，其中每个单元格表示两个变量之间的相关性或关联系数。

矩阵图有多种类型，以下是一些常见的矩阵图：相关性矩阵图、散点矩阵图、气泡图矩阵、密度图矩阵、箱线图矩阵、直方图矩阵、网络图矩阵、热图矩阵。每种类型的矩阵图都有其独特的用途和优势，这里我们重点介绍相关性矩阵图和散点矩阵图。

## 8.8.1 相关性矩阵图

### ❶ 创建相关性矩阵图

相关性矩阵图是一种用于可视化多个变量之间的关联度的图形。它通常用于了解数据中各个变量之间的相关性，帮助发现变量之间的潜在模式或趋势。在相关性矩阵图中，变量以矩阵的形式排列，每个单元格显示两个变量之间的关联度，通常使用颜色编码来表示。

创建相关性矩阵图可以使用第三方包（corrplot）来创建相关性矩阵图，其中corrplot包的corrplot函数用于绘制相关性矩阵图，corrplot函数的主要参数如下。

- mat：需绘制的相关系数矩阵，必填。
- type：相关系数对应的颜色映射方式，默认“full”。
- order：矩阵的行列排序方式，默认为原始顺序。
- method：相关系数计算方法，默认为皮尔逊相关系数。
- tl.col：heatmap顶部标签的颜色。
- tl.sr：顶部标签的角度。
- diag：对角线单元格的绘制方法。
- title：图的标题。
- ma：画布的边距大小。

返回值为绘制好的corrplot图层对象。

示例代码如下。

```
library(corrplot)
mat <- cor(mtcars)
corrplot(mat)
```

corrplot包提供了丰富的可视化参数，可以通过不同颜色和排序方式，可视化展示变量间的相关性，是相关性分析的重要工具。

为了使用corrplot函数首先需要安装corrplot包，安装指令如下。

```
install.packages("corrplot")
```

### ❷ 示例：绘制车辆特征变量相关性矩阵图

接下来介绍一个特征变量相关性矩阵图示例，该示例使用R自带的mtcars数据集。在本示例中，绘制mtcars数据集相关性矩阵图的目的是可视化展示不同车辆特征变量之间的相关性。例如，马力与消耗是否相关；重量与马力是否相关。

通过相关性矩阵图的不同颜色瓷片，可以清晰地看出不同特征变量之间存在正相关、负相关或无相关。这对于分析车辆设计的参数与性能指标的内在联系非常有帮助。例如，发现马力和消耗是强负相关的，说明提高马力会使消耗上升。所以这个例子通过相关性矩阵图的绘制，直观地展示了mtcars车辆数据集中不同特征的相关性，有助于我们进一步分析这个数据集,找到变量间的内在联系。

绘制车辆特征变量相关性矩阵图的具体代码如下。

```
# 加载 corrplot 库
library(ggplot2)
library(ggcorrplot)
# 加载数据集
data(mtcars)

# 计算相关系数矩阵
corr_mtcars <- round(cor(mtcars),2)                              ①

# 绘制相关性矩阵图
my_plot <- ggcorrplot(corr_mtcars, hc.order = TRUE,              ②
             type = "lower",
             lab = TRUE,
             lab_size = 3,
             method="square",
             colors = c("tomato2", "white", "springgreen3"),
             title=" 车辆特征变量正方形的相关性矩阵图 ")
  ggsave(" 车辆特征变量相关性矩阵图 .png", my_plot, width = 8, height = 6, units =
"in")
print(my_plot)
```

上述示例代码解释如下。

代码第①行使用cor()函数计算mtcars数据集中的数值特征变量两两之间的相关系数，并保留2位小数。

代码第②行使用ggcorrplot函数绘制相关性矩阵图，并设置参数。

- hc.order=TRUE 对相关系数进行层次聚类（Hierarchical Clustening）排序。
- type="lower" 只显示下三角形。
- lab=TRUE 显示数字相关系数。
- lab_size=3 设置相关系数标签字体大小。
- colors 定义了三种相关性的颜色映射。
- title 添加标题。
- method="square" 参数用于指定绘制相关矩阵图的方法。具体来说，method参数有以下2个选项。

（1）“square”（默认值）：这个选项将绘制一个正方形的相关性矩阵图，其中每个单元格的大小相等，形成一个正方形矩阵。这种方式在矩阵较小且需要紧凑显示相关性信息时很有用。

（2）“circle”：这个选项将绘制一个圆形的相关性矩阵图，其中每个单元格都对应一个圆，如

图8-11所示。这种方式可以用来强调相关性的模式，但可能会导致图形变得较大，不适用于较大的相关矩阵。

这段代码使用corrplot函数创建相关性矩阵图，其中我们选择了以颜色编码方式表示相关性，只显示上半部分的相关矩阵，并自定义了标签的颜色、旋转角度和字体大小。其中相关系数的强度用颜色来表示。

运行上述代码，生成如图8-10所示的车辆特征变量正方形的相关性矩阵图。

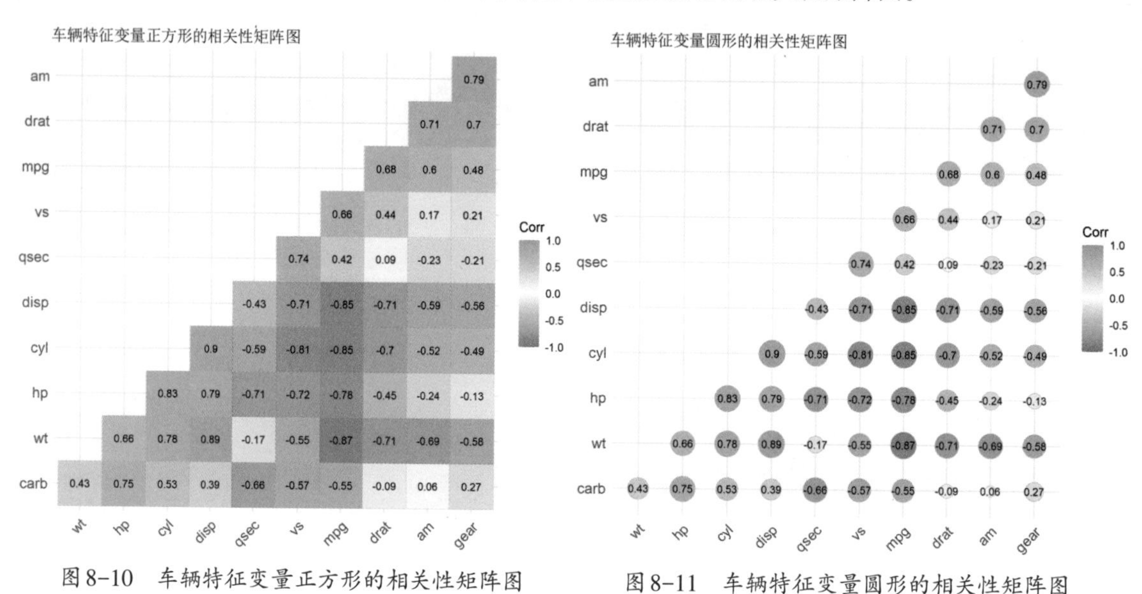


图8-10　车辆特征变量正方形的相关性矩阵图　　图8-11　车辆特征变量圆形的相关性矩阵图

**提示**

文中提到的“层次聚类”是一种将数据集中的对象或变量进行聚类的机器学习和数据分析的方法。它通常用于探索性数据分析和数据可视化中，以发现数据中的潜在结构和相似性。

## 8.8.2 散点矩阵图

散点矩阵图（见图8-12）是一种用于可视化多个变量之间关系的图形。它通常用于探索多个连续变量之间的相互作用和相关性。散点矩阵图显示了每一对变量之间的散点图，这样我们可以直观地看到它们之间的关系。

### ❶ 创建散点矩阵图

在R语言中，可以使用内置的ggpairs()函数或第三方包来创建散点矩阵图。本小节我们重点介绍用GGally包创建散点矩阵图。

创建散点矩阵图的步骤如下。

（1）通过如下指令安装GGally包。

```
install.packages("GGally")
```

（2）通过如下指令加载GGally包。

```
library(GGally)
```

（3）使用GGally包的ggpairs()函数创建散点矩阵图。

ggpairs()函数主要有以下参数。

- data：数据框，必填。
- columns：要绘制的数值型变量名，默认全部。
- title：图形总标题。
- labels：变量轴标签。
- axisLabels：坐标轴标签显示方式。
- mapping：绘图美学映射参数。
- progress：是否显示进度条，默认是TRUE。如果数据量较大，创建散点矩阵图需要一定时间，显示进度条更友好。

函数返回值：ggpairs图层对象。

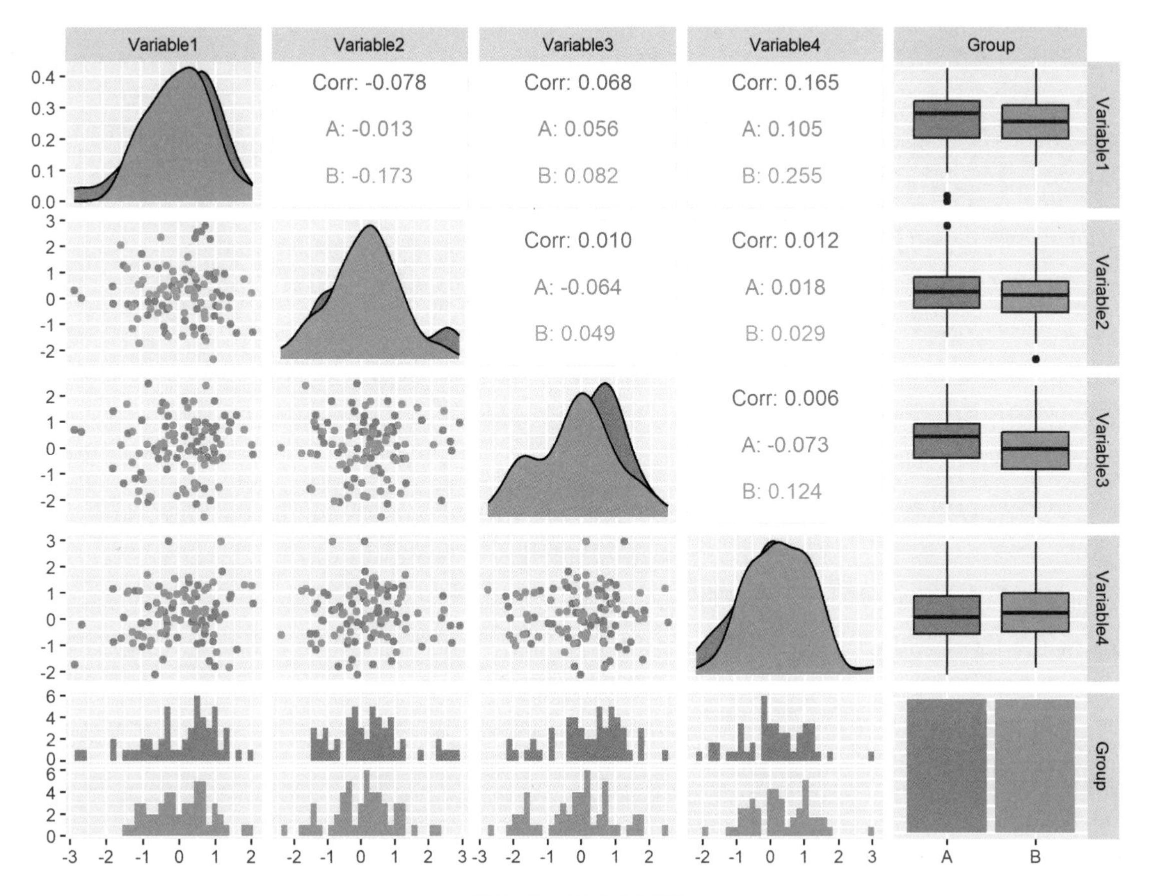


图8-12　散点矩阵图

**❷ 示例：绘制车辆特征变量相关性散点矩阵图**

前面的车辆特征变量相关性矩阵图也可以使用散点矩阵图来显示。由于mtcars数据集有很多特征变量，都显示在一张图形上会很庞大，所以这里我们只选择了mpg、hp、wt和cyl四个特征变量，来探讨同它们直接的相关性。

在上述示例中，我们指定了mpg、hp、wt作为连续数值型变量，并将cyl作为分类变量。在可视化时，连续数值型变量会以散点图或密度图的形式显示，而分类变量会用颜色来区分。

具体实现代码如下。

```
# 加载GGally库
library(GGally)

# 创建散点矩阵图，指定变量的类型
my_plot <- ggpairs(data = mtcars,                                           ①
        columns = c("mpg", "hp", "wt", "cyl"), # 选择要包括的变量           ②
        mapping = aes(color = as.factor(cyl),  # 指定颜色映射以表示分类变量 ③
                fill = as.factor(cyl)))        # 指定填充映射以表示分类变量 ④
# 打印显示图片
print(my_plot)
# 保存图片
ggsave(" 车辆特征变量相关性散点矩阵图 .png", my_plot, width = 8, height = 6, units
= "in")
```

上述示例代码解释如下。

代码第①行ggpairs函数的调用，用于创建散点矩阵图。data参数指定要使用的数据集，这里使用的是mtcars数据集。

代码第②行columns = c("mpg", "hp", "wt", "cyl")是ggpairs函数的一个参数，用于选择要包括在散点矩阵图中的变量。在这里，我们选择了四个变量：mpg、hp、wt和cyl。这些变量将在散点矩阵图中呈现其两两之间的关系。

代码第③行和第④行mapping = aes(color = as.factor(cyl), fill = as.factor(cyl))是ggpairs函数的另一个参数，将cyl变量的值转换为因子（factor），然后使用不同的颜色表示不同的汽缸数量类别。每个不同的cyl类别都将被分配一个不同的颜色，以便在图中区分它们。在这里，我们使用mapping参数来指定颜色映射和填充映射。color = as.factor(cyl)指定了颜色映射，fill = as.factor(cyl)指定了填充映射，与颜色映射类似，但用于指定数据点的填充颜色。

运行上述代码，生成如图8-13所示的车辆特征变量相关性散点矩阵图，其中相关系数的强度用颜色来表示。

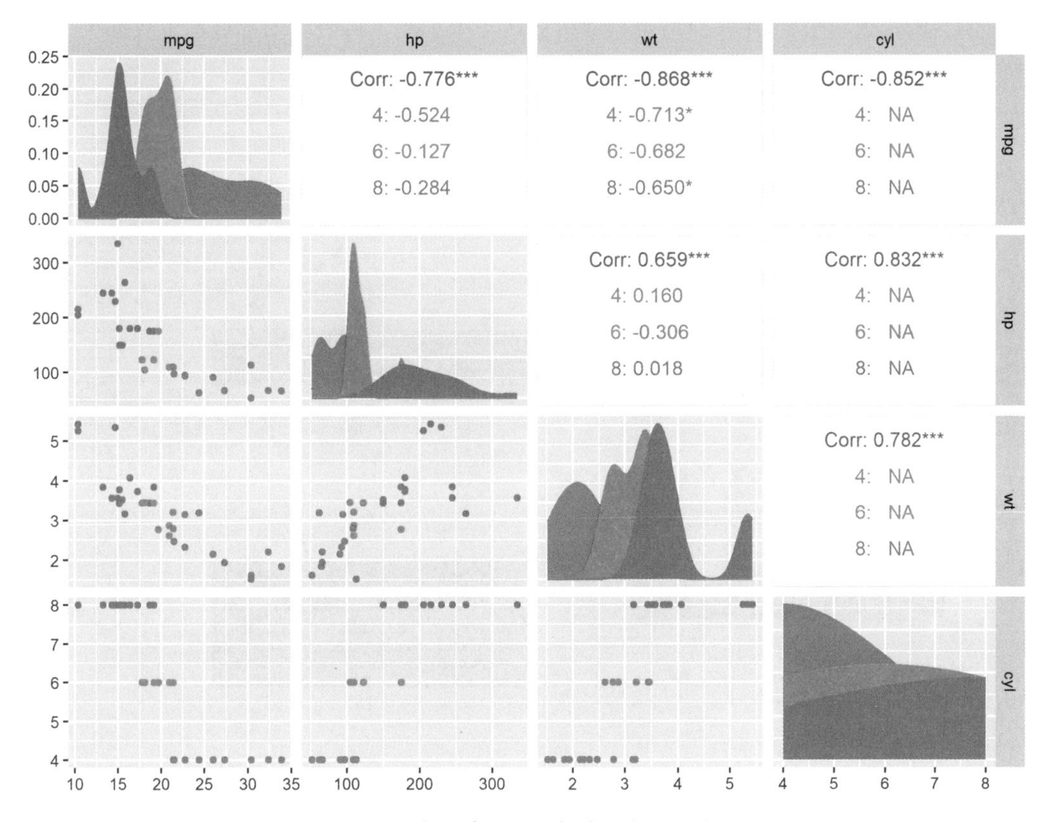


图 8-13　车辆特征变量相关性散点矩阵图

cyl变量用不同的颜色和填充表示，以区分不同的汽缸数量类别。这种可视化方式可以同时探索多个变量之间的关系，并根据汽缸数量的不同对数据点进行彩色编码，以更好地理解数据的分布和关联性。这对于数据探索和分析非常有用。

**提示**

在相关性图中可以看见"Corr:-0.852***"等内容，这表示它们之间存在高负相关性，其中负号(−)表示相关性，正号(+)或省略表示正相关性；星号(*)通常用来表示相关系数的显著性水平，而星号的数量表示显著性水平的程度。通常情况下，星号的数量与p-value相关，p-value是用来衡量相关系数是否显著的指标。

一个星号(*)通常表示p-value小于0.05，相关性在0.05的显著性水平下是显著的。

两个星号(**)通常表示p-value小于0.01，相关性在0.01的显著性水平下是高度显著的。

三个星号(***)通常表示p-value小于0.001，相关性在0.001的显著性水平下是非常显著的。

## 8.9 分面网格分类图

分面网格分类图通常用于可视化多个分类变量之间的关系，因此可以被视为一种多变量图形。

这种图形的目的是通过分面(facet)将数据集拆分成多个小图，每个小图都显示了数据在一个或多个分类变量的不同子集之间的比较。

通常，分面网格分类图使用一个或多个分类变量来定义图形的子图，每个子图表示一个类别或子集。在每个子图中，我们可以绘制柱状图、折线图、散点图等，以显示与特定分类变量或子集相关的数据。包含4个子图的分面网格分类图如图8-14所示。

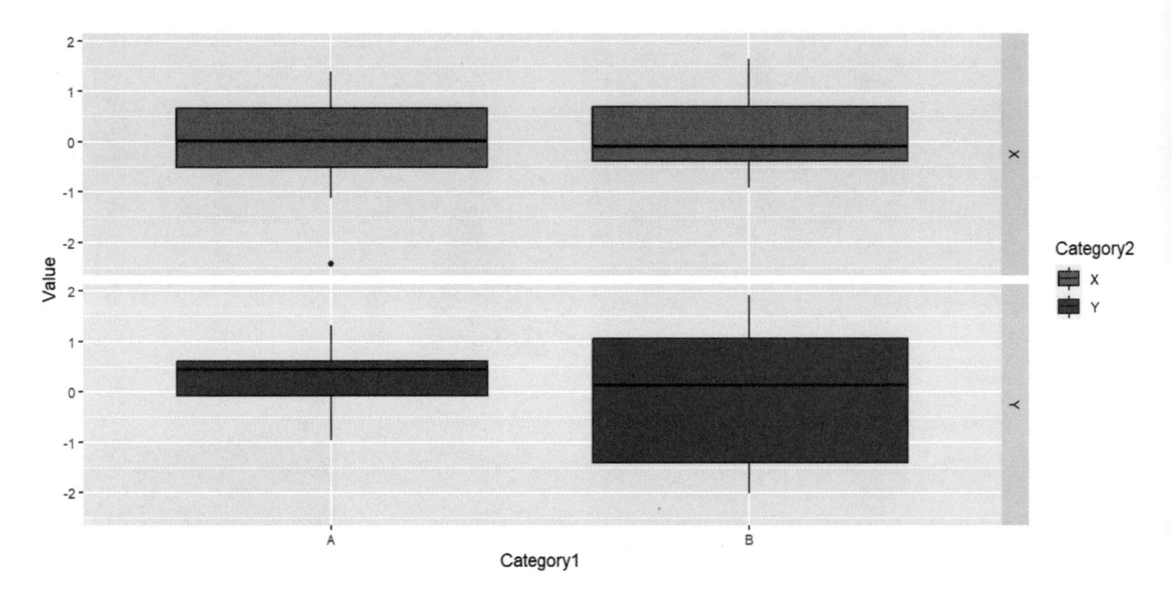


图8-14　包含4个子图的分面网格分类图

## 8.9.1 分面网格分类图应用

分面网格分类图是一种强大的数据可视化工具，可用于探索和比较不同类别之间的数据分布。以下是一些分面网格分类图的应用场景。

(1)社会科学研究：社会科学研究中经常需要比较不同社会群体或群体子集的数据。分面网格分类图可以用来比较不同群体之间的变量分布，以识别潜在的趋势或差异。

(2)医学研究：在医学研究中，可以使用分面网格分类图来比较不同药物治疗组和对照组之间的效果。每个子图可以表示一个药物或治疗方法，纵轴可以表示治疗效果指标，以帮助医生和研究人员了解哪种治疗方法最有效。

(3)环境监测：在环境科学领域，分面网格分类图可以用来比较不同地区或时间点的环境参数，如空气质量、水质或气温。这有助于科学家识别环境变化的模式和趋势。

(4)金融分析：在金融领域，可以使用分面网格分类图来比较不同投资组合或资产类别的表现。每个子图可以代表一个投资组合，横轴可以表示时间，纵轴可以表示回报率。

## 8.9.2 示例：绘制不同气缸数和齿轮类型组合下的燃油效率和重量比较分面网格分类图

下面我们通过示例熟悉分面网格分类图使用，该示例是为了创建一个分面网格分类图，用于不同气缸数和齿轮类型组合下的燃油效率和重量的比较。

具体实现代码如下。

```
# 加载 ggplot2 库
library(ggplot2)

# 创建分面网格分类图，比较 4 个子图，同时添加颜色
my_plot <-ggplot(mtcars, aes(x = mpg, y = wt, color = factor(gear))) +  ①
  geom_point() +   # 使用散点图                                           ②
  facet_grid(cyl ~ gear) +   # 分面网格，每个子图代表不同气缸数和齿轮类型的组合 ③
  labs(title = "不同气缸数和齿轮类型组合下的燃油效率和重量比较分面网格分类图",
       x = "燃油效率 (mpg)",
       y = "重量 (1000 磅)") +
  scale_color_discrete(name = "齿轮类型")   # 设置颜色图例名称               ④

print(my_plot)
# 保存图片
ggsave("分面网格分类图.png", my_plot, width = 10, height = 6, units = "in")
```

上述示例代码解释如下。

这段代码用于创建一个分面网格分类图，用于气缸数和齿轮类型组合下的燃油效率和重量的比较，并使用颜色来区分不同的齿轮类型。

上述示例代码的解释如下。

代码第①行创建了一个ggplot2图形对象，并将数据集mtcars传递给它。aes()函数用于指定数据集中哪些列将用于图形的不同美学元素。在这里，x = mpg表示将燃油效率（mpg）映射到横轴，y = wt表示将重量（wt）映射到纵轴，color = factor(gear)表示将齿轮类型（gear）映射到颜色。

代码第②行geom_point()添加了散点图到图形对象中。这意味着每个数据点将以散点的形式呈现在图形中。

代码第③行使用facet_grid()函数创建了一个分面网格，将图形分成多个子图。分面网格的布局由气缸数（cyl）和齿轮类型（gear）组合而成，这意味着每个子图代表不同气缸数和齿轮类型的组合。

代码第④行设置颜色图例的名称为“齿轮类型”，以解释颜色的含义。

运行上述代码显示如图8-15所示的不同气缸数和齿轮类型组合下的燃油效率和重量比较分面网格分类图。

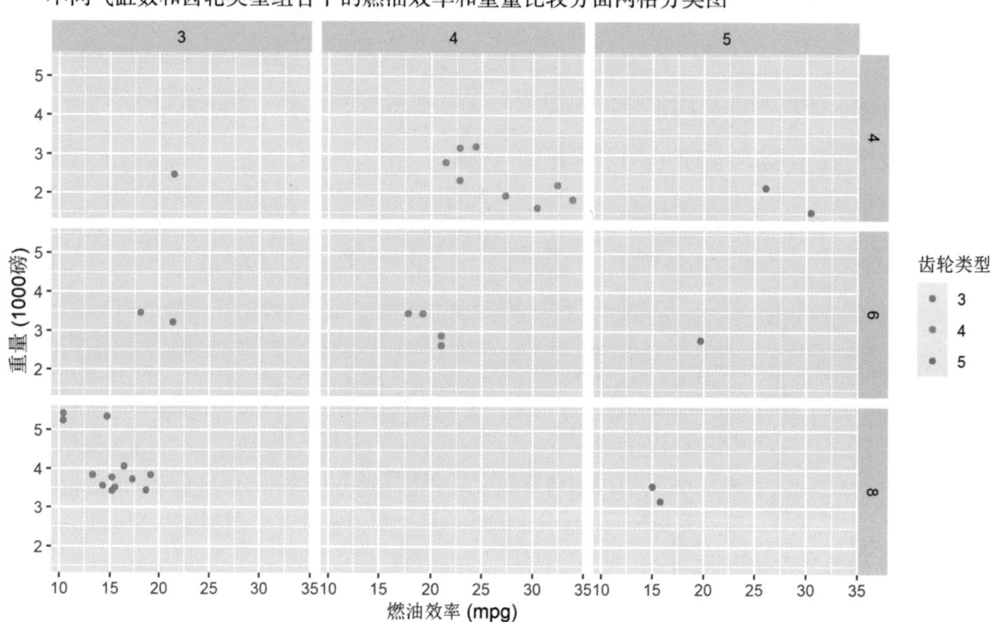


图8-15　不同气缸数和齿轮类型组合下的燃油效率和重量比较分面网格分类图

总之，这段代码创建了一个分面网格分类图，用于不同气缸数和齿轮类型组合下的燃油效率和重量的比较，并将图形保存为图像文件。图形中的数据点以散点的形式显示，颜色表示不同的齿轮类型，分面网格将图形分成多个子图，每个子图代表不同气缸数和齿轮类型的组合。

# 8.10 三元相图

三元相图属于多变量散点图，是一种用于可视化三个组分之间相对比例的图形。它通常用于分析和表示混合物或化合物中的三个不同成分或组分之间的相对比例关系。

三元相图如图8-16所示，通常基于一个等边三角形的坐标系，其中三个顶点分别表示三个组分，并且内部的点表示混合物中各个组分的比例。

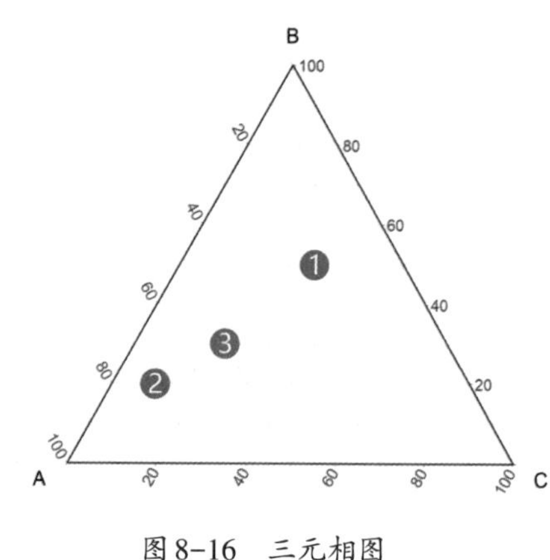


图8-16　三元相图

三元相图的特点如下。

（1）等边三角形：通常使用一个等边三角形来表示三元相图，其中每个角代表一个组分，三角形边界上的点表示单一成分的纯度，三角形内部的点表示混合物中不同组分的比例。

（2）比例关系：三元相图通过点的位置来表示不同组分之间的比例关系。每个点在三角形内的位置表示其包含的每个组分的百分比。

（3）直观可视化：三元相图是一种直观的可视化工具，可以帮助人们理解不同组分之间的相对比例，尤其在化学、材料科学和地质学等领域中有着广泛的应用。

（4）混合物分析：三元相图通常用于分析混合物的组成，如合金、岩石、液体混合物等。通过观察点在图中的位置，可以了解混合物中各个组分的含量和比例。

## 8.10.1 三元相图应用

三元相图广泛应用于多个领域，特别是用于可视化和分析涉及三个组分或变量的相对比例关系。以下是三元相图的一些常见应用领域。

（1）化学与材料科学：

- 合金分析：用于表示不同合金中各种金属元素的比例，帮助工程师和科学家了解合金性能。
- 矿物学：用于分析矿石中不同矿物的组成比例，以确定矿石的性质和品质。

（2）地质学：

- 岩石成分分析：用于表示不同岩石样本中不同矿物的含量比例，帮助地质学家了解岩石的成分和特性。

（3）生态学：

- 食物链分析：用于表示生态系统中不同生物种类的相对比例，以及它们之间的食物链关系。

（4）环境科学：

- 土壤分析：用于表示土壤中不同元素的含量比例，以评估土壤质量和污染程度。

（5）化工工程：

- 反应物比例：用于表示化工反应中不同原料的比例，帮助优化反应条件和生产工艺。

（6）食品科学：

- 配方开发：用于表示不同成分在食品配方中的比例，以调整和改进食品配方。

总之，三元相图是一种有用的可视化工具，可在多个领域中用于理解和解释涉及三个组分或变量的相对比例关系。它可以帮助分析师和研究人员更好地理解复杂的数据集，并支持决策和优化过程。

## 8.10.2 创建三元相图

在R语言中创建三元相图，可以使用ggtern包。

创建三元相图的步骤如下。

（1）通过如下指令安装ggtern包。

```
install.packages("ggtern")
```

（2）通过如下指令加载ggtern包。

```
library(ggtern)
```

绘制如图8-16所示的三元相图的代码如下。

```
# 加载包
library(ggtern)
# 数据
data <- data.frame(                                        ①
  A = c(0.2, 0.7, 0.5),
  B = c(0.5, 0.2, 0.3),
  C = c(0.3, 0.1, 0.2)
)

# 绘制三元相图
my_plot <-ggtern(data, aes(x = A, y = B, z = C)) +         ②
  geom_point(color="red", size=5) +                        ③
  geom_text(aes(label=rownames(data)), size=4) +           ④
  theme_bw() +
  ggtitle(" 三元相图示例 ")
  print(my_plot)
# 保存图片
ggsave(" 三元相图 .png", my_plot, width = 8, height =  5, units = "in")
```

上述示例代码解释如下。

代码第①行创建数据框，以及一个包含三个组分（A、B、C）的比例值的数据框data。每一行代表一个样本或数据点，每一列代表不同的组分。

代码第②行使用ggtern函数创建一个三元相图对象my_plot。在这个图中，使用aes()函数将数据框的列映射到x、y和z轴，分别表示组分A、B和C的比例。

代码第③行使用geom_point()函数在图上绘制散点，并设置点的颜色为红色，大小为5。

代码第④行使用geom_text()函数在图上添加文本标签，标识每个数据点，标签文本由数据框的行名（rownames(data)）决定。

运行上述代码显示如图8-16所示的三元相图。

在图8-16中，有三个数据点（1、2、3），分别代表不同的数据样本或数据点。以下是对每个数据点的解释。

（1）数据点1：

- 对应的数据值：A = 0.2，B = 0.5，C = 0.3。
- 这表示在数据样本 1 中，组分 A 占总比例的 20%，组分 B 占总比例的 50%，组分 C 占总比例的 30%。

（2）数据点 2：

- 对应的数据值：A = 0.7，B = 0.2，C = 0.1。
- 这表示在数据样本 2 中，组分 A 占总比例的 70%，组分 B 占总比例的 20%，组分 C 占总比例的 10%。

（3）数据点 3：

- 对应的数据值：A = 0.5，B = 0.3，C = 0.2。
- 这表示在数据样本 3 中，组分 A 占总比例的 50%，组分 B 占总比例的 30%，组分 C 占总比例的 20%。

每个数据点的位置代表了不同数据样本中三个变量（A、B、C）的比例关系。通过观察这些数据点，我们可以了解每个样本的组分比例，以及它们在三元空间中的相对位置。这有助于比较不同样本之间的差异性和相似性。

### 8.10.3 示例：绘制铜锌镍合金三元相图

三元相图常用于合金分析。以下是一个示例，演示如何使用ggtern包绘制铜（Cu）、锌（Zn）和镍（Ni）合金的三元相图。在这个示例中，我们将使用一个自定义的数据框来表示不同的铜锌镍合金样本中的组分比例，并在三元相图中可视化这些比例关系。

实现代码如下。

```
# 导入 ggtern 包
library(ggtern)

# 创建一个数据框，包含不同合金样本的 Cu、Zn 和 Ni 三个组分比例
data <- data.frame(
  Cu = c(20, 40, 10, 30),
  Zn = c(30, 10, 60, 20),
  Ni = c(50, 30, 30, 50),
  样本 = c("样本 1", "样本 2", "样本 3", "样本 4")
)

# 创建一个三元相图
my_plot <- ggtern(data, aes(x = Cu, y = Zn, z = Ni)) +
  geom_point(aes(color = 样本), size = 5) +
  labs(title = "铜锌镍合金三元相图",
       x = "铜百分比",
       y = "锌百分比",
       z = "镍百分比") +
  theme_bw() +
  theme(legend.position = "top")

# 显示三元相图
print(my_plot)
# 保存图片
ggsave("三元相图.png", my_plot, width = 6, height =  4, units = "in")
```

运行上述示例代码显示如图8-17所示的铜锌镍合金三元相图。

从图8-17中可见有4个数据点（样本），每个样本在三元相图中的位置表示了该样本中铜、锌和镍三个组分的百分比比例关系。通过观察这些数据点，可以直观地了解不同合金样本之间的组分差异，以及各组分之间的相对比例。

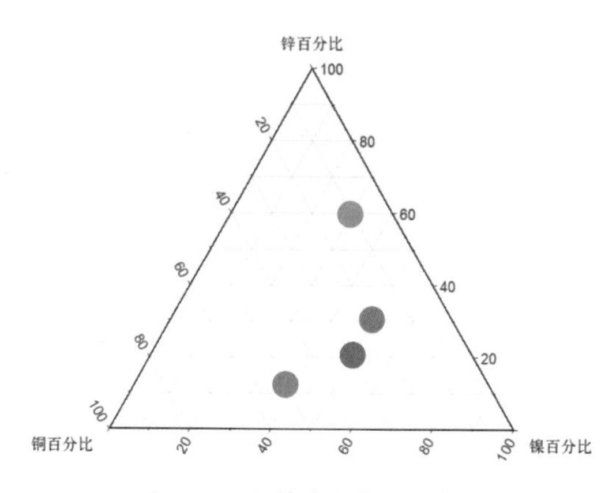


图8-17 铜锌镍合金三元相图

## 8.11 本章总结

本章着重介绍了R语言中多变量图形的绘制方法。我们学习了多种图形类型，包括气泡图、雷达图、网状图、堆叠折线图、堆叠面积图、堆叠柱状图、平行坐标图、矩阵图、分面网格分类图和三元相图。这些图形可以帮助我们更全面地理解多个变量之间的关系、趋势和模式。每种图形都有其特定的应用场景。例如，气泡图用于展示三维数据的分布和趋势；雷达图用于多维数据的对比和展示；堆叠图用于比较多个组的变化趋势；平行坐标图用于展示多个连续变量的分布；矩阵图用于可视化相关性矩阵等。这些多变量图形为数据分析和可视化提供了强大的工具，有助于深入挖掘数据中的信息和模式。

# 09 第9章 3D图形的绘制

3D图形是一种强大的工具，它可以帮助我们更好地理解和展示具有三个维度的数据。本章介绍如何绘制和定制各种类型的3D图形，以及如何利用这些图形来传达数据的复杂关系。

## 9.1 绘制3D图形包

在R语言中，可以使用多个包来绘制3D图形，以展示复杂的三维数据可视化。以下是创建3D图形常用的R语言中的包。

- plot3D：提供了用于创建3D曲面图、散点图、线图等的函数。它具有较高的自定义性，并可用于在3D空间中可视化数据。另外，plotly包还提供了交互式图表功能，可以旋转、缩放，体验更好。所以要探索或展示三维数据，plotly包是一个不错的选择。
- rgl：提供了一种强大的方式来创建交互式的3D图形。它支持散点图、线图、曲面图、体积渲染等3D图形，并允许用户进行旋转、缩放和交互操作。
- scatterplot3d：专注于散点图的创建，并提供了一种简单的方式来绘制3D散点图。这对于显示数据点的分布和关系很有用。
- latticeExtra：是lattice包的扩展，它提供了用于创建3D图形的函数，如cloud()。lattice包本身也可以用于创建一些简单的3D图形。

以上这些包都提供了不同类型的3D图形功能，我们可以根据自己的数据和需求选择适合的包来创建3D图形。不同包适用于不同的场景，所以根据具体任务选择合适的包是很重要的。

本章我们重点介绍用plot3D包绘制3D图形。

## 9.2 3D散点图

3D散点图是一种用于可视化三维数据的图形表示方式，3D散点图示例如图9-1所示。它与二维散点图类似，但在3D空间中显示数据点，通常使用x、y和z轴表示三个不同的变量或维度。这种图形可以帮助我们更好地理解数据的分布、趋势和关系，尤其适用于数据集中包含多个连续或数值型变量的情况。

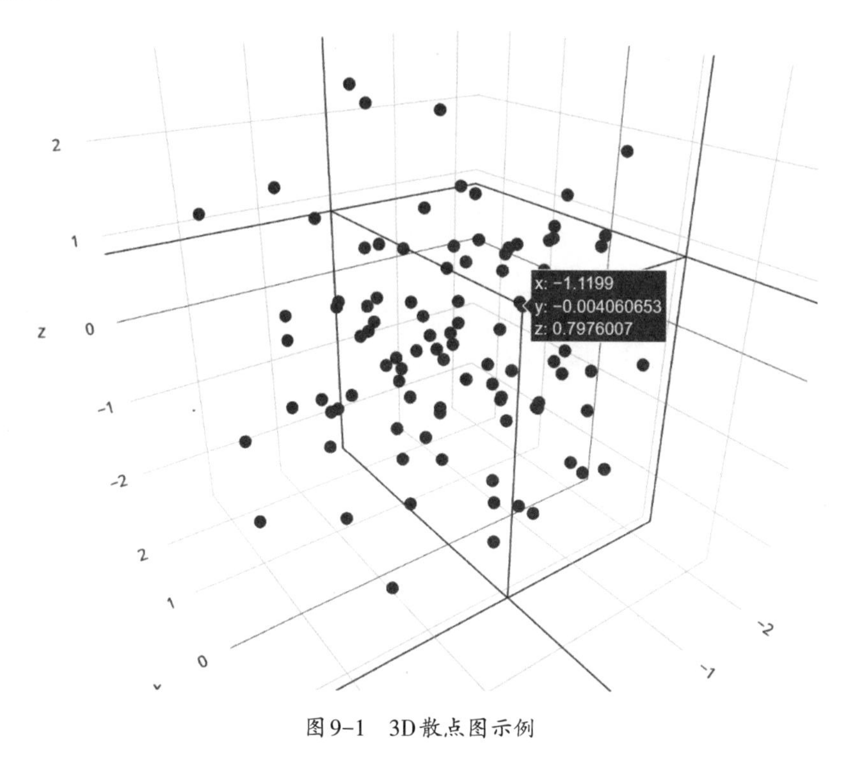


图 9-1　3D 散点图示例

## 9.2.1 3D 散点图应用

3D 散点图有许多实际应用场景，主要有以下几个。

（1）数据挖掘和探索性数据分析：通过 3D 散点图可以直观地观察样本点的分布，帮助发现数据之间的内在关系和聚类结构，可以高效地完成特征选择、异常点检测等工作。

（2）多元统计分析：3D 散点图可以同时展示多个变量，通过点的位置反映各维度的数值。这有助于观察多个变量之间的相关性，进行多元统计分析。

（3）轨迹和流场可视化：3D 散点图可以可视化对象的三维运动轨迹，或是显示三维流场中的路径线。这类应用常见于运动学分析、气象学等领域。

（4）交互式数据分析：3D 散点图支持旋转、缩放和过滤操作，可以让用户以交互的方式探索数据，发现数据间的关系。

## 9.2.2 绘制 3D 散点图

要在 R 语言中绘制 3D 散点图，我们可以使用 plotly 包，它提供了创建交互式 3D 图形的强大工具。创建一个 3D 散点图的步骤如下。

（1）通过如下指令安装 plot3D 包。

```
install.packages("plot3D")
```

（2）通过如下指令加载plot3D包。

```
library(plot3D)
```

（3）使用plot_ly函数绘制3D散点图。

plot_ly 函数是 plotly包中的主要函数之一，用于创建交互式的数据可视化图形，包括散点图、线图、柱状图、3D图形等。这个函数的基本语法如下。

```
plot_ly(data = NULL, ..., type = "scatter", mode = "lines", marker = list(),
line = list(), showlegend = FALSE)
```

以下是常用参数的解释。

● data：一个数据框或数据表，包含要用于可视化的数据。如果不指定此参数，可以在后续的参数中直接提供数据向量。

● ...：其他可选参数，用于指定图形的属性和样式，例如 x、y、z 等。

● type：指定要创建的图形类型，常见的类型包括2D图形和3D图形。2D图形有scatter（散点图）、line（线图）、bar（柱状图）、box（箱线图）等；常见的3D图形有scatter3d（三维散点图）、line3d（三维线图）、surface（三维曲面图）、mesh3d（三维网格图）。

● mode：指定数据点的呈现方式，如 lines（线条）、markers（标记点）、lines+markers（线条和标记点）等。

● marker：用于指定标记点的样式，如颜色、大小、符号等。

● line：用于指定线条的样式，如颜色、宽度等。

● showlegend：一个逻辑值，指定是否在图例中显示此图形。

下面我们通过示例展示如何使用 plot_ly 函数创建散点图。

```
# 加载 Plotly 包
library(plotly)

# 创建示例数据
x <- c(1, 2, 3, 4, 5)    # 添加 x 坐标
y <- c(2, 3, 4, 5, 6)    # 添加 y 坐标
z <- c(3, 4, 5, 6, 7)    # 添加 z 坐标

my_plot <- plot_ly(                                               ①
  x = x, y = y, z = z,                                            ②
  mode = "lines+markers",  # 使用 "lines+markers" 模式            ③
  type = "scatter3d",                                             ④
  marker = list(size = 5, color = 'red'),                         ⑤
  line = list(width = 1)                                          ⑥
)
```

```
# 显示图形
print(my_plot)                                    ⑦
```

上述示例代码解释如下。

代码第①行创建了一个3D散点图，并将其存储在名为my_plot的变量中。

代码第②行参数x、y和z指定了数据点在三维空间中的坐标。x、y和z是我们的数据向量，包含了数据点在x、y和z方向上的坐标值。

代码第③行mode = "lines+markers": 参数设置图形的绘制模式，表示同时绘制散点和线条。

代码第④行type = "scatter3d": 参数指定了要创建的图形类型，这里是3D散点图。

代码第⑤行marker = list(size = 5, color = 'red')参数允许我们自定义散点的样式。在这里，size参数设置了散点的大小为5，color参数设置了散点的颜色为红色。

代码第⑥行line = list(width = 1)参数用于自定义线条的样式。在这里，width参数设置了线条的宽度为1。

代码第⑦行print(my_plot) 将创建的3D散点图打印到控制台。如果我们使用RStudio运行代码，在RStudio的Viewer窗口中显示如图9-2所示的图形。

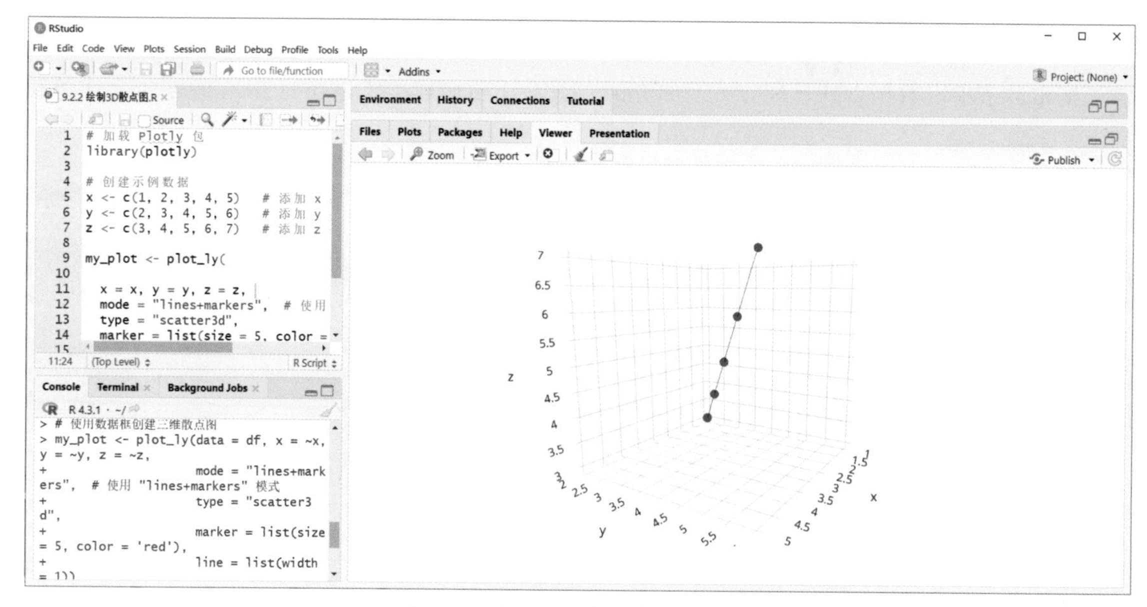


图9-2 在Viewer窗口中显示图形

Plotly创建的图形通常是可以交互的，Plotly是一个强大的数据可视化工具，允许我们创建交互式图形，这意味着用户可以与图形进行互动，探索数据并获取更多信息。

以下是一些常见的Plotly图形交互功能。

- 缩放和平移：用户可以在图形上缩放或平移，以更详细地查看数据或改变视角。
- 悬停信息：当用户将鼠标悬停在数据点上时，通常会显示有关该数据点的信息，如数值、标签或其他相关信息。

● 点击选择：用户可以单击数据点以选择它们，这对于进一步分析或筛选数据非常有用。

● 图例交互：用户可以单击图例中的项以显示或隐藏特定数据系列，这有助于比较不同数据系列。

如图 9-3 所示，我们将鼠标放在一个数据点上，可以查看该数据点的坐标。

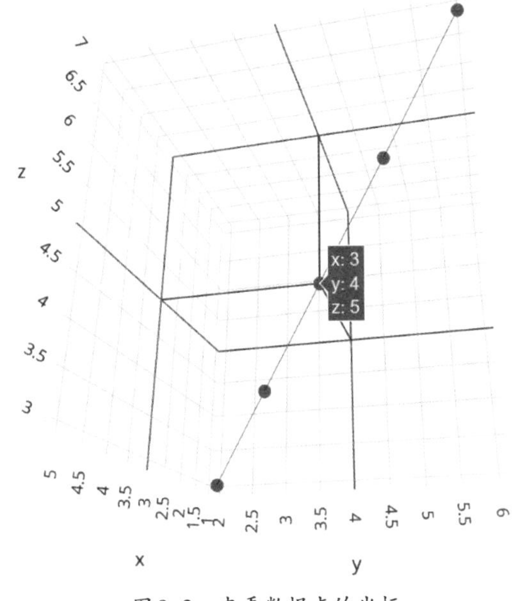


图 9-3　查看数据点的坐标

## 9.2.3 示例：绘制汽车性能数据的 3D 散点图

下面我们通过示例演示如果使用 plotly 包创建 3D 散点图，可视化汽车性能数据。它使用了 mtcars 数据集的子集，包括汽车的重量、每加仑英里数和马力三个特征变量。

示例代码如下。

```
# 加载 Plotly 包
library(plotly)
# 导入数据
data(mtcars)

# 选择变量
mtcars_plot <- mtcars[, c("wt", "mpg", "hp")]                    ①
p <- plot_ly(mtcars_plot, x = ~wt, y = ~mpg, z = ~hp,             ②
             mode = 'markers',                                    ③
             marker = list(size = 5, color = 'rgb(200,100,0)'),   ④
             type = 'scatter3d')

# 添加标题并微调位置
p <- layout(p,                                                    ⑤
  title = list(
    text = " 汽车性能数据的 3D 散点图 ",
    x = 0.5,   # 水平居中
    y = 0.9    # 垂直位置，调整此值来改变标题的位置
  )
)
# 显示图形
print(p)
```

上述示例代码解释如下。

代码第①行从mtcars数据集中选择了三个变量："wt"（汽车重量）、"mpg"（每加仑英里数）和"hp"（马力）。这些变量将用于创建三维散点图。

代码第②行使用plot_ly函数创建了一个3D散点图，其中x = ~wt, y = ~mpg, z = ~hp参数指定了x、y和z轴的数据源。

代码第③行设置数据点的绘制模式为 'markers'，表示要在图形上绘制数据点。这将创建一个散点图，每个数据点都表示一个汽车的性能数据。

代码第④行设置了数据点的样式，其中size = 5指定了数据点的大小为5，color = 'rgb(200,100,0)'设置了数据点的颜色为橙色。

代码第⑤行向3D散点图添加标题并微调标题的位置。在这里，我们使用 layout 函数来自定义图形的布局。

- p 是之前创建的3D散点图对象。
- title = list(...) 指定了标题的设置。
- text = "汽车性能数据的3D散点图" 定义了标题的文本内容。
- x = 0.5 设置标题的水平位置，将标题水平居中在图表上。
- y = 0.9 设置标题的垂直位置，将标题稍微向下偏移，使其位于图表的顶部。

最后，通过运行 print(p) 来显示创建的3D散点图。汽车性能数据的3D散点图如图9-4所示。

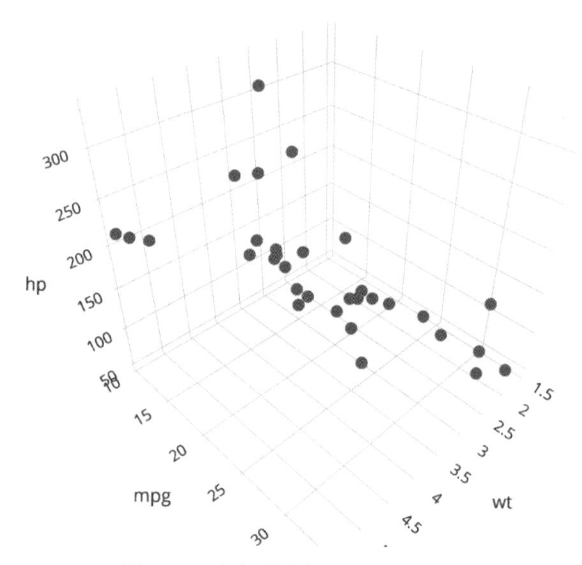


图9-4　汽车性能数据的3D散点图

## 9.3 3D线图

3D线图是一种用于可视化三维数据的图形，通常用于显示在三个维度（x、y、z）上的数据趋势和关联性。3D线图示例如图9-5所示。

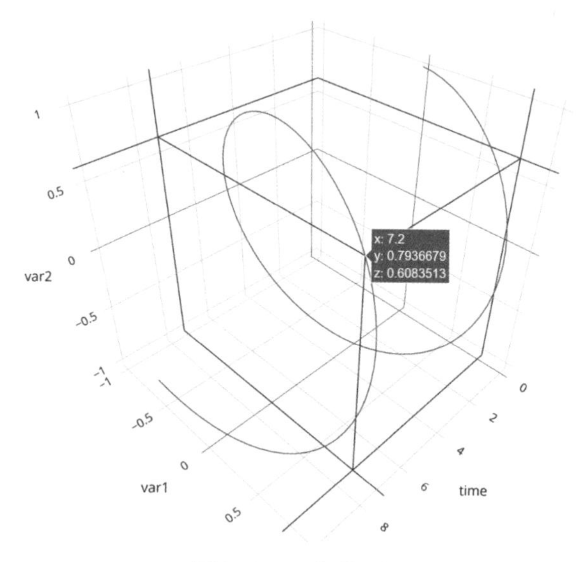


图9-5　3D线图示例

### 9.3.1 3D线图应用

3D线图主要应用于以下几个方面。

（1）轨迹可视化：可以在三维空间中可视化对象的运动轨迹，如飞机、气球的飞行路线，运动员的运行路线等。通过折线表示轨迹更加平滑连贯。

（2）映射时间的变化趋势：沿着时间轴绘制三维曲线图，展示某一变量随时间的变化情况及趋势。如股票价格、气温变化等时间序列数据。

（3）显示空间路径：表示空间或地形中蜿蜒的路径，如山路、河流、管道等的定量结构信息。

（4）功能关系的图像：绘制表示光滑功能关系的三维曲面，如正弦曲线，可以帮助理解函数图像。

（5）线程的执行过程：在并行编程分析中，使用3D线图表示每个线程的执行过程及时间信息。

（6）医学动画：利用3D线图构建人体器官或运动的图像，如肌肉收缩过程。

（7）游戏设计：构建游戏场景中的三维机械动画，如角色使用道具的动作。

### 9.3.2 示例：绘制鸢尾花花萼和花瓣关系的3D线图

本小节我们将使用R语言中的plotly包创建一个3D线图，以展示鸢尾花数据集中花萼和花瓣的关系。这个图形将有助于我们可视化不同鸢尾花品种的特征之间的关系。

我们将使用内置数据集iris，其中包含了鸢尾花的测量数据。通过将花萼长度、花萼宽度和花瓣长度作为三个坐标轴的数据，我们可以创建一个交互式的3D线图，使我们能够旋转和查看数据，以更好地理解花萼和花瓣之间的关系。

具体实现代码如下。

```
# 导入plotly包
library(plotly)

# 使用内置数据集 iris
data(iris)

# 创建 3D 线图
p <- plot_ly(data = iris, x = ~ Sepal.Length, y = ~ Sepal.Width, z = ~ Petal.
Length,
        type = "scatter3d", mode = "lines")                    ①

# 添加 3D 场景设置
p <- layout(p, scene = list(                                   ②
    xaxis = list(title = " 花萼长度 "),
    yaxis = list(title = " 花萼宽度 "),
    zaxis = list(title = " 花瓣长度 ")
  ))

# 添加图形标题
p <- layout(p, title = list(                                   ③
    text = " 绘制鸢尾花花萼和花瓣关系的 3D 线图 ",
    x = 0.5,    # 水平居中
```

```
    y = 0.92    # 垂直位置，调整此值来改变标题的位置
  )
)

# 显示图形
print(p)
```

上述示例代码解释如下。

代码第①行使用plot_ly函数创建一个3D线图。它指定了数据来源（data参数），以及x轴、y轴和z轴的数据列。图形类型是3D散点图（type = "scatter3d"）并且设置为绘制线条（mode = "lines"）。

代码第②行通过layout函数设置图形的3D场景。它指定了x轴、y轴和z轴的标题，分别为“花萼长度”“花萼宽度”和“花瓣长度”。

代码第③行通过layout函数添加了图形的标题。标题文本是“绘制鸢尾花花萼和花瓣关系的3D线图”，并且通过x和y参数设置了标题的水平和垂直位置。

运行上述代码的结果是一个交互式的3D线图。鸢尾花花萼和花瓣关系的3D线图如图9-6所示。

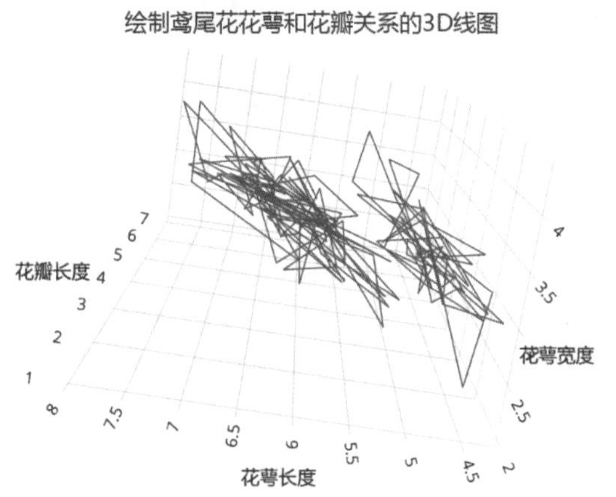


图9-6　绘制鸢尾花花萼和花瓣关系的3D线图

# 9.4 3D曲面图

3D曲面图是一种可视化方式数据的图形。3D曲面图示例如图9-7所示，它用于显示三维数据的表面形状和曲线。在R语言中，可以使用plotly包创建3D曲面图，以便更好地理解数据的变化趋势和模式。

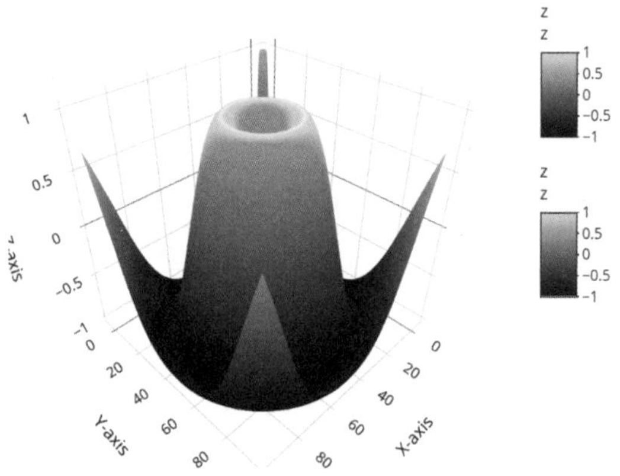

图9-7　3D曲面图示例

## 9.4.1 3D曲面图应用

3D曲面图有许多实际应用场景，主要有以下几个。

（1）地形建模：用3D曲面图来展示地形高度信息，建立数字高程模型。这对地理信息系统、地形分析都很有用。

（2）数学函数可视化：用3D曲面图来展示多变量函数的高维数据，更直观地展示函数的形式。

（3）流体建模：用3D曲面图来模拟流体的流动形式，建立计算流体动力学模型。

（4）医学图像：用3D曲面图展示MRI、CT等医学扫描结果，可视化人体器官和组织结构。

（5）计算机图形学：3D曲面图可用于表示三维模型的表面，用于计算机动画、游戏、虚拟现实等领域。

（6）气象气候学：建立三维气象变量的高度场分布，用3D曲面图展示天气系统的结构。

（7）科学计算可视化：可视化复杂的物理、化学模拟过程，通过3D曲面图直观呈现模拟结果。

（8）数据挖掘：对高维数据进行可视化分析，用3D曲面图展示数据之间的关系。

## 9.4.2 创建3D曲面图

在R语言中，我们可以使用plotly包来创建交互式的3D曲面图。下面我们通过示例，演示如何创建一个简单的3D曲面图。

具体实现代码如下。

```
# 加载 Plotly 包
library(plotly)

# 生成示例数据
x <- seq(-5, 5, length.out = 100)                    ①
y <- seq(-5, 5, length.out = 100)                    ②
z <- outer(x, y, function(x, y) sin(sqrt(x^2 + y^2)))  ③

# 创建 3D 曲面图
g <- plot_ly(x = x, y = y, z = z, type = "surface")  ④
g <- add_surface(g, colorscale = "Viridis")          ⑤
g <- layout(                                         ⑥
  g,
  scene = list(
    xaxis = list(title = "X-axis"),
    yaxis = list(title = "Y-axis"),
    zaxis = list(title = "Z-axis"),
    aspectmode = "cube"  # 保持轴的纵横比
  ),
  title = "3D 曲面图 "  # 添加标题
)
# 显示图形
print(g)
```

上述示例代码解释如下。

代码第①行创建一个包含100个等距点的x轴坐标。

代码第②行创建一个包含100个等距点的y轴坐标。

代码第③行使用外积函数outer计算z轴的值。这个函数根据x和y的值计算z，具体地说，它计算了 sin(sqrt(x^2 + y^2))。

代码第④行使用plot_ly函数创建一个3D图形对象。这里，x、y和 z 分别是曲面图的x轴、y轴和z轴的数据。type = "surface" 指定了图形类型为3D曲面图。

代码第⑤行使用add_surface函数将表面数据添加到图形对象中。colorscale = "Viridis" 指定了颜色映射为"Viridis"，它是一种常用的颜色映射方案，用于将数据值映射到颜色。

代码第⑥行使用layout 函数来设置图形的布局和外观。在 scene 参数中，我们设置了x轴、y轴和z轴的标题及aspectmode参数，该参数用于保持轴的纵横比，以确保图形的比例一致性。在 title 参数中，我们指定了图形的标题为“3D曲面图”。

运行这段代码的结果是一个交互式的3D曲面图，如图9-7所示。

### 9.4.3 示例：伊甸火山3D曲面图

伊甸火山（Mount Eden）是新西兰奥克兰市的一座火山，也是受欢迎的旅游景点。R语言中的volcano数据集包含了新西兰的伊甸火山的海拔数据。这个数据集可用于演示3D曲面图和地形建模。

本小节我们将创建一个伊甸火山的3D曲面图，以展示其地形，具体代码如下。

```
# 导入plotly包
library(plotly)

# 创建 3D 曲面图
MountEden3DSurface <- plot_ly(z = volcano, type = "surface")   ①
# 设置图形布局和轴标签
layout(MountEden3DSurface,                                     ②
  scene = list(
    xaxis = list(title = "x 轴标签 "),
    yaxis = list(title = "y 轴标签 "),
    zaxis = list(title = "z 轴标签 ")
  ),
  title = " 伊甸火山 3D 曲面图 "   # 添加中文标题
)

# 显示图形
print(MountEden3DSurface)                                      ③
```

上述示例代码解释如下。

代码第①行使用plot_ly函数创建了一个3D曲面图对象，并将volcano数据集的值用作z轴数据。type = "surface" 指定了图形类型为3D曲面图。

代码第②行使用layout函数设置图形的布局。在scene参数中，定义了x轴、y轴和z轴的标签。这些标签将显示在图形中的相应轴上。在title参数中，添加了标题“伊甸火山 3D 曲面图”用于描述图形的内容。

代码第③行使用print函数来显示创建的3D曲面图，这会在R语言中生成如图9-8所示的伊甸火山3D曲面图，我们可以在图形中旋转、缩放和探索数据，以更好地理解伊甸火山的地形。

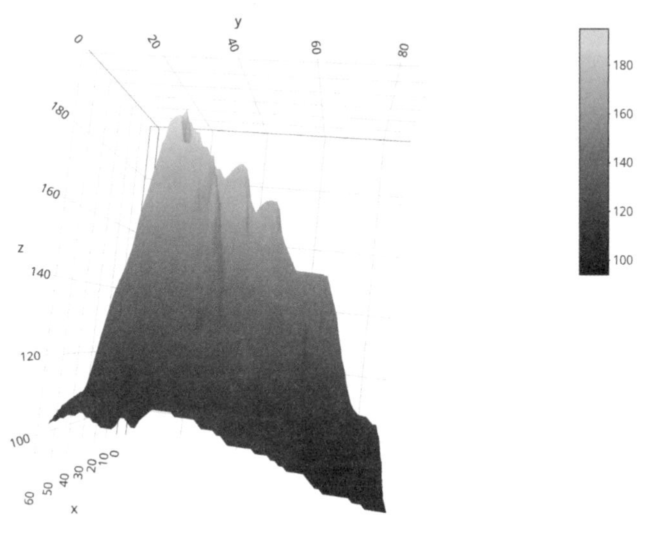


图9-8　伊甸火山3D曲面图

## 9.5 3D网格图

3D网格图是一种用于可视化三维数据的图形，它通常用于显示复杂的表面、曲线或场景。3D网格图示例如图9-9所示。

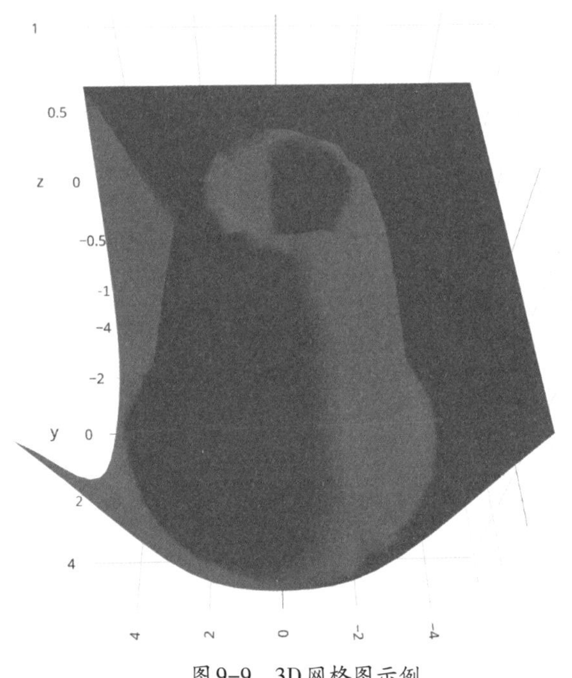


图9-9　3D网格图示例

## 9.5.1 3D网格图与3D曲面图的区别

比较图9-7和图9-9我们会发现3D网格图与3D曲面图非常相似，那么它们有什么区别呢？

（1）3D网格图：

● 数据表示：3D网格图通常表示离散的数据点，这些点位于三维空间中的特定坐标位置。这些坐标点之间通常没有平滑的连接，而是以网格的形式排列在坐标交点上。

● 图形特点：3D网格图呈现的是数据点之间的分布，通常没有平滑的表面。它强调数据点之间的离散性和跃变。

● 应用领域：3D网格图通常用于表示离散的、非连续的数据，适用于地理信息系统中的网格数据、分区数据或分类数据等场景。

（2）3D曲面图：

● 数据表示：3D曲面图通常表示连续的数据分布，其中数据点之间存在平滑的连接，形成一个连续的曲面或表面。

● 图形特点：3D曲面图呈现的是数据的连续性分布，通过平滑的曲面或表面来表示。这种图形类型更适合可视化函数的输出、科学建模、工程分析等领域。

● 应用领域：3D曲面图通常用于表示连续性数据分布，如流体动力学模拟、地质建模、分子建模等需要考虑数据连续性的领域。

总之，3D网格图和3D曲面图的主要区别是数据的离散性和连续性。3D网格图适用于表示离散的、非连续的数据，而3D曲面图适用于表示连续的、平滑的数据分布。选择使用哪种图形类型应根据我们的数据类型和可视化需求来决定。

## 9.5.2 创建3D网格图

在R语言中，我们可以使用plotly包来创建交互式的3D网格图。下面我们通过示例，演示如何创建一个简单的3D网格图。

```
# 安装并加载plotly库
library(plotly)

# 创建网格数据
x <- seq(-5, 5, length.out = 20)
y <- seq(-5, 5, length.out = 20)
z <- outer(x, y, function(x, y) sin(sqrt(x^2 + y^2)))

# 创建三维网格
g <- plot_ly(x = rep(x, each = length(y)),                    ①
             y = rep(y, times = length(x)),
             z = as.vector(z),
             type = "mesh3d")
```

```
# 显示图形
print(g)
```

上述示例代码解释如下。

代码第①行使用plot_ly函数创建了一个3D网格图。参数设置如下。

- x：通过rep函数将x坐标扩展为一个一维向量，以适应plot_ly的要求。
- y：通过rep函数将y坐标扩展为一个一维向量，以适应plot_ly的要求。
- z：通过as.vector函数将z坐标矩阵转换为一维向量，以适应plot_ly的要求。
- type：将图形类型设置为“mesh3d”，表示创建一个3D网格图。

运行这段代码的结果是一个交互式的3D网格图，如图9-9所示。

### 9.5.3 示例：伊甸火山3D网格图

9.4.3小节我们使用3D曲面图可视化分析伊甸火山数据。本小节我们将采用3D网格图可视化分析伊甸火山数据，以展示其地形，具体代码如下。

```
# 加载plotly库
library(plotly)

# 使用内置的volcano数据集
data(volcano)

# 获取数据的维度
dim_x <- ncol(volcano)                    ①
dim_y <- nrow(volcano)                    ②

# 创建x和y坐标
x <- seq(1, dim_x)                        ③
y <- seq(1, dim_y)                        ④

# 创建3D网格
mesh <- expand.grid(x = x, y = y)         ⑤
mesh$z <- as.vector(volcano)              ⑥

# 创建三维网格图
g <- plot_ly(data = mesh, x = ~ x, y = ~ y, z = ~ z, type = "mesh3d")   ⑦

# 设置图形布局
g <- layout(g,                                                          ⑧
            scene = list(
              xaxis = list(title = "x轴"),
              yaxis = list(title = "y轴"),
```

```
            zaxis = list(title = "z 轴")
          )
        )

# 显示图形
print(g)
```

上述示例代码解释如下。

代码第①行获取volcano数据集的列数，即x轴的维度。

代码第②行获取volcano数据集的行数，即y轴的维度。

代码第③行创建了x坐标，从1到dim_x的序列，以匹配数据的列数。

代码第④行创建了y坐标，从1到dim_y的序列，以匹配数据的行数。

代码第⑤行使用expand.grid函数创建了一个网格，将x和y坐标的所有可能组合都列出，并存储在mesh数据框中。

代码第⑥行将volcano数据的高度值（z坐标）转换为一维向量，并将其存储在mesh数据框的z列中。

代码第⑦行使用plot_ly函数创建一个3D网格图。参数设置如下。

- data：指定数据来源，即mesh数据框。
- x、y、z：分别指定x、y和z坐标的数据列。
- type：将图表类型设置为“mesh3d”，表示创建一个3D网格图。

代码第⑧行用于设置图形的布局，包括轴标签和标题。在scene参数中，设置了x轴、y轴和z轴的标题。

运行上述代码生成如图9-10所示的伊甸火山3D网格图。我们可以在图形中旋转、缩放和探索数据，以更好地理解伊甸火山的地形。

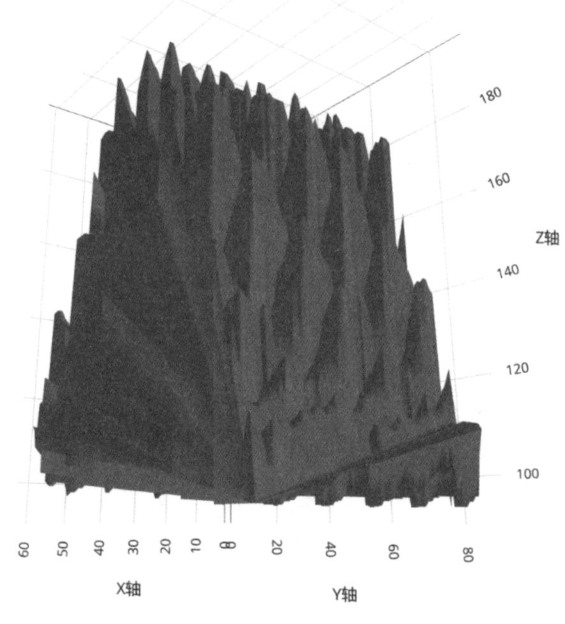


图9-10 伊甸火山3D网格图

## 9.6 本章总结

本章讨论了在R语言中绘制3D图形的方法。我们介绍了不同类型的3D图形，包括3D散点图、3D线图、3D曲面图和3D网格图，并演示了它们的应用。这些图形有助于可视化多维数据，有助于我们深入理解数据。通过示例，我们展示了如何创建这些图形，包括汽车性能数据的3D散点图、鸢尾花数据的3D线图，以及伊甸火山的3D曲面图和3D网格图。

# 第10章 科技数据的地理信息可视化

当我们谈论地理信息可视化时，我们指的是使用图表、地图和可视化工具来呈现地理空间数据的过程。地理信息可视化可以帮助我们更好地理解地理空间的模式、趋势和关联。在R语言中，有许多强大的包和工具，可以帮助我们创建各种类型的地理信息可视化。

## 10.1 地图散点图

地图散点图是一种用于可视化地理数据的图形。它通常用于显示地理坐标点的位置，每个点代表一个地理位置或实体。在R语言中，可以使用不同的包来创建散点图，常用的包是ggplot2。

使用ggplot2包绘制散点图的代码如下。

```
# 导入 ggplot2 包
library(ggplot2)

# 创建一个包含地理坐标的数据框
data <- data.frame(                                                   ①
  City = c("New York", "Los Angeles", "Chicago", "Houston", "Phoenix"),
  Longitude = c(-74.006, -118.243, -87.629, -95.369, -112.074),
  Latitude = c(40.712, 34.052, 41.878, 29.760, 33.448),
  Population = c(8398748, 3990456, 2705994, 2320268, 1680992)
)

# 创建散点图，并添加标签，使用系统默认字体
ggplot(data, aes(x = Longitude, y = Latitude)) +                      ②
  geom_point(aes(size = Population), color = "blue", alpha = 0.6) +   ③
  geom_text(                                                          ④
    aes(label = City),

    size = 3,
    nudge_x = 0.1, nudge_y = 0.1,
    vjust = 0, hjust = 0,
```

```
    family = ""   # 使用系统默认字体
  ) +
  labs(title = "美国城市人口分布散点图") +
  theme_minimal()
```

这段代码的目标是创建一个散点图，其中每个点代表一个城市，其位置由经度和纬度确定，点的大小表示城市的人口数量，点的颜色为蓝色，点的透明度为0.6，并带有城市名称的文本标签。图表的标题是“美国城市人口分布点图”。

上述示例代码解释如下。

代码第①行创建一个包含地理坐标的数据框 (data)。在这个数据框中，包含以下信息。

- City列包含了五个城市（纽约、洛杉矶、芝加哥、休斯顿、凤凰城）。
- Longitude 列包含了这些城市的经度坐标。
- Latitude 列包含了这些城市的纬度坐标。
- Population列包含了这些城市的人口数量。

代码第②行创建了一个ggplot对象，其中 aes() 函数用于指定数据集 (data) 中的经度和纬度列分别对应图表的 x 轴和 y 轴。

代码第③行使用geom_point() 函数添加了一个点图层。在这个图层中，点的大小 (size) 是根据人口数量 (Population) 来映射的，点的颜色 (color) 设置为蓝色，透明度 (alpha) 设置为 0.6。

代码第④行使用 geom_text() 函数添加了文本标签，用于标识每个城市。aes(label = City) 指定了要显示的文本标签来自 City列。size 参数设置了文本标签的大小，nudge_x 和 nudge_y 参数微调了文本标签的位置，vjust 和 hjust 参数设置了文本标签的对齐方式，family 参数被设置为空字符串 ""，表示使用系统默认字体。

运行上述代码，可以创建美国城市人口分布散点图（见图10-1）。

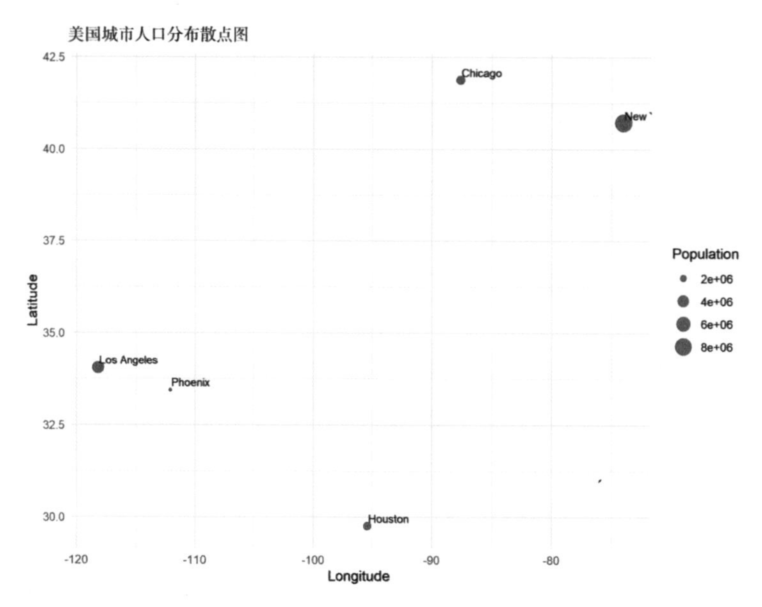


图10-1 美国城市人口分布散点图

# 10.2 添加地图

在图10-1中，我们只可以看见几个标注点，并没有看到地图。这需要我们添加地图，为了添加地图，我们需要使用地图包leaflet或ggmap来绘制地图。这里我们推荐使用leaflet包，其安装指令如下。

```
install.packages("leaflet")
```

加载leaflet包的指令如下。

```
library(ggplot2)
```

示例代码如下。

```
# 导入 ggplot2 包
library(ggplot2)
# 导入 leaflet 包
library(leaflet)
# 创建一个包含地理坐标点的数据框
data <- data.frame(
  City = c("New York", "Los Angeles", "Chicago", "Houston", "Phoenix"),
  Longitude = c(-74.006, -118.243, -87.629, -95.369, -112.074),
  Latitude = c(40.712, 34.052, 41.878, 29.760, 33.448),
  Population = c(8398748, 3990456, 2705994, 2320268, 1680992)
)

# 创建 Leaflet 地图
mymap <- leaflet(data)                                                    ①

# 设置地图的中心和缩放级别
mymap <- setView(mymap, lng = -96.058, lat = 37.874, zoom = 4)            ②
# 添加 OpenStreetMap 作为底图
mymap <- addTiles(mymap)                                                  ③
# 添加地点标记
mymap <- addCircleMarkers(                                                ④
  mymap,
  lng = ~ Longitude,
  lat = ~ Latitude,
  radius = ~ sqrt(Population) / 1000,
  color = "blue",
  fillOpacity = 0.6,
  popup = ~ City
)
```

```
# 显示 Leaflet 地图
print(mymap)
```

上述示例代码解释如下。

代码第①行创建了一个Leaflet地图对象，将数据框 data 与地图关联起来。这里的 data 包含了城市的名称、经度、纬度和人口数据。

代码第②行setView()函数用于设置地图的视图。在这里，我们设置了地图的中心点坐标（经度为−96.058，纬度为37.874）及缩放级别（zoom = 4）。这将决定地图首次加载时的显示区域和缩放级别。

代码第③行addTiles()函数将OpenStreetMap作为底图添加到地图上。这样，我们就会在地图上看到地理特征和道路等信息。

代码第④行addCircleMarkers()函数用于在地图上添加地点标记，这些标记是散点图的一部分。具体设置如下。

- lng 和 lat 参数分别指定了散点的经度和纬度，它们使用了数据框中的 Longitude 和 Latitude 列，因此每个散点标记的位置都由数据框中的坐标确定。
- radius 参数设置了每个散点标记的半径，它使用 sqrt(Population) / 1000 来计算半径，以便根据人口数量调整标记的大小。
- color 参数设置了标记的颜色，这里是蓝色。
- fillOpacity 参数设置了填充透明度，这里是0.6，表示标记的填充颜色是半透明的。
- popup 参数指定了弹出窗口中要显示的信息，这里使用了城市名称 City。

最后，使用print()函数来显示Leaflet地图。这会在R语言中生成一个交互式地图，其中包含了地理坐标点的散点标记。我们可以在地图上单击标记以查看城市名称，并使用地图上的控件进行缩放和导航。

总之，这段代码创建了一个交互式leaflet地图，展示了地理坐标点的分布，并使用不同的设置来自定义地图的外观和交互性。这可以用于可视化地理数据和点的分布。

## 10.3 地图热力图

热力图是一种用于可视化密度分布的数据图形，通常用于展示数据点的密度分布，其中颜色的深浅表示数据点的密度。在地理信息可视化中，热力图经常用来显示地理位置数据的热点分布，如人口密度、犯罪热点、交通流量等。

### 10.3.1 创建地图热力图

要创建地图热力图，可以使用R语言中的leaflet包和leaflet.extras包，这些包可以用于创建交互式地图热力图。

创建地图热力图的具体步骤如下。

（1）通过如下指令安装leaflet和leaflet.extras包。

```
install.packages("leaflet")
install.packages("leaflet.extras")
```

（2）通过如下指令加载这些包。

```
library(leaflet)
library(leaflet.extras)
```

（3）准备数据：我们需要有地理坐标数据（如经度和纬度）以及与这些坐标相关联的值，这些值将决定在地图上的哪些区域显示高度或密度等。

（4）创建leaflet地图对象。

```
myMap <- leaflet()
```

（5）添加地图图层（底图）。

```
myMap <- addTiles(
  myMap,
  urlTemplate = "https://{s}.tile.openstreetmap.org/{z}/{x}/{y}.png",
  attribution = '© <a href="https://www.openstreetmap.org/
copyright">OpenStreetMap</a> contributors'
)
```

其中，urlTemplate参数指定了地图底图图块（tile）的URL模板，决定了如何加载地图的图块。在这里，我们使用的是OpenStreetMap的图块服务，该服务使用了{s}、{z}、{x}和{y}占位符来表示不同的部分，具体说明如下。

- {z}：表示缩放级别（zoom level），它决定了地图的放大程度。不同的缩放级别对应不同的地图图块。在leaflet中，我们可以使用setView()来设置地图的缩放级别。
- {x}：表示水平坐标，它指定了地图图块在x轴上的位置。
- {y}：表示垂直坐标，它指定了地图图块在y轴上的位置。

attribution参数是一个HTML字符串，用于指定地图底图的版权信息。这个字符串会显示在地图的底部，以表明地图数据的版权来源。在这里，我们将版权信息设置为OpenStreetMap，同时提供了一个超链接，用户可以单击超链接以获取更多信息。

（6）添加热力图层。

```
myMap <- addHeatmap(
  map = myMap,
  data = your_data,            # 包含地理坐标和值的数据框
  lat = ~ latitude,            # 数据框中的纬度列
  lng = ~ longitude,           # 数据框中的经度列
  intensity = ~ value,         # 数据框中的值列
  blur = 20,                   # 模糊程度，可根据需要调整
```

```
  max = max(your_data$value)     # 值的最大值，可根据需要调整
)
```

在上述示例代码中，我们首先创建了一个 leaflet 地图对象，然后添加了一个底图图层（通常是 OpenStreetMap 的图块）。接着，我们使用 addHeatmap() 函数将热力图层添加到地图上，其中包括纬度、经度和值的映射。最后，我们可以使用 myMap 对象来显示地图。

## 10.3.2 示例：加利福尼亚州城市人口密度热力图

本案例旨在演示如何使用 R 语言的 leaflet 包创建一个交互式热力图，以可视化加利福尼亚州各城市的人口密度分布。我们加载地理坐标数据和相关的人口数据，然后使用 leaflet 创建一个热力图图层，将城市的人口密度呈现为可视化热力图。用户可以在地图上交互浏览并且深入探索城市的人口密度情况。

该示例数据来自 california_cities.csv 文件（见图 10-2），其中各列说明如下。

- city：城市名称。
- latd：纬度。
- longd：经度。
- elevation_m：海拔高度（米）。
- elevation_ft：海拔高度（英尺）。
- population_total：总人口数。
- area_total_sq_mi：总面积（平方英里）。
- area_land_sq_mi：陆地面积（平方英里）。
- area_water_sq_mi：水域面积（平方英里）。
- area_total_km2：总面积（平方公里）。
- area_land_km2：陆地面积（平方公里）。
- area_water_km2：水域面积（平方公里）。
- area_water_percent：水域面积百分比。

| | A | B | C | D | E | F | G | H | I | J | K | L | M | N | O |
|---|---|---|---|---|---|---|---|---|---|---|---|---|---|---|---|
| 1 | | city | latd | longd | elevation_ | elevation_ | populatio | area_total | area_land | area_wate | area_total | area_land | area_wate | area_water_percent | |
| 2 | 0 | Adelanto | 34.57611 | -117.433 | 875 | 2871 | 31765 | 56.027 | 56.009 | 0.018 | 145.107 | 145.062 | 0.046 | 0.03 | |
| 3 | 1 | AgouraHills | 34.15333 | -118.762 | 281 | 922 | 20330 | 7.822 | 7.793 | 0.029 | 20.26 | 20.184 | 0.076 | 0.37 | |
| 4 | 2 | Alameda | 37.75611 | -122.274 | | 33 | 75467 | 22.96 | 10.611 | 12.349 | 59.465 | 27.482 | 31.983 | 53.79 | |
| 5 | 3 | Albany | 37.88694 | -122.298 | | 43 | 18969 | 5.465 | 1.788 | 3.677 | 14.155 | 4.632 | 9.524 | 67.28 | |
| 6 | 4 | Alhambra | 34.08194 | -118.135 | 150 | 492 | 83089 | 7.632 | 7.631 | 0.001 | 19.766 | 19.763 | 0.003 | 0.01 | |
| 7 | 5 | AlisoViejo | 33.575 | -117.726 | 127 | 417 | 47823 | 7.472 | 7.472 | 0 | 19.352 | 19.352 | 0 | 0 | |
| 8 | 6 | Alturas | 41.48722 | -120.543 | 1332 | 4370 | 2827 | 2.449 | 2.435 | 0.014 | 6.342 | 6.306 | 0.036 | 0.57 | |
| 9 | 7 | AmadorCity | 38.41944 | -120.824 | 280 | 919 | 185 | 0.314 | 0.314 | 0 | 0.813 | 0.813 | 0 | 0 | |
| 10 | 8 | AmericanCanyon | 38.16806 | -122.253 | 14 | 46 | 19454 | 4.845 | 4.837 | 0.008 | 12.548 | 12.527 | 0.021 | 0.17 | |
| 11 | 9 | Anaheim | 33.83611 | -117.89 | 48 | 157 | 336000 | 50.811 | 49.835 | 0.976 | 131.6 | 129.073 | 2.527 | 1.92 | |
| 12 | 10 | Anderson | 40.45222 | -122.297 | 132 | 430 | 9932 | 6.62 | 6.372 | 0.248 | 17.145 | 16.504 | 0.642 | 3.74 | |
| 13 | 11 | AngelsCamp | 38.06833 | -120.54 | 420 | 1378 | 3836 | 3.637 | 3.628 | 0.009 | 9.421 | 9.397 | 0.024 | 0.25 | |
| 14 | 12 | Antioch | 38.005 | -121.806 | 13 | 43 | 107100 | 29.083 | 28.349 | 0.734 | 75.324 | 73.422 | 1.902 | 2.52 | |
| 15 | 13 | AppleValley | 34.51667 | -117.217 | 898 | 2946 | 69135 | 73.523 | 73.193 | 0.33 | 190.426 | 189.57 | 0.856 | 0.45 | |
| 16 | 14 | Arcadia | 34.13278 | -118.036 | 147 | 482 | 56364 | 11.133 | 10.925 | 0.208 | 28.836 | 28.296 | 0.54 | 1.87 | |
| 17 | 15 | Arcata | 40.86639 | -124.083 | | 23 | 17231 | 10.994 | 9.097 | 1.897 | 28.473 | 23.561 | 4.912 | 17.25 | |
| 18 | 16 | ArroyoGrande | 35.12083 | -120.587 | 36 | 118 | 17716 | 5.835 | 5.835 | 0 | 15.113 | 15.113 | 0 | 0 | |
| 19 | 17 | Artesia | 33.86722 | -118.081 | 16 | 52 | 16522 | 1.621 | 1.621 | 0 | 4.197 | 4.197 | 0 | 0 | |

图 10-2 california_cities.csv 文件

具体实现代码如下。

```
# 安装和加载必要的包
library(leaflet)
library(leaflet.extras)

# 读取数据文件
data <- read.csv("data/california_cities.csv")                ①

# 创建 leaflet 地图对象
myMap <- leaflet(data)                                         ②

# 添加地图底图
myMap <- addTiles(                                             ③
  myMap,
  urlTemplate = "https://{s}.tile.openstreetmap.org/{z}/{x}/{y}.png",
  attribution = '© <a href="https://www.openstreetmap.org/
copyright">OpenStreetMap</a> contributors'
)

# 添加热力图层
myMap <- addHeatmap(                                           ④
  map = myMap,
  data = data,
  lat = ~ latd,
  lng = ~ longd,
  intensity = ~ population_total,
  blur = 20,
  max = max(data$population_total)  # 使用数据中的最大人口值
)

# 设置地图视图
myMap <- setView(                                              ⑤
  myMap,
  lat = 36.7783,   # 设置地图的中心纬度
  lng = -119.4179,  # 设置地图的中心经度
  zoom = 6  # 设置初始缩放级别
)
# 显示地图
print(myMap)
```

上述示例代码解释如下。

代码第①行使用 read.csv() 函数从名为“data/california_cities.csv”的 CSV 文件中读取数据，并将

数据存储在一个数据框中，命名为 data。这个数据框包含了有关加利福尼亚州城市的信息，如城市的名称、纬度、经度、人口等。

代码第②行创建一个 leaflet 地图对象 myMap。

代码第③行使用addTiles() 函数，将 OpenStreetMap 的地图底图添加到 myMap 对象中。在这个函数中，我们设置了地图图块的 URL 模板和版权信息。

代码第④行使用 addHeatmap() 函数，将人口密度热力图层添加到 myMap 对象中。这个函数接收数据框(data)、纬度(lat)、经度(lng)、强度(intensity)、模糊度(blur)和最大值(max)参数。热力图的颜色和强度将基于人口数据来呈现。

代码第⑤行使用 setView() 函数，设置地图的中心点坐标(纬度和经度)和初始缩放级别。

最后，使用 print(myMap) 来显示生成的交互式地图热力图。

# 10.4 等值线图

等值线图是一种用来可视化数据的图形，它通过连接具有相同数值的数据点，以创建一系列曲线或线条，来展示数据的分布和变化。这些曲线或线条通常称为等值线或等高线，它们表示相同数值的数据点在图上的位置。

通常，等值线图在地理信息系统、气象学、地质学、工程学和科学研究等领域中有着广泛的使用。

## 10.4.1 创建等值线图

要创建等值线图，可以使用R语言中的 contour() 函数。我们通过以下示例，演示如何创建一个简单的等值线图。

```
# 创建示例数据
x <- seq(-5, 5, length.out = 100)
y <- seq(-5, 5, length.out = 100)
z <- outer(x, y, function(x, y) x^2 + y^2)

# 创建等值线图
contour(x, y, z, main = "简单等值线图", xlab = "x轴", ylab = "y轴", col =
rainbow(20))
```

在上述示例中，我们创建了数据 x、y 和 z。然后，我们使用 contour() 函数来绘制等值线图。参数 x 和 y 是数据的 x 坐标和 y 坐标，参数 z 是数据的数值。main 参数用于设置图表的主标题，xlab 和 ylab 用于设置 x 轴和 y 轴的标签，col 参数用于设置等值线的颜色。

运行上述代码，生成如图 10-3 所示的等值线图。

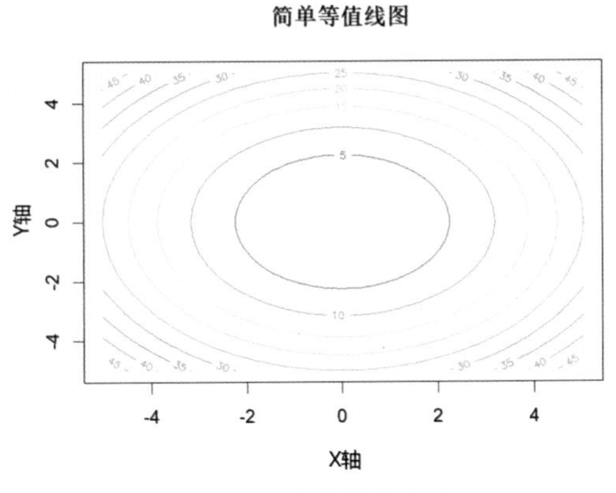


图10-3 简单等值线图

### 10.4.2 示例：绘制伊甸火山地形图的等值线图

我们可以使用volcano数据集来创建等值线图，其中等值线表示相同的高度。我们用以下示例代码，演示如何使用volcano数据集创建伊甸火山地形图的等值线图。

```
# 使用内置的 "volcano" 数据集创建伊甸火山地形图的等值线图
contour(volcano, main = "伊甸火山地形图的等值线图", xlab = "x轴", ylab = "y轴",
col = terrain.colors(20))
```

运行上述代码，生成如图10-4所示的伊甸火山地形图的等值线图，其中颜色表示高度不同的区域，等值线轮廓显示海拔高度的变化。

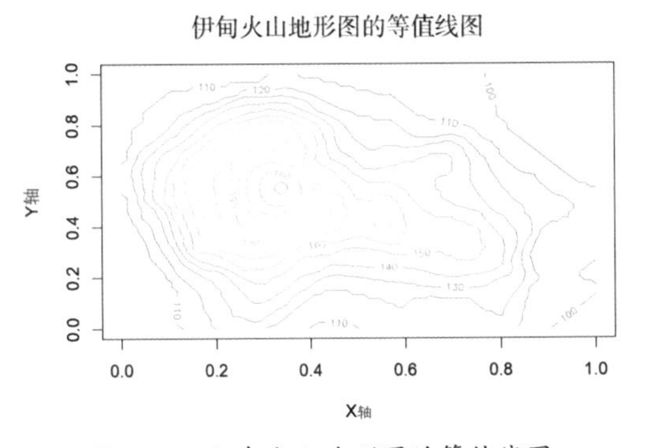


图10-4 伊甸火山地形图的等值线图

## 10.5 本章总结

本章介绍了在R语言中进行地理信息可视化的方法。我们学习了创建地图散点图、添加地图、制作地图热力图和等值线图。通过这些技巧，我们能够更清晰地呈现数据的地理分布和趋势。通过示例，我们展示了如何绘制城市人口密度热力图和伊甸火山地形图的等值线图。

# 第11章 数据学术报告、论文和出版

前文我们已经探讨了R语言在科技数据分析和科技绘图方面的应用，学习了如何使用强大的工具和技术来处理和可视化数据。在本章中，我们将进一步深入讨论如何将我们的数据分析成果有效地传达给其他人，包括学术报告、学术论文及出版科技数据分析结果。

## 11.1 使用R Markdown创建定制化报告

R Markdown提供了一个强大的工具，使数据分析人员能够轻松地撰写数据学术报告。它允许将数据分析结果、代码和文本集成到一个文档中，从而创建详细的、有逻辑的报告。

### 11.1.1 R Markdown简介

R Markdown是一个结合了R编程语言和Markdown文本格式的工具，用于创建可重复生成的动态文档和报告。它允许数据分析师和研究人员将数据分析和可视化、文本说明和报告生成集成到一个文档中，以便轻松分享结果和自动更新报告。

R Markdown具有许多优势，使其成为数据分析、报告撰写和文档化的强大工具。以下是R Markdown的主要优势。

（1）整合性文档：R Markdown允许将文本、代码和输出结果集成到一个文档中。这使得报告和文档包含数据分析、图表和解释性文本，一目了然。

（2）可重现性：R Markdown鼓励可重现的研究。我们可以在文档中嵌入完整的数据分析代码，使其他人能够验证和复制我们的研究结果。

（3）多种输出格式：R Markdown支持将文档导出为多种格式，包括PDF、HTML、Word文档、幻灯片演示等。这使得用户可以根据自己的需要生成不同格式的报告。

（4）动态文档：R Markdown文档是动态的，当数据或代码发生变化时，可以自动更新输出。这使得它非常适合创建数据报告、自动化报告和数据分析工作流程。

（5）易于使用的标记语言：R Markdown使用简单的标记语言，如Markdown，来格式化文本和代码块。这种语法易于学习和使用，无须专业的排版技能。

（6）数据分析与可视化：R Markdown与R语言无缝集成，允许用户在文档中嵌入R代码块，进行数据分析和可视化。报告可以直接显示R代码和输出结果。

（7）自定义样式：用户可以使用CSS样式表来自定义文档的外观和排版，以满足特定的设计需求。

（8）广泛的应用领域：R Markdown广泛用于学术论文、数据科学报告、统计分析、科学研究、数据可视化等领域。

（9）社区支持：R Markdown拥有庞大的用户社区和支持，用户可以获得广泛的资源、示例和帮助。

## 11.1.2 创建R Markdown报告

在创建报告之前，应该保证已经安装了R Markdown包。如果没有安装可以通过如下指令在RStudio等工具的控制台中执行安装。

```
install.packages("rmarkdown")
```

R Markdown安装成功后就可以创建R Markdown文档了，下面我们重点介绍在RStudio中新建R Markdown文档。

创建步骤：在RStudio工具中选择菜单File→New File→R Markdown，然后弹出如图11-1所示的新建R Markdown文档对话框对话框。

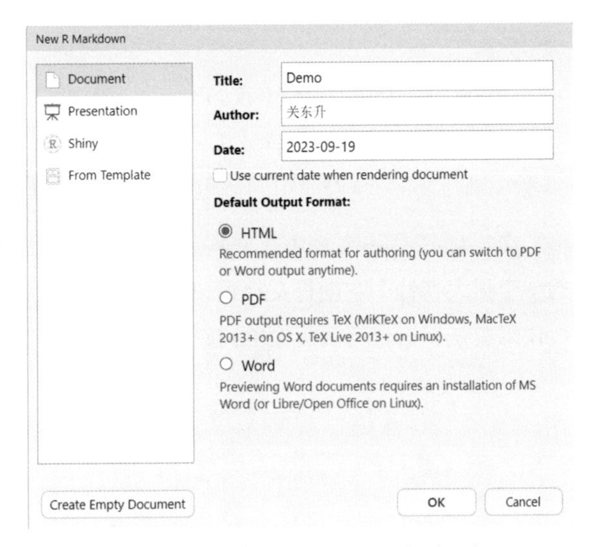


图11-1　新建R Markdown文档对话框

在图11-1所示的对话框中，根据自己的情况输入标题、作者和日期等信息，然后再选择输出格式为默认的HTML，选择完成后单击OK按钮，完成R Markdown文档创建（见图11-2）。创建的文件的后缀是“.Rmd”，读者可以保存该文件，具体过程不再赘述。

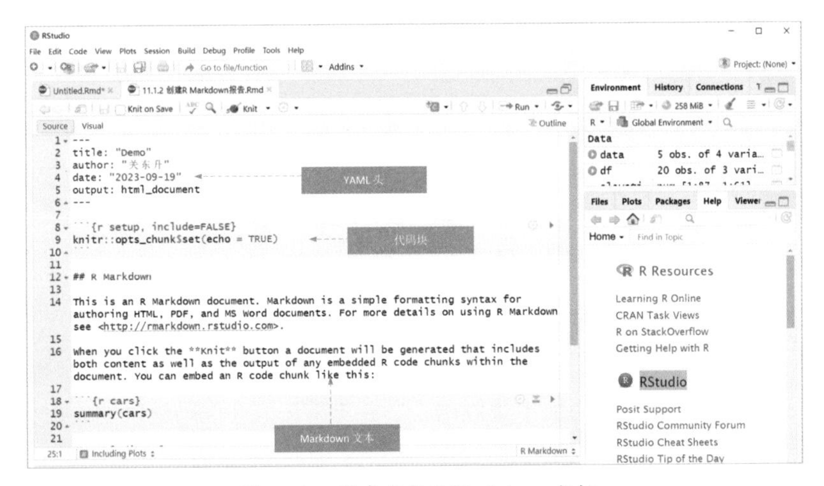


图11-2　创建完成R Markdown文档

从图11-2所示可见，R Markdown文档包含如下三个主要部分。

- YAML 头：位于文档的开头，用于设置文档的元数据和选项，如标题、作者、日期、输出格式等。这些信息在文档渲染时使用。
- Markdown 文本：包含文档的正文内容，Markdown标记语言可用于格式化文本，包括标题、段落、列表、链接等。这是我们编写文档内容的地方。
- 代码块：是R Markdown的核心，它允许我们在文档中嵌入R代码，并执行该代码以生成输出。代码块通常以三个单反引号(```)包围，并指定代码的编程语言（如R或Python）。代码块的输出结果会在文档中显示。

**提示** ⚠

YAML（YAML Ain't Markup Language）通常出现在R Markdown文档的开头，用于指定文档的元数据和选项。它是一种轻量级的文本格式，用于配置文档的属性和格式。在R Markdown文档中，YAML通常以三个短横线（---）开头和结束，并包含一些键值对。

在R Markdown文档中代码块是可以执行的，并将执行这些代码块结果输出。这是R Markdown的一个强大特性，它使得文档可以包含数据分析和可视化，同时保持文本和代码之间的一致性。执行代码块是单击代码块后面的▶按钮实现的，文档执行代码块如图11-3所示。

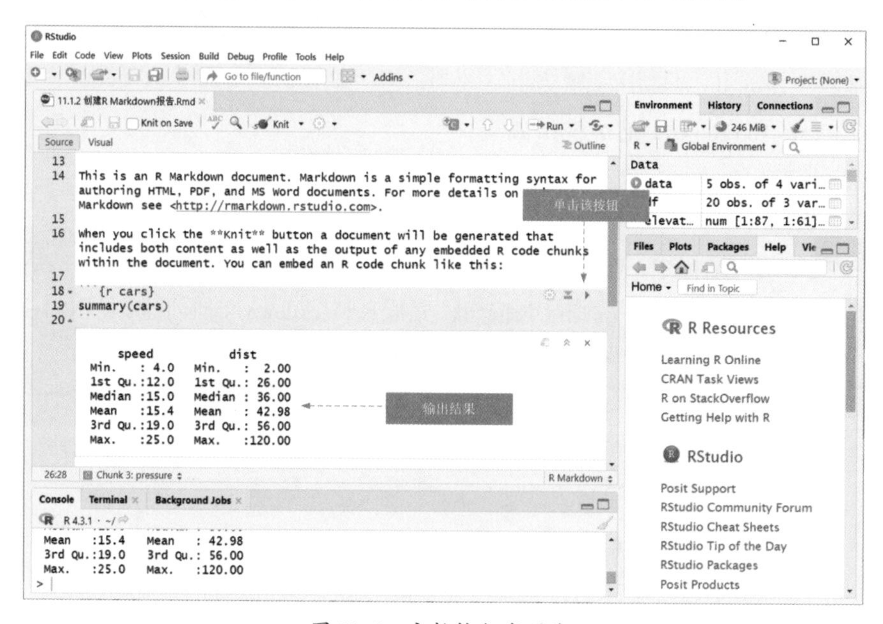


图11-3 文档执行代码块

## 11.1.3 R Markdown基本语法

R Markdown使用Markdown作为文本排版语言，并支持嵌入R代码块以创建可交互的文档。以下是R Markdown的一些基本语法示例。

**❶ 标题**

Markdown使用“#”来表示标题的级别，Markdown语法中提供了六级标题，允许多个#的嵌套，注意#后面要有个空格，然后才是标题内容，如下所示。

```
# 一级标题
## 二级标题
### 三级标题
#### 四级标题
##### 五级标题
###### 六级标题
```

我们可以使用“Ctrl + Shift + F4”快捷键将上述Markdown代码切换到预览模式，会看到如图11-4所示的Markdown标题预览效果。

**❷ 列表**

无序列表可以使用“-”或“*”作为列表标记，有序列表则使用数字加“.”来表示，注意“-”或“*”后面也要有个空格，如下所示。

```
- 无序列表项 1
- 无序列表项 2
- 无序列表项 3

1. 有序列表项 1
2. 有序列表项 2
3. 有序列表项 3
```

将上述Markdown代码切换到预览模式，会看到如图11-5所示的Markdown列表预览效果。

图 11-4　Markdown 标题预览效果

图 11-5　Markdown 列表预览效果

**❸ 引用**

使用“>”符号表示引用，注意“>”后面也要有一个空格，如下所示。

```
> 这是一段引用文本。
> 这是一段引用文本。
> 这是一段引用文本。
> 这是一段引用文本。
```

将上述Markdown代码切换到预览模式，会看到如图11-6所示的Markdown引用预览效果。

❹ **粗体和斜体**

使用“**”包围文本来表示粗体，使用“*”包围文本来表示斜体，注意“**”或“*”后面也要有个空格，如下所示。

```
这是 ** 粗体 ** 文本，这是 * 斜体 * 文本。
```

将上述Markdown代码切换到预览模式，会看到如图11-7所示的Markdown粗体和斜体预览效果。

> 这是一段引用文本。
> 这是一段引用文本。
> 这是一段引用文本。
> 这是一段引用文本。

图11-6 Markdown引用预览效果

这是**粗体**文本，这是*斜体*文本。

图11-7 Markdown粗体和斜体预览效果

❺ **图片**

Markdown图片语法如下。

```
![图片 alt](图片链接 "图片 title")
```

示例代码如下。

```
![AI 生成图片](./images/deepmind-mbq0qL3ynMs-unsplash.jpg "这是 AI 生成的图片。")
```

将上述Markdown代码切换到预览模式，会看到如图11-8所示的Markdown图片预览效果。

图11-8 Markdown图片预览效果

❻ **代码块**

R Markdown支持在文档中嵌入不同语言的代码块。主要的代码块类型如下。

- R代码块：使用```{r}在R Markdown中嵌入R代码。
- Python代码块：使用```{python}在文档中嵌入Python代码。
- SQL代码块：使用```{sql}嵌入SQL语句。
- Bash代码块：使用```{bash}嵌入Linux/Bash命令。
- LaTeX数学公式代码块：使用```{latex}插入LaTeX数学公式。

另外，代码的结尾是```。

代码块的示例代码如下。

```
## 示例 R 代码块
```

~~~~
```{r}
# 这是一个 R 代码块
x <- 1:10
x_squared <- x^2
x_squared

```

## 示例 Python 代码块

```{python}
# 这是一个 Python 代码块
x = list(range(1, 11))
x_squared = [i ** 2 for i in x]
x_squared

```
~~~~

将上述Markdown代码切换到预览模式，会看到如图11-9所示的Markdown代码块预览效果。

图11-9 Markdown 代码块预览效果

**❼ 脚注**

在R Markdown中，我们可以使用脚注为文档中的特定文本添加注释或额外的信息。以下是如何在R Markdown中创建脚注的示例代码。

```
这是一些正文文本 [^1]。

这是另一些正文文本 [^2]。

[^1]: 这是脚注 1 的内容。
[^2]: 这是脚注 2 的内容。
```

将上述Markdown代码切换到预览模式，会看到如图11-10所示的Markdown脚注预览效果。

这是一些正文文本[1]。

这是另一些正文文本[2]。

1. 这是脚注1的内容。↩
2. 这是脚注2的内容。↩

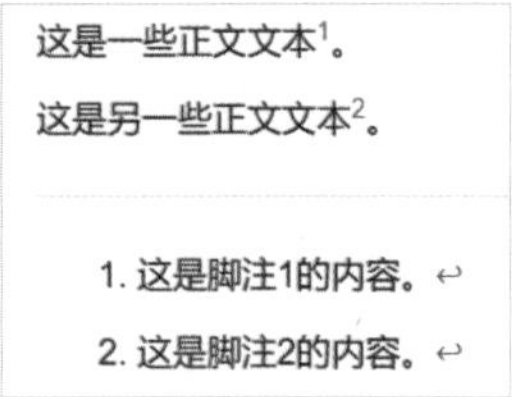

图11-10　Markdown脚注预览效果

### ❽ 添加表格

在R Markdown中，我们可以使用表格来展示数据和信息。R Markdown支持多种方式来创建表格，其中最常用的方法是使用Markdown语法或R代码块生成表格。以下是两种创建表格的方法。

（1）使用Markdown语法创建表格。我们可以使用Markdown语法手动创建简单的表格。以下是一个使用Markdown语法生成表格的示例。

```
| 姓名      | 年龄 | 职业    |
|---------|-----|---------|
| Alice   | 30  | 工程师   |
| Bob     | 28  | 设计师   |
| Charlie | 35  | 分析师   |
```

在上面的示例中，使用“|”符号来分隔表格的列，使用“-”符号来创建表头下方的分隔线。生成的表格将根据Markdown语法呈现为HTML、PDF或其他输出格式的表格。

（2）使用R代码块生成表格。我们使用R代码块来生成表格，将其嵌入R Markdown文档中。以下是一个使用R代码块生成表格的示例。

```
```{r}
# 创建一个示例数据框
data <- data.frame(
  姓名 = c("Alice", "Bob", "Charlie"),
  年龄 = c(30, 28, 35),
  职业 = c("工程师", "设计师", "分析师")
)

# 输出表格
knitr::kable(data)
```

在上面的示例中，使用R代码块创建了一个数据框，并使用knitr::kable()函数将数据框转换为表格。当我们编译R Markdown文档时，生成的表格将被嵌入文档中。

将上述Markdown代码切换到预览模式，会看到如图11-11所示的Markdown添加表格预览效果。

| 姓名 | 年龄 | 职业 |
|---|---|---|
| Alice | 30 | 工程师 |
| Bob | 28 | 设计师 |
| Charlie | 35 | 分析师 |

图11-11　Markdown添加表格预览效果
```

### 11.1.4 输出定制化报告

R Markdown允许我们根据不同的输出格式生成各种类型的报告和文档。以下是一些常见的定制化报告类型。

#### ❶ HTML 报告

HTML报告是一种常见的输出格式，适用于在Web浏览器中查看和分享。我们可以使用以下YAML头部来生成HTML报告，示例代码如下。

```
---
title: "HTML 报告示例 "
output: html_document
---

# 此处添加文档内容
```

如果想生成输出HTML报告，可以使用“Ctrl + Shift + K”快捷键，在当前目录下生成如图11-12所示的“11.1.4-输出定制化报告.html”文件。

图 11-12 “11.1.4-输出定制化报告.html”文件

#### ❷ PDF 报告

如果我们需要生成可打印的PDF格式的报告，可以在YAML头部添加如下代码。

```
---
title: 你的文档标题
output:
  pdf_document:
    latex_engine: xelatex
mainfont: 微软雅黑
---

# 此处添加文档内容
```

上述示例代码解释如下。

- title: 设置文档标题。
- output: pdf_document：是输出选项的开始标记，表示接下来的配置选项将用于生成PDF文档。
- latex_engine: xelatex：指定了用于排版生成PDF文档的LaTeX引擎。在这里，xelatex 是选择

的引擎，它支持Unicode字符和复杂字体布局，非常适用于多语言文档。

- mainfont: 微软雅黑：指定了文档中使用的主要字体。在这里，微软雅黑字体被指定为主要字体。这意味着生成的PDF文档将使用微软雅黑字体来排版文本内容。

提示

xelatex是一个排版引擎，使用该引擎我们需要安装 LaTeX 发行版，其中包括了 xelatex。LaTeX 是一种用于排版和生成高质量文档的排版系统。

如果我们希望在R语言中安装LaTeX，可以使用TinyTeX在R语言中运行以下命令来安装。

```
install.packages("tinytex")
tinytex::install_tinytex()
tinytex::install_tinytex(extra_packages = "pdflatex")
```

使用“Ctrl + Shift + K”快捷键，在当前目录下生成如图11-13所示的“11.1.4-输出定制化报告.pdf”文件。

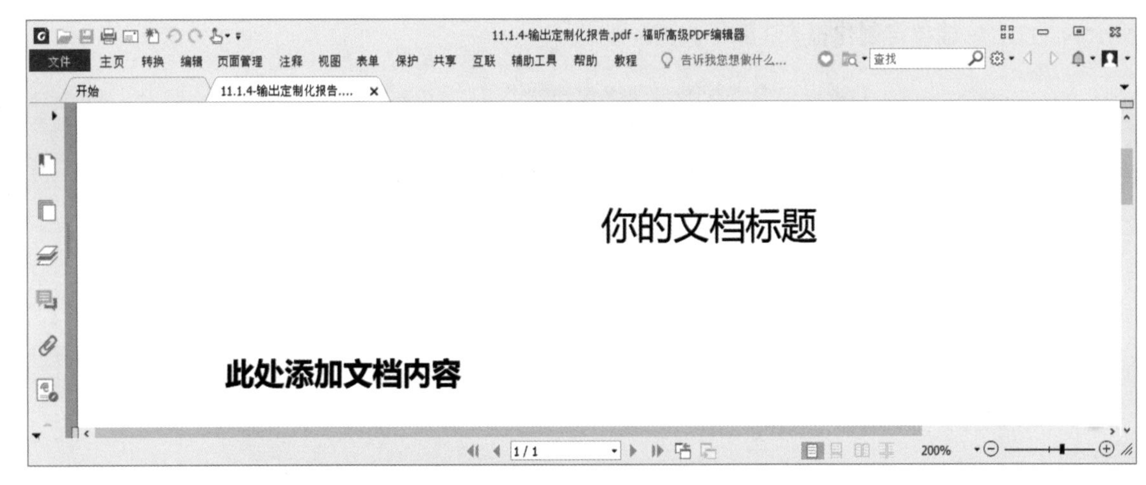


图 11-13 “11.1.4-输出定制化报告.pdf”文件

### ❸ Word 报告

R Markdown还支持生成Microsoft Word格式的报告。可以使用以下YAML头部来生成Word报告。

```
---
title: "Word 报告示例 "
output: word_document
---

# 此处添加文档内容
```

使用“Ctrl + Shift + K”快捷键，在当前目录下生成如图11-14所示的“11.1.4-输出定制化报告.docx”文件。

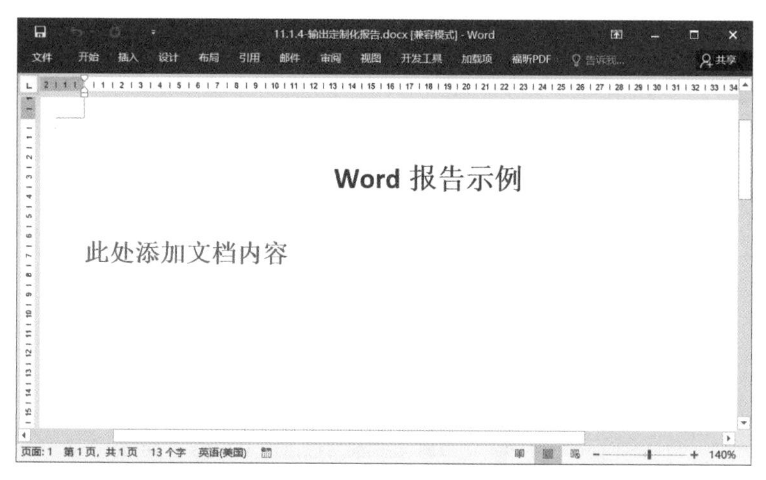


图 11-14 “11.1.4-输出定制化报告.docx”文件

### ❹ Beamer 演示文稿

Beamer是一种用于创建演示文稿和幻灯片的LaTeX文档类。使用Beamer，可以创建具有专业外观的演示文稿，包括标题页、多个幻灯片、文本、图像、表格、数学公式等。

注意这里的幻灯片不是Microsoft PowerPoint而是PDF文件。

如果我们希望创建Beamer演示文稿，可以使用Beamer文档类生成幻灯片演示文稿，示例代码如下。

````
---
title: "Beamer 演示文稿示例 "
output:
  beamer_presentation:
    theme: "default"
    fonttheme: "professionalfonts"   # 使用专业字体主题
    latex_engine: xelatex
mainfont: 微软雅黑
---

# 第 1 张幻灯片
```{r cars}
summary(cars)
```
---

# 第 2 张幻灯片
```{r pressure, echo=FALSE}
plot(pressure)
```
````

使用“Ctrl + Shift + K”快捷键，在当前目录下生成如图11-15所示的“11.1.4-输出定制化报告.pdf”文件。

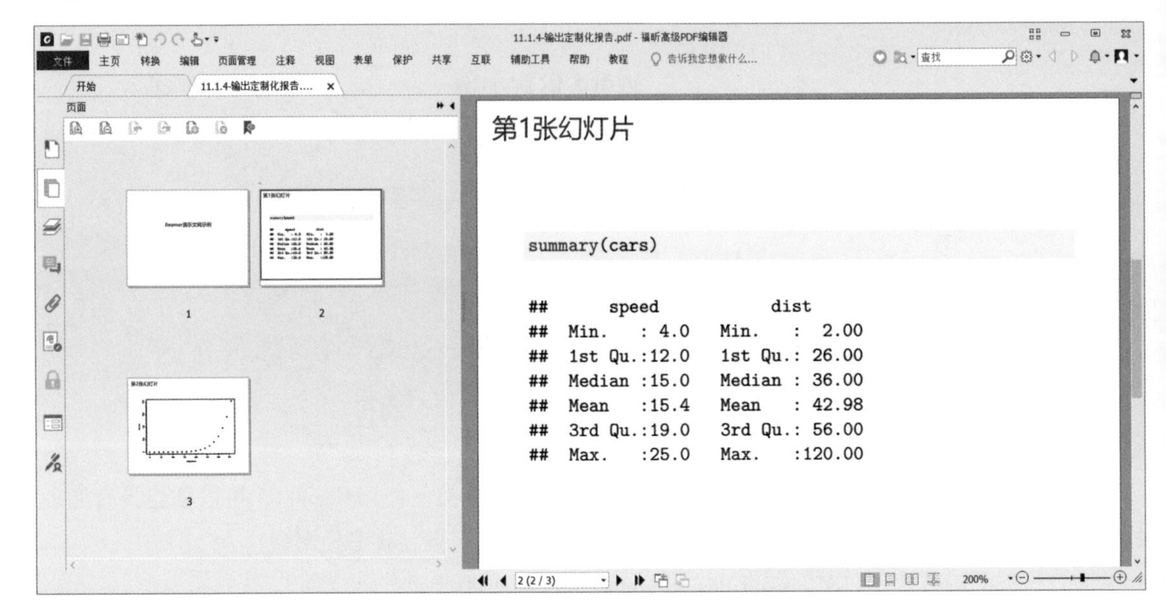


图11-15 “11.1.4-输出定制化报告.pdf”文件

# 11.2 使用ChatGPT工具辅助制作报告

在这一部分，我们将探讨如何使用人工智能工具（如ChatGPT）来辅助报告的制作和优化，包括与ChatGPT对话，制作思维导图、表格、自动化Excel和PPT演示文稿。

本节我们重点介绍使用ChatGPT辅助制作思维导图及电子表格。

## 11.2.1 使用ChatGPT制作思维导图

### ❶ 思维导图在数据学术报告中的作用

思维导图是一种用于组织和表示概念及其关系的图表工具。它由一个中心主题发散出相关的分支主题，层层递进，直观地呈现思路和逻辑关系。

在数据学术报告中，使用思维导图有以下作用。

（1）梳理报告逻辑结构：思维导图可以直观地展示报告的主要章节和内容，梳理报告的逻辑顺序，对报告内容建立层级关系。

（2）明确重点内容：通过思维导图上的主题和子主题层级，可以明确报告要表达的核心观点和重点内容。

（3）构建报告框架：思维导图构建的结构可以直接转换为报告的框架，如各章节标题等。

（4）统整研究素材：将读到的文献、数据结果等素材以节点的形式添加到思维导图，统整归纳研究内容。

（5）识别逻辑漏洞：检查思维导图的连续性，识别报告逻辑的不完整之处。

（6）加强团队协作：在团队报告写作中，可以使用思维导图进行头脑风暴和构建报告框架。

（7）清晰展示：在报告演示时，可以使用思维导图更清晰地展示报告的主要内容和结构。

总之，思维导图是一个很好的制作报告工具，恰当使用可以大大提高报告写作的质量。

### ❷ 绘制思维导图

思维导图可以手绘或使用电子工具创建。当使用电子工具创建时，常使用专业的软件或在线工具，如MindManager、XMind、Google Drawings、Lucidchart等。这些工具提供了丰富的绘图功能和模板库，可以帮助读者快速创建各种类型的思维导图。

如图11-16所示的是XMind绘制的思维导图。

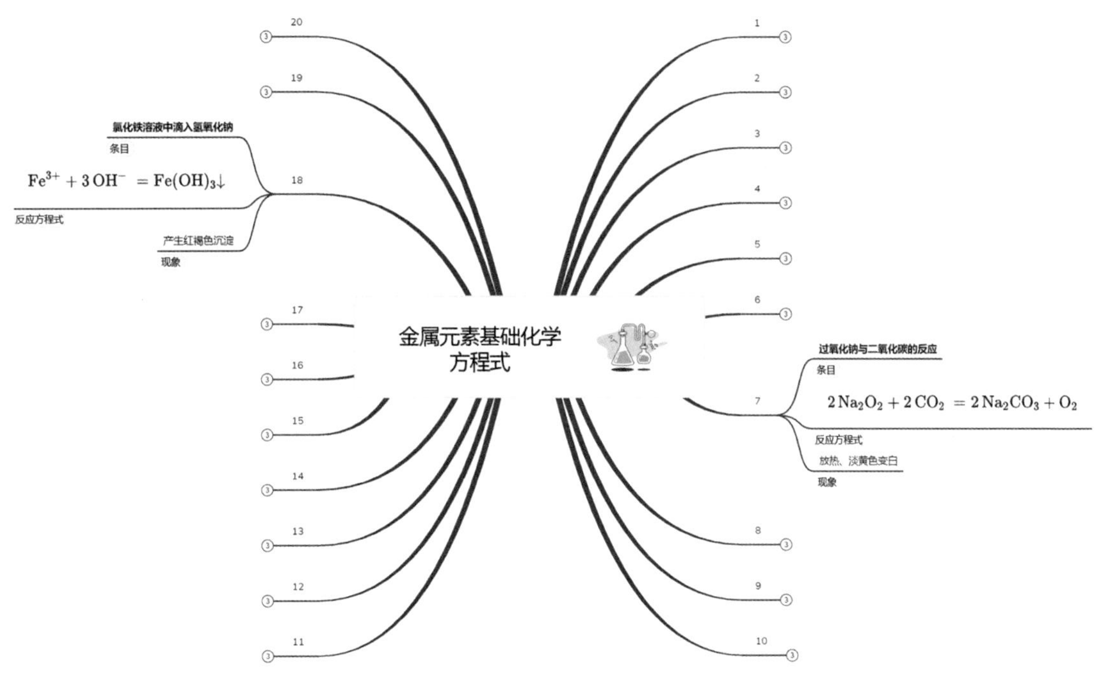


图 11-16　XMind绘制的思维导图

### ❸ 使用 ChatGPT 绘制思维导图

ChatGPT是一种自然语言处理模型，它并不具备直接绘制思维导图的能力，但是可以通过如下方法实现。

方法1：通过ChatGPT生成Markdown代码描述的思维导图，然后再使用一些思维导图工具从Markdown格式文件导入。

方法2：使用ChatGPT通过文本的绘图语言PlantUML或Mermaid绘制思维导图，如图11-17所示的是使用PlantUML绘制的简单的思维导图。

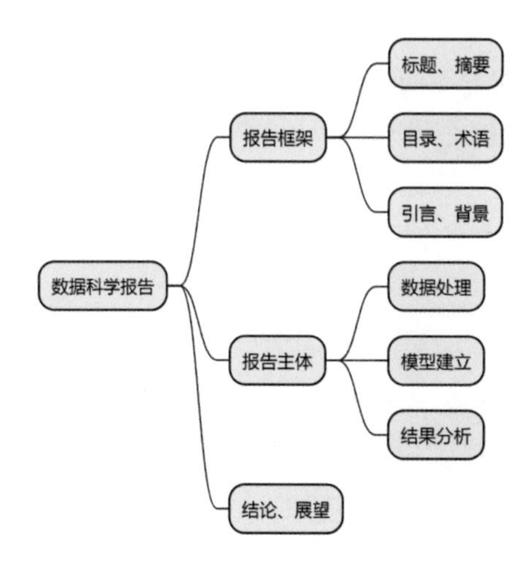


图11-17　使用PlantUML绘制的简单的思维导图

**❹ 示例：使用Markdown绘制“基于机器学习的信用评分模型研究”思维导图**

下面通过一个示例给大家介绍如何使用Markdown借助ChatGPT绘制思维导图。

**示例背景：**

标题：基于机器学习的信用评分模型研究

摘要：本研究构建了多个机器学习模型来预测个人信用评分，使用German Credit数据集，经过数据预处理，建立了逻辑回归、随机森林和神经网络模型，并进行了模型评估和比较，结果显示集成学习模型效果最优。

关键词：信用评分、机器学习、逻辑回归、随机森林、神经网络

1. 引言
- 研究背景和意义
- 相关工作综述
- 本文研究内容和贡献

2. 数据与方法
- German Credit数据集介绍
- 数据预处理流程
- 模型选择和评估指标

3. 模型建立与比较
- 逻辑回归模型
- 随机森林模型
- 神经网络模型
- 模型评估指标比较

4. 结果分析
- 不同模型效果可视化

- 特征重要性分析
- 案例预测和错误分析

5. 结论与展望

- 研究工作总结
- 局限性和未来工作

以上构成了一个典型的数据分析学术报告的框架，可以根据实际情况进行调整和修改。

我们向ChatGPT发送如下提问。

有如下论文背景，返回Markdown代码文档，注意主题层次关系。

标题：基于机器学习的信用评分模型研究

摘要：本研究构建了多个机器学习模型来预测个人信用评分，使用German Credit数据集，经过数据预处理，建立了逻辑回归、随机森林和神经网络模型，并进行了模型评估和比较，结果显示集成学习模型效果最优。

关键词：信用评分、机器学习、逻辑回归、随机森林、神经网络

1. 引言

- 研究背景和意义
- 相关工作综述
- 本文研究内容和贡献

2. 数据与方法

- German Credit数据集介绍
- 数据预处理流程
- 模型选择和评估指标

3. 模型建立与比较

- 逻辑回归模型
- 随机森林模型
- 神经网络模型
- 模型评估指标比较

4. 结果分析

- 不同模型效果可视化
- 特征重要性分析
- 案例预测和错误分析

5. 结论与展望

- 研究工作总结
- 局限性和未来工作

ChatGPT回答:

以下是你提供的论文背景信息的Markdown代码文档，注意主题层次关系。

# 基于机器学习的信用评分模型研究

## 摘要

本研究构建了多个机器学习模型来预测个人信用评分，使用German Credit数据集，经过数据预处理，建立了逻辑回归、随机森林和神经网络模型，并进行了模型评估和比较，结果显示集成学习模型效果最优。

## 关键词

信用评分、机器学习、逻辑回归、随机森林、神经网络

## 1. 引言

### 1.1 研究背景和意义
### 1.2 相关工作综述
### 1.3 本文研究内容和贡献

## 2. 数据与方法

### 2.1 German Credit数据集介绍
### 2.2 数据预处理流程
### 2.3 模型选择和评估指标

## 3. 模型建立与比较

### 3.1 逻辑回归模型
### 3.2 随机森林模型
### 3.3 神经网络模型
### 3.4 模型评估指标比较

## 4. 结果分析

### 4.1 不同模型效果可视化
### 4.2 特征重要性分析

```
### 4.3 案例预测和错误分析

## 5. 结论与展望

### 5.1 研究工作总结
### 5.2 局限性和未来工作
```

将上述Markdown代码复制到文本编辑工具中，并保存为“基于机器学习的信用评分模型研究.md”文件。

由于XMind工具提供了从Markdown 文件导入的功能，可以使用XMind工具导入这个刚刚生成的Markdown 文件。

导入过程是打开XMind工具，通过菜单“文件”→“导入于”→Markdown，弹出导入文件对话框，选择要导入的XMind文件。如果导入成功则得到如图11-18所示的导入Markdown文件的思维导图。

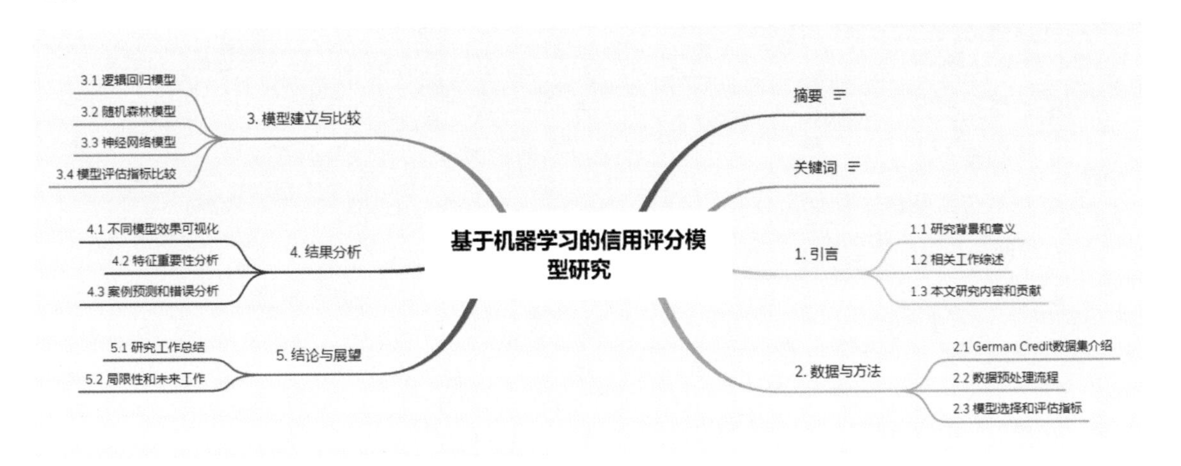


图11-18　导入Markdown文件的思维导图

**❺ 示例：使用 PlantUML 绘制“基于机器学习的信用评分模型研究”思维导图**

下面通过一个示例给大家介绍如何使用PlantUML绘制思维导图，该示例背景还是前面的“基于机器学习的信用评分模型研究”。

我们向ChatGPT发送以下请求消息。

有如下论文背景，帮我使用PlantUML绘制思维导图，注意主题层次关系。

标题：基于机器学习的信用评分模型研究

摘要：本研究构建了多个机器学习模型来预测个人信用评分，使用German Credit数据集，经过数据预处理，建立了逻辑回归、随机森林和神经网络模型，并进行了模型评估和比较，结果显示集成学习模型效果最优。

关键词：信用评分、机器学习、逻辑回归、随机森林、神经网络

1. 引言
- 研究背景和意义
- 相关工作综述
- 本文研究内容和贡献

2. 数据与方法
- German Credit数据集介绍
- 数据预处理流程
- 模型选择和评估指标

3. 模型建立与比较
- 逻辑回归模型
- 随机森林模型
- 神经网络模型
- 模型评估指标比较

4. 结果分析
- 不同模型效果可视化
- 特征重要性分析
- 案例预测和错误分析

5. 结论与展望
- 研究工作总结
- 局限性和未来工作

ChatGPT回答:

好的，根据你提供的论文背景，我使用PlantUML绘制了对应的思维导图。

```
plantuml
@startmindmap
* 基于机器学习的信用评分模型研究
** 引言
*** 研究背景和意义
*** 相关工作综述
*** 本文研究内容和贡献
** 数据与方法
*** German Credit数据集介绍
*** 数据预处理流程
*** 模型选择与评估指标
```

```
** 模型建立与比较
*** 逻辑回归模型
*** 随机森林模型
*** 神经网络模型
*** 模型评估指标比较
** 结果分析
*** 不同模型效果可视化
*** 特征重要性分析
*** 案例预测与错误分析
** 结论与展望
*** 研究工作总结
*** 局限性与未来工作
@endmindmap
```

将上述代码复制粘贴到PlantUML渲染工具。在线渲染工具如图11-19所示。

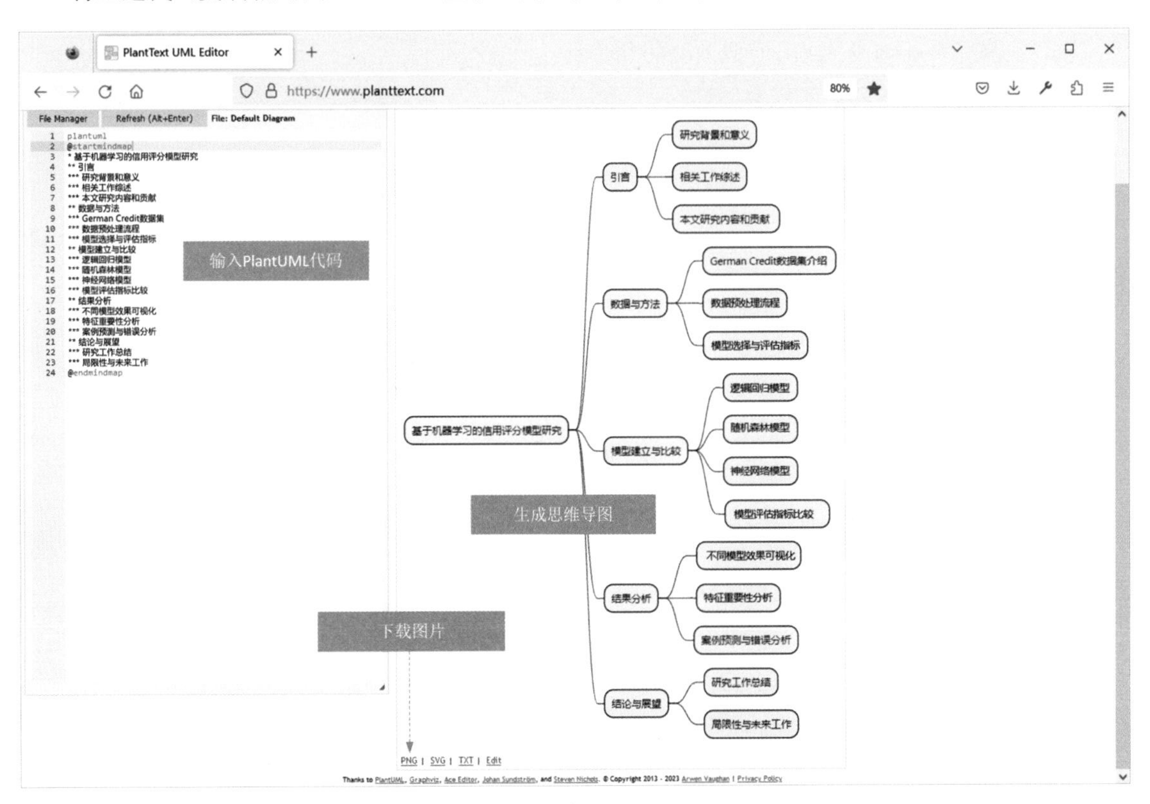


图 11-19　在线渲染工具

渲染完成后可以下载图片，渲染完成后的思维导图如图11-20所示。

### 11.2.2 使用ChatGPT制作电子表格

**❶ 表格在学术报告中的作用**

学术报告中使用表格可以更好地展示结构化的数据信息，常见的表格用法如下。

（1）数据集基本信息表：显示所使用数据集的名称、来源、样本量、特征个数等基本信息。

（2）数据预处理表：记录在数据准备阶段进行的缺失值处理、异常值处理、特征工程等预处理步骤。

（3）模型评估指标表：按模型展示各项评估指标的值，如精确率、召回率、F1分数等。

（4）模型训练参数表：记录不同模型的训练参数设定，如迭代次数、学习率等。

（5）特征重要性表：展示不同特征在模型中的重要性排名。

（6）预测结果示例表：给出模型预测的几个具体样本，对比真实标签和预测标签。

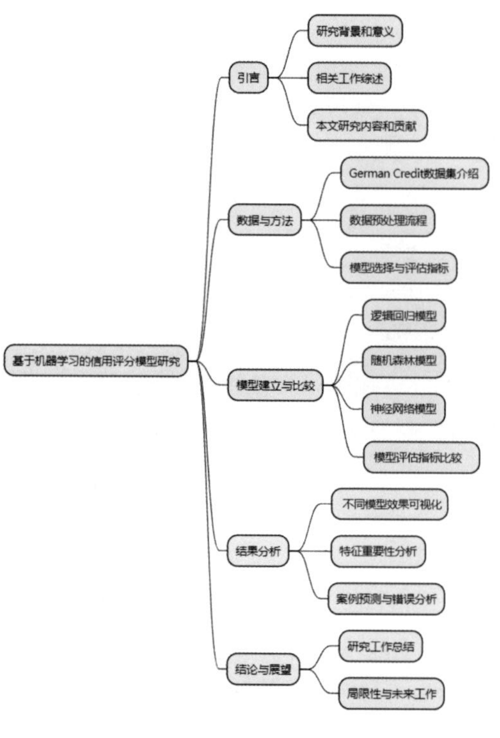


图11-20　渲染完成后的思维导图

（7）术语定义表：解析报告中使用的主要术语和概念。

（8）参考文献表：以序号排列出报告引用的所有参考文献。

注意需要根据报告的具体内容，选择适当的表格类型进行展示，并关注表格的清晰和美观。表格需要配有题注进行解释。

下面我们通过示例介绍如何使用ChatGPT制作两种电子表格：用Markdown代码表示的电子表格、用CSV表示的电子表格。

**❷ 示例：“模型评估指标比较”Markdown 表格**

下面通过一个示例介绍如何使用ChatGPT辅助制作Markdown表格。

**背景：**

在研究中，我们评估了不同机器学习模型在特定任务上的性能。该任务涉及对某一问题的解决，这些模型在解决问题时可能表现出不同的性能。

我们列出了不同机器学习模型的性能指标，包括准确率、精确率、召回率和F1值。这些指标是用于评估每个模型在某个任务上的性能的关键度量标准。

逻辑回归模型具有0.789的准确率、0.824的精确率、0.811的召回率和0.817的F1值。

决策树模型的性能稍低，准确率为0.701，精确率为0.726，召回率为0.688，F1值为0.707。

随机森林模型表现出色，准确率为0.805，精确率为0.819，召回率为0.798，F1值为0.808。

SVM（支持向量）模型在准确率方面表现稳定，为0.798，但精确率和召回率略低，分别为0.763和0.762，F1值为0.763。

神经网络模型具有0.812的准确率，0.801的精确率，0.824的召回率和0.812的F1值。

这些性能指标可以帮助我们比较不同模型在任务中的效果，从而根据具体需求选择最适合的模型。

我们向ChatGPT发送以下请求消息。

根据如下内容帮我制作“模型评估指标比较”Markdown表格。

在研究中，我们评估了不同机器学习模型在特定任务上的性能。该任务涉及对某一问题的解决，这些模型在解决问题时可能表现出不同的性能。

我们列出了不同机器学习模型的性能指标，包括准确率、精确率、召回率和F1值。这些指标是用于评估每个模型在某个任务上的性能的关键度量标准。

逻辑回归模型具有0.789的准确率、0.824的精确率、0.811的召回率和0.817的F1值。

决策树模型的性能稍低，准确率为0.701，精确率为0.726，召回率为0.688，F1值为0.707。

随机森林模型表现出色，准确率为0.805，精确率为0.819，召回率为0.798，F1值为0.808。

SVM（支持向量）模型在准确率方面表现稳定，为0.798，但精确率和召回率略低，分别为0.763和0.762，F1值为0.763。

神经网络模型具有0.812的准确率，0.801的精确率，0.824的召回率和0.812的F1值。

这些性能指标可以帮助我们比较不同模型在任务中的效果，从而根据具体需求选择最适合的模型。

ChatGPT回答：

好的，根据你提供的内容，我生成了下面的“模型评估指标比较”Markdown表格。

```
| 模型 | 准确率 | 精确率 | 召回率 | F1值 |
|-|-|-|-|-|
| 逻辑回归 | 0.789 | 0.824 | 0.811 | 0.817 |
| 决策树 | 0.701 | 0.726 | 0.688 | 0.707 |
| 随机森林 | 0.805 | 0.819 | 0.798 | 0.808 |
| SVM（支持向量）| 0.798 | 0.763 | 0.762 | 0.763 |
| 神经网络 | 0.812 | 0.801 | 0.824 | 0.812 |
```

将上述代码复制粘贴并保存为“模型评估指标比较.md”文件，然后使用Markdown工具预览。Markdown 预览效果如图11-21所示。

| 模型 | 准确率 | 精确率 | 召回率 | F1值 |
|---|---|---|---|---|
| 逻辑回归 | 0.789 | 0.824 | 0.811 | 0.817 |
| 决策树 | 0.701 | 0.726 | 0.688 | 0.707 |
| 随机森林 | 0.805 | 0.819 | 0.798 | 0.808 |
| SVM（支持向量） | 0.798 | 0.763 | 0.762 | 0.763 |
| 神经网络 | 0.812 | 0.801 | 0.824 | 0.812 |

图 11-21　Markdown 预览效果

**❸ 示例：模型评估指标比较 CSV 表格**

接下来我们让ChatGPT返回CSV电子表格。

提示

CSV，全称是Comma-Separated Values，即逗号分隔值的文本文件的电子表格。CSV文件可以被许多应用程序读取和编辑，如Microsoft Excel、Google Sheets等。每行表示一行记录，每个字段之间用逗号分隔。通常第一行包含表头，其余的行包含数据。

利用ChatGPT制作“模型评估指标比较”CSV表格的实现过程如下。

我们向ChatGPT发送以下请求消息。

根据如下内容帮我制作“模型评估指标比较”CSV表格。

在研究中，我们评估了不同机器学习模型在特定任务上的性能。该任务涉及对某一问题的解决，这些模型在解决问题时可能表现出不同的性能。

我们列出了不同机器学习模型的性能指标，包括准确率、精确率、召回率和F1值。这些指标是用于评估每个模型在某个任务上的性能的关键度量标准。

逻辑回归模型具有0.789的准确率、0.824的精确率、0.811的召回率和0.817的F1值。

决策树模型的性能稍低，准确率为0.701，精确率为0.726，召回率为0.688，F1值为0.707。

随机森林模型表现出色，准确率为0.805，精确率为0.819，召回率为0.798，F1值为0.808。

SVM（支持向量）模型在准确率方面表现稳定，为0.798，但精确率和召回率略低，分别为0.763和0.762，F1值为0.763。

神经网络模型具有0.812的准确率，0.801的精确率，0.824的召回率和0.812的F1值。

这些性能指标可以帮助我们比较不同模型在任务中的效果，从而根据具体需求选择最适合的模型。

ChatGPT回答：

好的，根据你提供的内容，我生成了下面的“模型评估指标比较”CSV表格。

模型,准确率,精确率,召回率,F1值
逻辑回归,0.789,0.824,0.811,0.817
决策树,0.701,0.726,0.688,0.707
随机森林,0.805,0.819,0.798,0.808
SVM（支持向量）,0.798,0.763,0.762,0.763
神经网络,0.812,0.801,0.824,0.812

CSV文件是文本文件，因此可以使用任何的文本编辑工具进行编辑。在记事本中编辑CSV文件如图11-22所示。

然后将文件保存为“模型评估指标比较.csv”文件格式。保存CSV文件如图11-23所示，注意编码要选择为ANSI。

```
模型,准确率,精确率,召回率,F1值
逻辑回归,0.789,0.824,0.811,0.817
决策树,0.701,0.726,0.688,0.707
随机森林,0.805,0.819,0.798,0.808
SVM（支持向量),0.798,0.763,0.762,0.763
神经网络,0.812,0.801,0.824,0.812
```

图 11-22　在记事本中编辑CSV文件

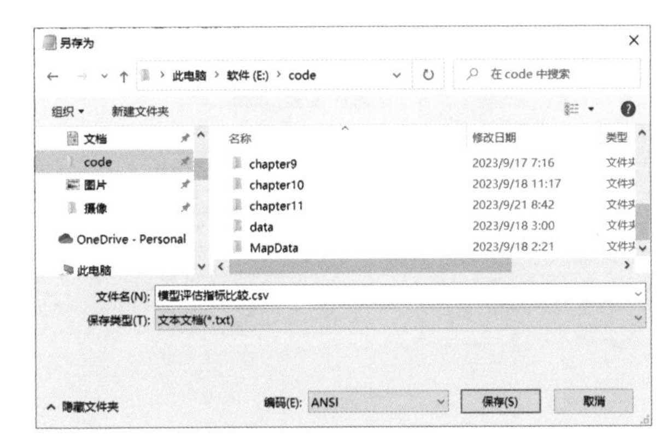


图 11-23　保存CSV文件

保存好CSV文件之后，我们可以使用Excel和WPS等Office工具将其打开。使用Excel打开CSV文件如图11-24所示。

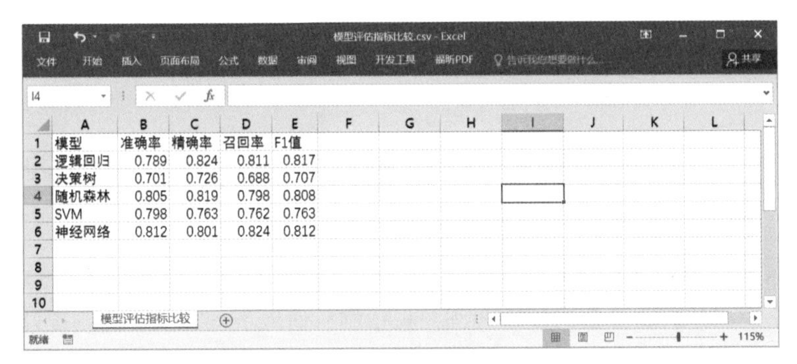

| 模型 | 准确率 | 精确率 | 召回率 | F1值 |
|---|---|---|---|---|
| 逻辑回归 | 0.789 | 0.824 | 0.811 | 0.817 |
| 决策树 | 0.701 | 0.726 | 0.688 | 0.707 |
| 随机森林 | 0.805 | 0.819 | 0.798 | 0.808 |
| SVM | 0.798 | 0.763 | 0.762 | 0.763 |
| 神经网络 | 0.812 | 0.801 | 0.824 | 0.812 |

图 11-24　使用Excel打开CSV文件

## 11.3 本章总结

本章着重介绍了如何运用R Markdown和ChatGPT工具来创建高度定制化的数据学术报告、学术论文和出版物。我们学习了R Markdown的基本语法和创建报告的步骤，以及如何输出格式化精美的报告。同时，我们学习了如何手动和利用ChatGPT绘制思维导图，以及如何制作电子表格。这一章的内容有助于数据科学家和研究人员更有效地传达和分享他们的工作成果。

# 第12章 实战训练营

本章将为广大读者提供真实世界的数据分析实践机会，让读者能够运用R语言的数据分析和可视化技能应对各种挑战。

在这个实战训练营中，我们将深入研究两个精心挑选的案例研究，它们代表了不同领域的实际问题。通过这些案例，读者将学会如何应用R语言的强大功能来处理数据、分析趋势、进行统计检验和创建令人信服的可视化。

## 12.1 案例1：*t*检验法评估X药品治疗效果对比分析

这个案例将教会我们如何在R语言中执行*t*检验，评估药物治疗效果，并进行结果的解释和可视化呈现。它是一个典型的实际数据分析案例，将帮助科研人员理解如何应用统计方法来解决医疗领域的问题。

（1）背景：

在本案例中，我们将探讨一种新药（称为X药）的治疗效果。我们希望确定这种新药是否在患者的治疗中表现出显著的效果，以及与对照组相比是否有统计学上的差异。

（2）目标：

- 评估X药在治疗组中的平均治疗效果。
- 与对照组进行比较，判断治疗组是否显著优于对照组。
- 使用*t*检验法来进行统计检验，确定差异是否显著。

（3）案例实现步骤：

- 数据准备；
- 假设检验；
- 结果解释；
- 可视化。

### 12.1.1 步骤1：数据准备

我们获取的数据是clinical_trial_data.csv文件，clinical_trial_data.csv文件部分内容如图12-1所示，

注意该文件字符集编码为GBK。

该文件中包含三个关键列，它们的说明如下。

● Patient_ID（患者ID）：这一列包含了患者的唯一标识符，每个患者都有一个单独的ID。

● Treatment_Group（治疗组）：这一列指示了每位患者所属的治疗组。有两个可能的取值，即“治疗组”和“对照组”，表示患者随机分配到这两个不同的治疗组中。

● Treatment_Effect（治疗效果）：这一列包含了与每位患者相关的治疗效果数据。治疗效果通常是一个数值，用于衡量治疗对患者的影响。正值表示治疗效果的增加，负值表示治疗无效。

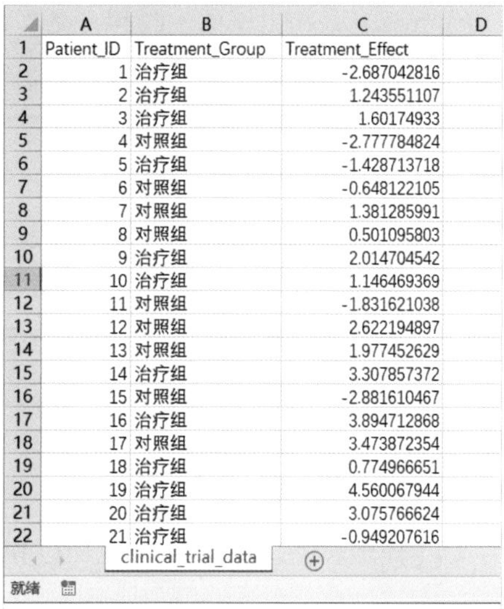

|  | A | B | C | D |
|---|---|---|---|---|
| 1 | Patient_ID | Treatment_Group | Treatment_Effect |  |
| 2 | 1 | 治疗组 | -2.687042816 |  |
| 3 | 2 | 治疗组 | 1.243551107 |  |
| 4 | 3 | 治疗组 | 1.60174933 |  |
| 5 | 4 | 对照组 | -2.777784824 |  |
| 6 | 5 | 治疗组 | -1.428713718 |  |
| 7 | 6 | 对照组 | -0.648122105 |  |
| 8 | 7 | 对照组 | 1.381285991 |  |
| 9 | 8 | 对照组 | 0.501095803 |  |
| 10 | 9 | 治疗组 | 2.014704542 |  |
| 11 | 10 | 治疗组 | 1.146469369 |  |
| 12 | 11 | 对照组 | -1.831621038 |  |
| 13 | 12 | 对照组 | 2.622194897 |  |
| 14 | 13 | 对照组 | 1.977452629 |  |
| 15 | 14 | 治疗组 | 3.307857372 |  |
| 16 | 15 | 对照组 | -2.881610467 |  |
| 17 | 16 | 治疗组 | 3.894712868 |  |
| 18 | 17 | 对照组 | 3.473872354 |  |
| 19 | 18 | 治疗组 | 0.774966651 |  |
| 20 | 19 | 治疗组 | 4.560067944 |  |
| 21 | 20 | 治疗组 | 3.075766624 |  |
| 22 | 21 | 治疗组 | -0.949207616 |  |

clinical_trial_data

就绪

图 12-1　clinical_trial_data.csv 文件部分内容

读取clinical_trial_data.csv文件的代码如下。

```
# 设置新的工作目录路径
new_dir <- "E:/code/"
setwd(new_dir)

# 使用 read.csv() 函数读取 CSV 文件，指定文件编码为 GBK
clinical_data <- read.csv("data/clinical_trial_data.csv", fileEncoding = "GBK")

# 查看数据的前几行
head(clinical_data)
```

上述示例代码运行结果如下。

```
  Patient_ID  Treatment_Group  Treatment_Effect
1          1           治疗组      -2.687042816
2          2           治疗组       1.243551107
3          3           治疗组        1.60174933
4          4           对照组      -2.777784824
5          5           治疗组      -1.428713718
6          6           对照组      -0.648122105
```

## 12.1.2 步骤2：假设检验

假设检验是统计学中一种常用的推断性统计方法，用于评估关于总体或总体参数的统计假设是否成立。它帮助我们通过样本数据来做出关于总体的推断，判断某种效应是否存在，并在统计显著性水平上进行判断。

本案例我们采用$t$检验法。$t$检验是一种统计假设检验方法，用于比较两组数据的均值是否存在显著差异。它最初由威廉・西利・戈塞特（William Sealy Gosset）开发，也被称为“学生$t$检验”，因为高斯特使用了化名“学生”（Student）。

$t$检验通常用于以下情况。

（1）比较两个样本的均值：当我们有两组数据，想知道它们的均值是否有显著差异时，可以使用$t$检验。

（2）确定一个样本的均值是否显著不同于已知的理论值：我们可以使用$t$检验来验证一个样本的均值是否与某个理论值或已知的参考值存在显著性差异。

$t$检验的基本思想是通过比较样本均值与样本标准误差之间的比值（$t$值）来评估均值之间的差异是否显著。

$t$检验的步骤如下。

（1）提出假设：建立零假设（H0）和备择假设（H1），其中H0表示没有显著差异，H1表示存在显著差异。

（2）计算$t$值：通过将样本均值之差除以标准误差来计算$t$值。$t$值表示观察到的差异相对于样本误差的大小。

（3）计算自由度：自由度用于确定$t$分布的形状。它取决于样本大小和研究设计。

（4）计算$p$值：使用$t$值和自由度计算出$p$值，$p$值表示观察到的差异在零假设下出现的概率。较小的$p$值表示较强的证据支持备择假设。

（5）做出决策：根据$p$值与显著性水平的比较，可以决定是否拒绝零假设。如果$p$值小于显著性水平（通常为0.05），则拒绝零假设，认为存在显著差异。

$t$检验可以应用于许多领域，包括医学、社会科学、自然科学等，以评估两组数据之间的差异是否具有统计学意义。它是一种常见的统计工具，常用于研究和决策分析中。

以下是进行假设检验（$t$检验）的R代码，用于比较治疗组和对照组的平均治疗效果是否存在显著差异。

```
# 按治疗组分割数据
treatment_group <- clinical_data$Treatment_Group                          ①
treatment_effect <- clinical_data$Treatment_Effect                        ②

# 计算治疗组和对照组的平均治疗效果
mean_treatment <- mean(treatment_effect[treatment_group == "治疗组"])     ③
mean_control <- mean(treatment_effect[treatment_group == "对照组"])       ④

# 进行假设检验（t 检验）来评估治疗效果
t_test_result <- t.test(treatment_effect[treatment_group == "治疗组"],
treatment_effect[treatment_group == "对照组"])                             ⑤

# 打印结果
cat("治疗组的平均治疗效果：", mean_treatment, "\n")
```

```
cat(" 对照组的平均治疗效果: ", mean_control, "\n")
cat("t 检验结果: ", "\n")
print(t_test_result)
```

上述示例代码解释如下。

代码第①行和第②行从clinical_data数据框中提取出治疗组（Treatment_Group）和治疗效果（Treatment_Effect）这两列数据，并将它们存储在名为treatment_group和treatment_effect的变量中，以便后续分析使用。

代码第③行计算了治疗组的平均治疗效果。它使用了条件索引，只选择了治疗组的数据进行平均值计算，并将结果存储在mean_treatment变量中。

代码第④行计算了对照组的平均治疗效果，并将结果存储在mean_control变量中。

代码第⑤行执行了$t$检验（假设检验），比较了治疗组和对照组的平均治疗效果是否存在显著差异。t.test()函数接收两个样本，分别是治疗组和对照组的治疗效果数据。它会计算t值、自由度（df）、p-value等统计信息。

这段代码的主要目的是进行$t$检验，比较两组数据的平均值是否存在显著差异，并将结果打印到控制台中，以帮助判断治疗效果是否显著。

上述示例代码运行结果如下。

```
治疗组的平均治疗效果:  0.48645789
对照组的平均治疗效果:  -0.08402643
t 检验结果:


   Welch Two Sample t-test

data:  treatment_effect[treatment_group == " 治疗组 "] and treatment_effect
[treatment_group == " 对照组 "]
t = 1.4722, df = 97.994, p-value = 0.1442
alternative hypothesis: true difference in means is not equal to 0
95 percent confidence interval:
 -0.1984911  1.3394598
sample estimates:
  mean of x   mean of y
 0.48645789 -0.08402643
```

### 12.1.3 步骤3：结果解释

在进行$t$检验后，我们会得到一些统计信息，包括$t$值、自由度（df）、$p$值等，它们的解释如下。

● $t$值（t-statistic）：是用来衡量两组数据均值之间差异的统计量。它的绝对值越大，表示两组数据的均值差异越显著。在$t$检验中，我们关注$t$值的绝对值。

● 自由度（Degrees of Freedom，df）：是用来确定$t$分布的参数之一。它的值取决于样本大小和假设检验的类型。在$t$检验中，自由度通常等于两个样本的大小之和减去2（df = n1 + n2 − 2），其中n1和n2分别是两个样本的大小。

● p-value（$p$值）：是一个非常重要的统计指标，用于判断假设检验的结果是否显著。它表示在零假设成立的情况下，观察到样本数据或更极端情况的概率。通常，如果$p$值小于预先设定的显著性水平（通常是0.05或0.01），则我们拒绝零假设，认为两组数据的均值存在显著差异。如果$p$值大于显著性水平，则我们接受零假设，认为没有显著差异。

对步骤2的运行结果解释如下。

（1）治疗组的平均治疗效果是0.48645789：表示在治疗组中的患者的平均治疗效果是0.48645789。

（2）对照组的平均治疗效果是-0.08402643：表示在对照组中的患者的平均治疗效果是-0.08402643。可以看出，治疗组的平均治疗效果略高于对照组。

（3）$t$检验结果。

● Welch Two Sample t-test：是进行的$t$检验的类型，通常用于比较两组样本的均值差异。

● data：说明进行$t$检验的数据是治疗组和对照组的治疗效果。

● t = 1.4722：是计算出的$t$值，用来衡量两组数据均值的差异。在这个例子中，$t$值为1.4722。

● df = 97.994：是自由度，用来确定$t$分布的参数之一。自由度通常等于两个样本的大小之和减去2，这里是97.994。

● p-value = 0.1442：是$p$值，表示在零假设成立的情况下，观察到样本数据或更极端情况的概率。在这个例子中，$p$值为0.1442，大于通常的显著性水平0.05，说明没有足够的证据来拒绝零假设。

● alternative hypothesis: true difference in means is not equal to 0：是备择假设，表示我们关注的是两组均值是否不等于0，即是否存在显著差异。

● 95 percent confidence interval：是95%置信区间，用于估计两组均值差异的范围。在这个例子中，置信区间为-0.1984911～1.3394598，包含了0，说明差异不显著。

● sample estimates：这里给出了每组样本的均值估计。治疗组的均值估计为0.48645789，对照组的均值估计为-0.08402643。

综合解释，根据$t$检验的结果，$p$值大于显著性水平（0.1442 > 0.05），因此我们没有足够的证据拒绝零假设，即两组数据的均值差异不显著。这意味着在这个临床试验中，治疗组和对照组之间的平均治疗效果没有统计学上的显著差异。

### 12.1.4 步骤4：可视化

通过可视化方式呈现分析结果，以便更好地理解和传达研究的结论。在这个案例中，由于我们进行了$t$检验比较两个组的治疗效果，可视化可以帮助我们更清晰地展示结果。

我们可以使用柱状图或箱线图来比较治疗组和对照组的治疗效果分布。这些图可以帮助科研人员直观地看到两组数据的差异。

以下是可能用于可视化治疗组和对照组治疗效果分布的示例代码，使用了ggplot2包进行绘图。请注意，这些代码只是示例，读者可以根据需要进行自定义和扩展。

具体实现代码如下。

```
# 创建柱状图
ggplot(data, aes(x = Treatment_Group, y = Treatment_Effect, fill = Treatment_
Group)) +
  geom_bar(stat = "summary", fun = "mean", position = "dodge") +
  labs(x = " 组别 ", y = " 平均治疗效果 ", fill = " 组别 ") +
  ggtitle(" 治疗组和对照组治疗效果对比 ") +
  theme_minimal()

# 创建箱线图
ggplot(data, aes(x = Treatment_Group, y = Treatment_Effect, fill = Treatment_
Group)) +
  geom_boxplot() +
  labs(x = " 组别 ", y = " 治疗效果 ", fill = " 组别 ") +
  ggtitle(" 治疗组和对照组治疗效果分布对比 ") +
  theme_minimal()
```

上述代码中，第一个示例代码绘制了一个治疗组和对照组治疗效果对比柱状图（见图12-2），显示了治疗组和对照组的平均治疗效果，并使用颜色区分了两个组。第二个示例代码绘制了一个治疗组和对照组治疗效果分布对比箱线图（见图12-3），显示了治疗组和对照组治疗效果的分布情况。

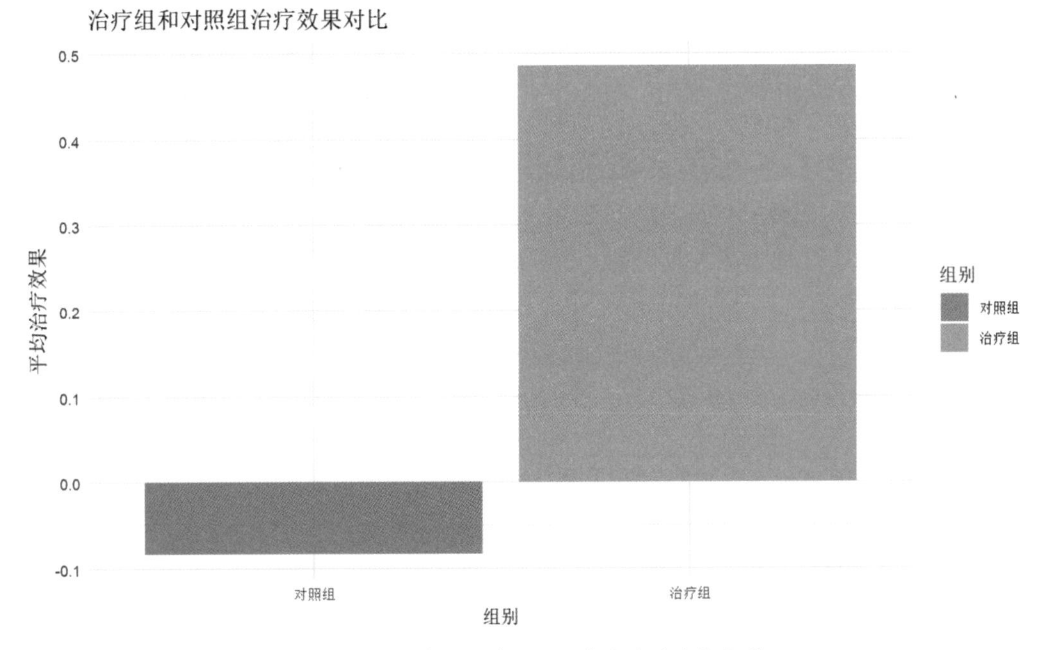


图12-2　治疗组和对照组治疗效果对比柱状图

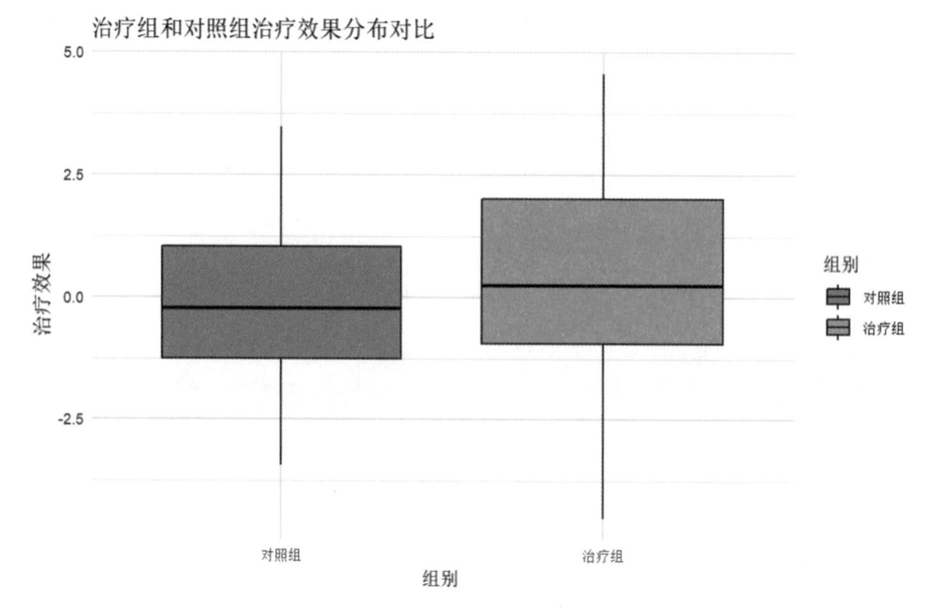


图12-3 治疗组和对照组治疗效果分布对比箱线图

读者可以根据需要进一步自定义这些图形，添加标签、颜色、图例等，以便更好地呈现分析结果。此外，读者还可以使用R Markdown等工具将这些图形整合到一个可视化报告中。

## 12.2 案例2：采用MA分析苹果公司股票的价格走势

下面我们通过一个具体案例介绍如何使用时间序列的MA方法分析苹果公司股票的价格走势。

（1）案例背景：

苹果公司是全球知名的科技公司之一，其股票一直备受投资者和分析师的关注。投资者想通过苹果公司股票的价格走势，从而了解公司在股市中的表现。在这个案例中，我们将使用苹果公司的历史股票价格数据，采用移动平均（MA）方法来分析其股票价格走势。我们的目标是找出价格趋势，以帮助投资者做出更明智的决策。

（2）数据来源：

我们将使用苹果公司的历史股票价格数据，这些数据可以从金融数据提供商或股票交易所网站获得。数据包括日期和当日的股票价格。

（3）分析目标：

- 了解苹果公司股票的价格走势，包括是否存在上升、下降或横盘的趋势。
- 利用移动平均方法来平滑价格数据，以更清晰地显示趋势。
- 通过分析价格趋势，帮助投资者做出关于苹果公司股票的投资决策。

（4）分析工具：

我们将使用R语言进行数据分析和可视化。R语言提供了丰富的数据分析和绘图工具，适用于股票价格走势分析。

（5）案例实现步骤：

- 数据准备；
- 清洗数据；
- 计算移动平均；
- 使用移动平均线分析苹果公司股票价格的趋势。

## 12.2.1 步骤1：数据准备

我们获取的数据是AAPL.csv文件。AAPL.csv文件部分内容如图12-4所示。

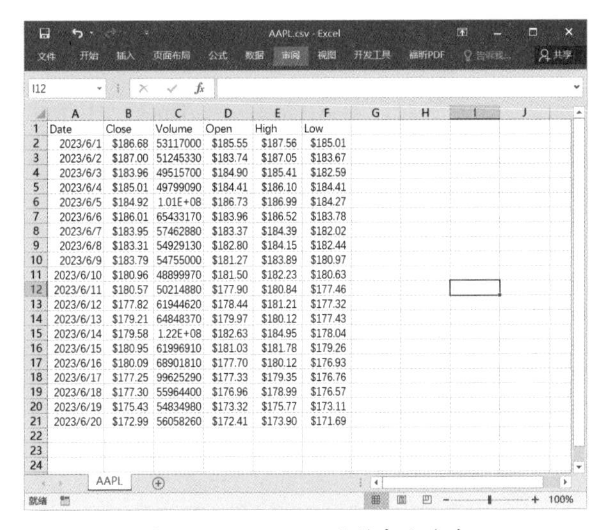

| Date | Close | Volume | Open | High | Low |
|---|---|---|---|---|---|
| 2023/6/1 | $186.68 | 53117000 | $185.55 | $187.56 | $185.01 |
| 2023/6/2 | $187.00 | 51245330 | $183.74 | $187.05 | $183.67 |
| 2023/6/3 | $183.96 | 49515700 | $184.90 | $185.41 | $182.59 |
| 2023/6/4 | $185.01 | 49799090 | $184.41 | $186.10 | $184.41 |
| 2023/6/5 | $184.92 | 1.01E+08 | $186.73 | $186.99 | $184.27 |
| 2023/6/6 | $186.01 | 65433170 | $183.96 | $186.52 | $183.78 |
| 2023/6/7 | $183.95 | 57462880 | $183.37 | $184.39 | $182.02 |
| 2023/6/8 | $183.31 | 54929130 | $182.80 | $184.15 | $182.44 |
| 2023/6/9 | $183.79 | 54755000 | $181.27 | $183.89 | $180.97 |
| 2023/6/10 | $180.96 | 48899970 | $181.50 | $182.23 | $180.63 |
| 2023/6/11 | $180.57 | 50214880 | $177.90 | $180.84 | $177.46 |
| 2023/6/12 | $177.82 | 61944620 | $178.44 | $181.21 | $177.32 |
| 2023/6/13 | $179.21 | 64848370 | $179.97 | $180.12 | $177.43 |
| 2023/6/14 | $179.58 | 1.22E+08 | $182.63 | $184.95 | $178.04 |
| 2023/6/15 | $180.95 | 61996910 | $181.03 | $181.78 | $179.26 |
| 2023/6/16 | $180.09 | 68901810 | $177.70 | $180.12 | $176.93 |
| 2023/6/17 | $177.25 | 99625290 | $177.33 | $179.35 | $176.76 |
| 2023/6/18 | $177.30 | 55964400 | $176.96 | $178.99 | $176.57 |
| 2023/6/19 | $175.43 | 54834980 | $173.32 | $175.77 | $173.11 |
| 2023/6/20 | $172.99 | 56058260 | $172.41 | $173.90 | $171.69 |

图12-4　AAPL.csv文件部分内容

提供的数据包括苹果公司股票的历史价格数据，数据包含下列信息。

- Date（日期）：显示了每个数据点的日期。这是股票价格的交易日期。
- Close（收盘价）：是指股票在交易日结束时的最后成交价格。
- Volume（交易量）：是指在交易日内完成的股票交易数量。它表示股票的流动性和交易活跃度。
- Open（开盘价）：是指股票在交易日开始时的第一个成交价格。
- High（最高价）：是指股票在交易日内达到的最高成交价格。
- Low（最低价）：是指股票在交易日内跌至的最低成交价格。

读取股票数据的代码如下。

```
# 设置工作目录
setwd("E:/code/")
# 读取CSV文件
stock_data <- read.csv("data/AAPL.csv")

# 查看前六行数据
```

```
head(stock_data)
```

上述示例代码运行结果如下。

```
       Date    Close    Volume     Open     High      Low
1 2023-6-1  $186.68  53117000  $185.55  $187.56  $185.01
2 2023-6-2  $187.00  51245330  $183.74  $187.05  $183.67
3 2023-6-3  $183.96  49515700  $184.90  $185.41  $182.59
4 2023-6-4  $185.01  49799090  $184.41  $186.10  $184.41
5 2023-6-5  $184.92 101256200  $186.73  $186.99  $184.27
6 2023-6-6  $186.01  65433170  $183.96  $186.52  $183.78
```

## 12.2.2 步骤2：清洗数据

从步骤1运行的结果可知，数值的列（Close、Volume、Open、High和Low）中包含美元符号的列应进行相应的数据清洗操作，具体实现代码如下。

```
# 设置工作目录
setwd("E:/code/")

# 读取 CSV 文件
stock_data <- read.csv("data/AAPL.csv")

# 数据清洗
# 移除 $ 符号并将字符列转换为数值列
stock_data$Close <- as.numeric(sub("\\$", "", stock_data$Close))
stock_data$Open <- as.numeric(sub("\\$", "", stock_data$Open))
stock_data$High <- as.numeric(sub("\\$", "", stock_data$High))
stock_data$Low <- as.numeric(sub("\\$", "", stock_data$Low))
stock_data$Volume <- as.numeric(sub("\\$", "", stock_data$Volume))

# 查看数据前六行
head(stock_data)
```

运行上述代码结果如下。

```
      Date  Close    Volume   Open   High    Low
1 2023-6-1 186.68  53117000 185.55 187.56 185.01
2 2023-6-2 187.00  51245330 183.74 187.05 183.67
3 2023-6-3 183.96  49515700 184.90 185.41 182.59
4 2023-6-4 185.01  49799090 184.41 186.10 184.41
5 2023-6-5 184.92 101256200 186.73 186.99 184.27
6 2023-6-6 186.01  65433170 183.96 186.52 183.78
```

## 12.2.3 步骤3：计算移动平均

要计算股票的移动平均，需要选择一个合适的移动平均窗口大小，这取决于希望分析的时间跨度。常见的窗口大小包括10天、50天或200天，不同的窗口大小可以提供不同的视图和分析结果。

计算10天移动平均数，具体实现代码如下。

```
# 设置工作目录
setwd("E:/code/")

# 加载 TTR 包
library(TTR)

# 读取 CSV 文件
stock_data <- read.csv("data/AAPL.csv")

# 数据清洗
# 移除 $ 符号并将字符列转换为数值列
stock_data$Close <- as.numeric(sub("\\$", "", stock_data$Close))
stock_data$Open <- as.numeric(sub("\\$", "", stock_data$Open))
stock_data$High <- as.numeric(sub("\\$", "", stock_data$High))
stock_data$Low <- as.numeric(sub("\\$", "", stock_data$Low))
stock_data$Volume <- as.numeric(sub("\\$", "", stock_data$Volume))

# 选择移动平均窗口大小
window_size <- 10

# 处理缺失值
stock_data <- na.omit(stock_data)

# 计算 10 天移动平均
stock_data$Moving_Average_10Days <- SMA(stock_data$Close, n = window_size)

# 查看包含移动平均的数据前 15 行
head(stock_data, n = 15)
```

上述示例代码运行结果如下。

```
       Date  Close    Volume   Open   High    Low  Moving_Average_10Days
1  2023/6/1 186.68  53117000 185.55 187.56 185.01                    NA
2  2023/6/2 187.00  51245330 183.74 187.05 183.67                    NA
3  2023/6/3 183.96  49515700 184.90 185.41 182.59                    NA
4  2023/6/4 185.01  49799090 184.41 186.10 184.41                    NA
```

```
5   2023/6/5 184.92 101256200 186.73 186.99 184.27          NA
6   2023/6/6 186.01  65433170 183.96 186.52 183.78          NA
7   2023/6/7 183.95  57462880 183.37 184.39 182.02          NA
8   2023/6/8 183.31  54929130 182.80 184.15 182.44          NA
9   2023/6/9 183.79  54755000 181.27 183.89 180.97          NA
10 2023/6/10 180.96  48899970 181.50 182.23 180.63     184.559
11 2023/6/11 180.57  50214880 177.90 180.84 177.46     183.948
12 2023/6/12 177.82  61944620 178.44 181.21 177.32     183.030
13 2023/6/13 179.21  64848370 179.97 180.12 177.43     182.555
14 2023/6/14 179.58 121946500 182.63 184.95 178.04     182.012
15 2023/6/15 180.95  61996910 181.03 181.78 179.26     181.615
```

从这个数据中，我们可以进行各种分析和可视化，以更好地理解苹果公司股票的价格走势和交易情况。具体分析和可视化包括以下几点内容。

- 绘制苹果公司股票的收盘价随时间变化的折线图，以观察价格的波动情况。
- 计算和绘制10天移动平均线，以平滑价格数据并识别趋势。
- 分析交易量，查看是否与价格变动有关。
- 研究开盘价、最高价和最低价，了解股票的日内波动范围。
- 对Moving_Average_10Days列进行分析，以了解10天移动平均线的趋势。

这些分析和可视化可以帮助我们做出有关股票的投资决策，如确定买入或卖出的时机，或者更好地了解股票市场的趋势。

### 12.2.4 步骤4：使用移动平均线分析苹果公司股票价格趋势

通过12.2.3小节计算出的移动平均数，预测股票走势不够具象，通过可视化图形可以更直观地观察股票价格走势。以下是一些可视化图形和技巧，可以帮助分析人员更好地理解股票价格走势和进行预测。

（1）趋势线图：绘制股票的趋势线图，以观察价格的长期趋势。这可以使用折线图或面积图来完成。趋势线通常显示在股票价格图形上，帮助识别上升、下降或横向趋势。

（2）移动平均线：除了简单的移动平均线，我们还可以绘制指数移动平均线和加权移动平均线。这些线可以帮助平滑价格数据并更清晰地显示趋势。

（3）交易量柱状图：将交易量数据绘制成柱状图，以观察交易活动是否与价格走势有关。较高的交易量可能表示市场情绪的改变或趋势的加强。

（4）相对强弱指标（RSI）：RSI是一个波动指标，它的取值通常界定在0～100之间。数值超过70可能表示股票被超买，数值低于30可能表示股票被超卖。绘制RSI图可以帮助我们识别潜在的买入或卖出信号。

（5）MACD图：显示了移动平均线收敛散度指标的值，可以帮助识别趋势的变化。它通常包括

MACD线、信号线和柱状图。

（6）K线图：是蜡烛图的一种形式，可显示每日的开盘价、收盘价、最高价和最低价。K线图通常用于观察价格趋势和反转。

（7）成交量与价格的关系图：创建散点图或相关性图，以观察成交量与价格之间的关系。这可以帮助我们了解价格变动的原因。

本小节重点介绍移动平均线，具体实现代码如下。

```
# 设置工作目录
setwd("E:/code/")

# 加载需要的包
library(TTR)
library(ggplot2)

# 读取 CSV 文件
stock_data <- read.csv("data/AAPL.csv")
# 数据清洗
# 移除 $ 符号并将字符列转换为数值列
stock_data$Close <- as.numeric(sub("\\$", "", stock_data$Close))
stock_data$Open <- as.numeric(sub("\\$", "", stock_data$Open))
stock_data$High <- as.numeric(sub("\\$", "", stock_data$High))
stock_data$Low <- as.numeric(sub("\\$", "", stock_data$Low))
stock_data$Volume <- as.numeric(sub("\\$", "", stock_data$Volume))

# 选择移动平均窗口大小
window_size <- 10

# 处理缺失值
stock_data$Close[is.na(stock_data$Close)] <- 0                              ①
# 计算 10 天移动平均值
stock_data$Moving_Average_10Days <- SMA(stock_data$Close, n = window_size)  ②

# 删除包含缺失值的行
stock_data <- na.omit(stock_data)                                           ③

# 创建 ggplot 对象并绘制折线图
p <- ggplot(data = stock_data, aes(x = Date)) +                             ④
  geom_line(aes(y = Close, group = 1), color = "blue") +  # 收盘价折线图      ⑤
  geom_line(aes(y = Moving_Average_10Days, group = 1), color = "red") +  # 10
天移动平均线折线图                                                            ⑥
```

```
  labs(title = "AAPL股票价格与移动平均线",
       x = "日期",
       y = "价格") +
  theme_minimal() +
  theme(axis.text.x = element_text(angle = 60, hjust = 1))   ⑦

# 打印图表
print(p)
```

上述示例代码解释如下。

代码第①行将收盘价列中的缺失值（NA）替换为0。这是一种处理缺失值的方法，以确保计算移动平均数时不会受到影响。

代码第②行使用TTR包中的SMA函数计算10天的移动平均值，并将结果存储在新列Moving_Average_10Days中。

代码第③行删除数据框中包含缺失值的行，以确保数据的完整性。

代码第④行创建ggplot对象并绘制折线图。

代码第⑤行绘制收盘价的折线图，y轴使用Close列，并将线条颜色设置为蓝色。

代码第⑥行绘制10天移动平均线的折线图，y轴使用Moving_Average_10Days列，并将线条颜色设置为红色。

代码第⑦行调整x轴标签的角度和对齐方式，以改善可读性。

运行上述示例代码，输出如图12-5所示的AAPL股票价格与移动平均线。

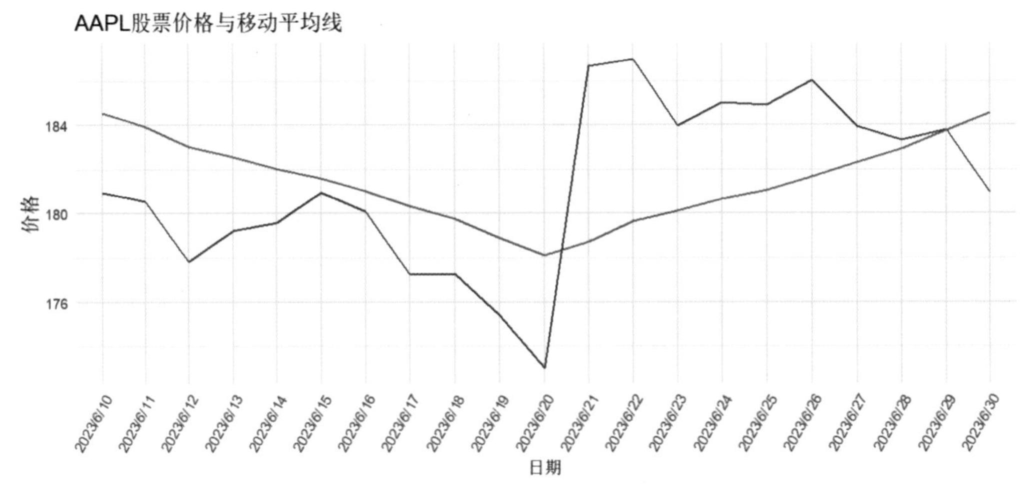


图12-5　AAPL股票价格与移动平均线

我们要关注价格和移动平均线的交叉点，当收盘价从下方穿过移动平均线时，这可能是一个买入信号，表明可能出现上升趋势。相反，当收盘价从上方穿过移动平均线时，可能是一个卖出信号，表明可能出现下降趋势。

## 12.3 本章总结

本章为实战训练营，提供了两个真实案例的数据分析示例。首先，我们深入研究了X药治疗效果的评估，包括数据准备、假设检验、结果解释和可视化。接着，我们转向了苹果公司股票价格走势的分析，涵盖了数据准备、数据清洗、计算移动平均及使用移动平均线分析股票价格趋势。这两个案例展示了如何在实际问题中运用R语言进行数据分析，为读者提供了宝贵的实践经验。通过本章的学习，读者将更好地理解数据分析的实际应用技巧。

附录1

# R常用包和函数快速参考指南

R语言提供了众多的包和函数，而本书无法一一详尽介绍。因此，笔者在附录1中列出了一些最常用的R包和函数，涵盖了数据处理、统计分析、可视化、机器学习、文本挖掘等多个领域的关键功能。这些包和函数将帮助读者更高效地处理数据、进行分析和创建可视化效果。

## 1.1 R常用包

R是一种用于数据分析和统计计算的编程语言，有很多丰富的包可用于扩展其功能。以下是一些常用的R包，每个包都有不同的功能和用途。

（1）数据操作和处理：

- dplyr：是一个用于数据操作和变换的包，提供了强大的数据处理工具。
- tidyr：是一个用于数据清洗和整理的包，可以将数据从宽格式转换为长格式或反之。
- reshape2：提供了数据重塑和整理的函数，用于处理复杂的数据结构。
- stringr：是一个用于字符串操作的包，包括字符串的拼接、分割、匹配等功能。

（2）数据导入和导出：

- readr：是一个用于数据导入和读取的包，支持多种数据格式。
- rvest：是一个用于网页抓取和数据提取的包，可用于网站数据。

（3）日期和时间处理：

- lubridate：是一个用于日期和时间处理的包，简化了日期和时间数据的操作步骤。

（4）可视化和图形：

- ggplot2：是一个用于数据可视化的包，可以创建漂亮的图形。
- ggvis：提供交互式数据可视化功能，类似于ggplot2。
- leaflet：是一个用于创建交互式地图的包，支持各种地图数据可视化。
- ggmap：结合ggplot2和地图数据的包，用于创建地图可视化。

（5）机器学习和预测建模：

- caret：是一个用于机器学习模型训练和评估的包，简化了模型选择和性能评估的过程。
- randomForest：是一个用于随机森林算法的包，用于分类和回归问题。

- glmnet：是一个用于岭回归和Lasso（套索）回归的包，适用于变量选择和正则化。
- xgboost：是一个用于梯度提升树模型的包，用于解决各种预测建模问题。

（6）交互式应用程序开发：

- shiny：是一个用于创建交互式Web应用程序的包，可以将R代码转化为Web应用。
- shinydashboard：是一个用于创建仪表板应用程序的包，可以构建交互式仪表板。

（7）文本挖掘和自然语言处理：

- tm：是一个用于文本挖掘和自然语言处理的包，支持文本数据的处理和分析。

（8）管道操作：

- magrittr：提供了管道操作符 %>%，简化了数据处理流程。

## 1.2 R常用函数

以下是一些常见的R函数，以及它们所属的包和类别。

**❶ 包：base**

- print(x, ...)，打印数据或结果到控制台。

参数：x是要打印的对象，...是其他可选参数，用于控制打印格式。

返回值：无返回值，函数用于打印对象到控制台。

- summary(object, ...)，生成数据框或向量的摘要统计信息。

参数：object是要摘要的对象，...是其他可选参数，用于控制摘要的内容。

返回值：返回一个包含对象摘要统计信息的列表。

- head(x, n = 6L)，查看数据框或向量的前几行。

参数：x是要查看的对象，n是要显示的行数，默认为6。

返回值：返回前n行的对象。

- tail(x, n = 6L)，查看数据框或向量的末尾几行。

参数：x是要查看的对象，n是要显示的行数，默认为6。

返回值：返回末尾的n行对象。

- str(object, ...)，显示数据框或向量的结构。

参数：object是要显示结构的对象，...是其他可选参数，用于控制显示选项。

返回值：无返回值，函数用于显示对象的结构。

- length(x)，获取向量的长度。

参数：x是要获取长度的向量或对象。

返回值：返回对象的长度。

- mean(x, trim = 0, na.rm = FALSE, ...)，计算向量或数值型列的平均值。

参数：x是要计算平均值的向量，trim用于指定要剪切的百分比，默认为0，na.rm指示是否移除缺失值，默认为FALSE，...是其他可选参数。

返回值：返回向量的平均值。

- median(x, na.rm = FALSE, ...)，计算向量或数值型列的中位数。

参数：x是要计算中位数的向量，na.rm指示是否移除缺失值，默认为FALSE，...是其他可选参数。

返回值：返回向量的中位数。

- sum(..., na.rm = FALSE)，计算向量或数值型列的总和。

参数：...是要求和的对象（可以是多个向量或数值），na.rm指示是否移除缺失值，默认为FALSE。

返回值：返回对象的总和。

- max(..., na.rm = FALSE)，获取向量或数值型列的最大值。

参数：...是要寻找最大值的对象（可以是多个向量或数值），na.rm指示是否移除缺失值，默认为FALSE。

返回值：返回对象中的最大值。

- min(..., na.rm = FALSE)，获取向量或数值型列的最小值。

参数：...是要寻找最小值的对象（可以是多个向量或数值），na.rm指示是否移除缺失值，默认为FALSE。

返回值：返回对象中的最小值。

- var(x, na.rm = FALSE, ...)，计算向量或数值型列的方差。

参数：x是要计算方差的向量，na.rm指示是否移除缺失值，默认为FALSE，...是其他可选参数。

返回值：返回向量的方差。

- sd(x, na.rm = FALSE, ...)，计算向量或数值型列的标准差。

参数：x是要计算标准差的向量，na.rm指示是否移除缺失值，默认为FALSE，...是其他可选参数。

返回值：返回向量的标准差。

- cor(x, y = NULL, use = "everything", method = c("pearson", "kendall", "spearman"))，计算向量或数据框中列之间的相关系数。

参数：x和y是要计算相关系数的向量；use指定如何处理缺失值，默认为"everything"；method指定使用哪种相关系数方法，默认为"pearson"。

返回值：返回相关系数的值。

- table(...)，创建数据表格，用于计算频数分布。

参数：...是一个或多个要用于制作数据表的变量。

返回值：返回一个数据表格。

**❷ 包：stats**

- as.numeric(x)，将对象转换为数值型。

参数：x是要转换为数值型的对象。

返回值：返回一个数值型的对象，将输入对象转换为数值型。

- as.character(x)，将对象转换为字符型。

参数：x是要转换为字符型的对象。

返回值：返回一个字符型的对象，将输入对象转换为字符型。

- as.data.frame(x)，将对象转换为数据框。

参数：x是要转换为数据框的对象。

返回值：返回一个数据框，将输入对象转换为数据框。

- rbind(...)，按行合并两个或多个数据框。

参数：...是一个或多个要按行合并的数据框。

返回值：返回一个新的数据框，其中包含了按行合并的数据。

- cbind(...)，按列合并两个或多个数据框。

参数：...是一个或多个要按列合并的数据框。

返回值：返回一个新的数据框，其中包含了按列合并的数据。

- subset(x, subset, select, drop = FALSE)，从数据框中选择子集。

参数：x是要选择子集的数据框；subset是逻辑条件，用于选择行；select是列名或列的位置，用于选择列；drop指示是否删除不需要的维度，默认为FALSE。

返回值：返回一个新的数据框，包含了根据条件选择的子集。

**❸ 包：utils**

paste(..., sep = " ", collapse = NULL，将字符向量连接成一个字符串。

参数：...是一个或多个字符向量；sep是分隔符，用于将字符向量连接；collapse用于将多个连接的字符向量合并成一个字符串，默认为NULL。

返回值：返回一个连接的字符串，将输入的字符向量连接起来。

**❹ 包：base64enc**

- base64decode(encoded)，对字符进行Base64编码，用于将文本数据编码为Base64格式。

参数：characters是要编码的字符。

返回值：返回一个Base64编码的字符，将输入字符进行Base64编码。

- base64decode(encoded)，对Base64编码的字符进行解码，用于解码Base64格式的文本数据。

参数：encoded是已编码的Base64字符。

返回值：返回解码后的字符，将Base64编码的字符进行解码。

附录2

# 科研论文配图的绘制与配色

科研论文中配图的绘制和配色非常重要，直接影响论文的质量和可读性。这里笔者总结几点科研论文配图绘制和配色的基础知识。

## 2.1 选择合适的插图类型

选择合适的插图类型：首先，选择插图类型时，需要根据数据类型和表达的内容找到视觉呈现的最佳方式。

以下是一些常见的插图类型及它们适用的情况。

**❶ 柱状图**

用于比较不同类别或项目之间的数量。

适用于离散数据，如产品销售额、城市人口等。

**❷ 线图**

用于显示随时间变化的数据趋势。

适用于连续数据，如股票价格、气温变化等。

**❸ 散点图**

用于显示两个变量之间的关系或相关性。

适用于查看数据的分布和离群点。

**❹ 饼图**

用于显示各部分相对于整体的比例。

适用于表达占比，但要注意避免使用过多的饼图。

**❺ 箱线图**

用于显示数据的分布和统计信息，如中位数、四分位数和离群点。

适用于比较多个数据集的分布。

**❻ 热力图**

用于显示矩阵数据的关系，通常通过颜色来表示数值。

适用于展示相关性或模式。

❼ **雷达图**

用于比较多个项目在多个维度上的性能。

适用于多维数据的可视化。

❽ **直方图**

用于显示数据的分布情况，特别是数据的频率分布。

适用于了解数据的形状和中心趋势。

❾ **地图**

用于地理数据可视化，显示地区的数据差异。

适用于地理空间分析和定位数据。

在选择插图类型时，需要考虑数据的性质、表达的目的及受众的需求。选取最适合的插图类型可以使数据更容易理解和解释。同时，也要注意避免滥用某种插图类型，确保插图的设计能够有效传达信息。

例如，为了比较不同产品销售额，我们可以使用如附图 2-1 所示的柱状图。

每个产品对应一个条形，销售额在纵轴上表示。这种插图类型清晰地比较了不同产品的销售额。

再看附图 2-2 所示的饼图，它比较的是不同地区的销售额，而饼图通常用于显示占比数据，而不是用于比较不同项目的数量，这使得难以准确比较销售额的绝对值，因为饼图难以在不同扇区之间进行直观的数量比较。

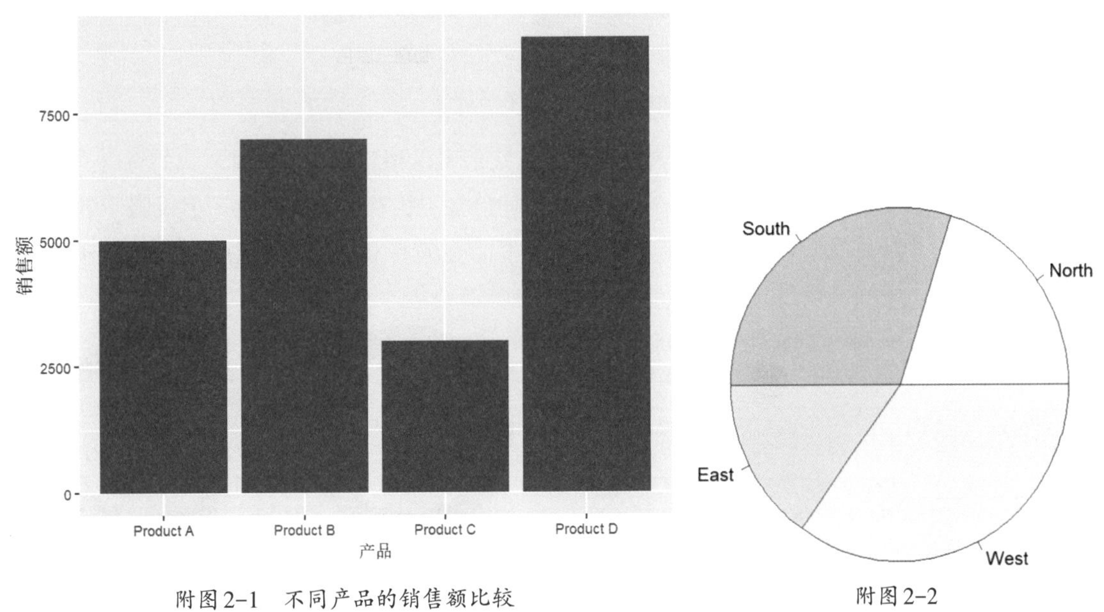


附图 2-1　不同产品的销售额比较

附图 2-2

正确的方法是使用柱状图或条形图，因为它们更适合比较不同地区的销售额，可以清晰地显示不同地区之间的差异。前文的示例中已经演示了如何使用柱状图来呈现类似的数据。

## 2.2 善于把握色彩

在科研论文配图中善于把握色彩是非常重要的，正确使用色彩可以提高插图的可读性和吸引力。

对于科研论文中的插图和配色，颜色因素的重要性是不言而喻的，这一环节对于我们是否能够制作具有视觉吸引力和清晰表达的插图至关重要。当然，这个过程我们也要由浅入深、循序渐进地完成。鉴于有些读者没有插图设计的颜色基础，这里我们先介绍颜色的基本原理和使用技巧。

**❶ 了解色彩的规律**

我们人类的眼睛可以分辨的色彩可以说是无穷无尽，能够在移动屏幕上显示的色彩也很多。但是无论我们能看到多少种色彩，实际上都是由三个颜色的光交映混合而成的，也就是我们所说的“光谱三原色”，这是针对设备的成像原理而说的。我们现在要讨论的色彩搭配理论知识是建立在“物理三原色”的基础上的，是我们分析和推理色彩结构的起点（见附图2-3）。

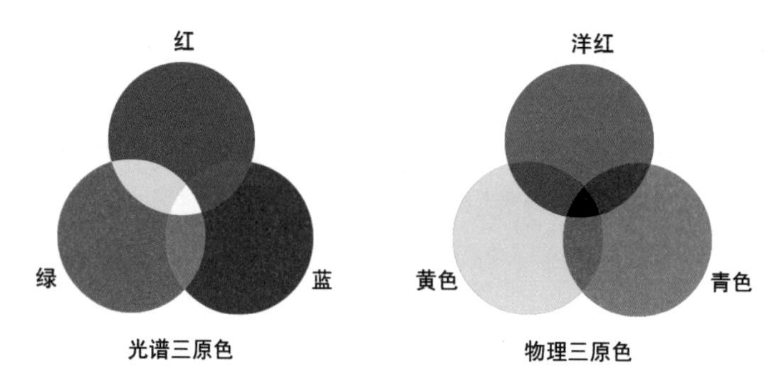


附图2-3 色彩的三原色

红、黄、蓝三原色之间相互独立而又密切相关，它们可以相互混合、过渡。我们将这三个颜色及它们之间的渐变称为色相环（见附图2-4）。色相环包含了所有可能的颜色，但仅限于颜色的基本属性。这个色相环是我们日后进行科研论文配图中的颜色选择和搭配的重要参考工具和样本。

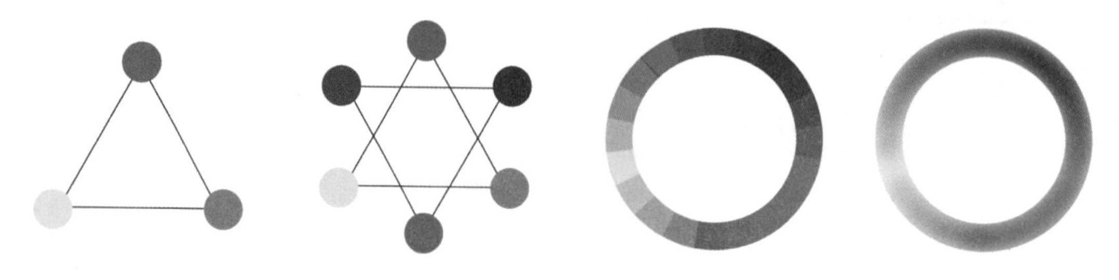

附图2-4 色相环的形成

色相环上的每一个色相都有两个发展趋势：一个是明暗，逐渐变亮成为白色或逐渐变暗成为黑色；另一个是纯度（也称饱和度），就是逐渐褪色变成灰色。这两个属性我们可以通过Photoshop里的“色相/饱和度”工具来体会（见附图2-5）。这样，我们就得到了一个球状立体的色谱，我们把它称为“色立体”（见附图2-6）。

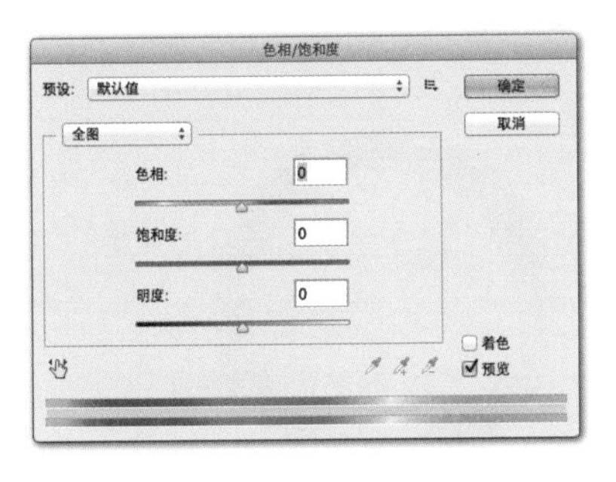


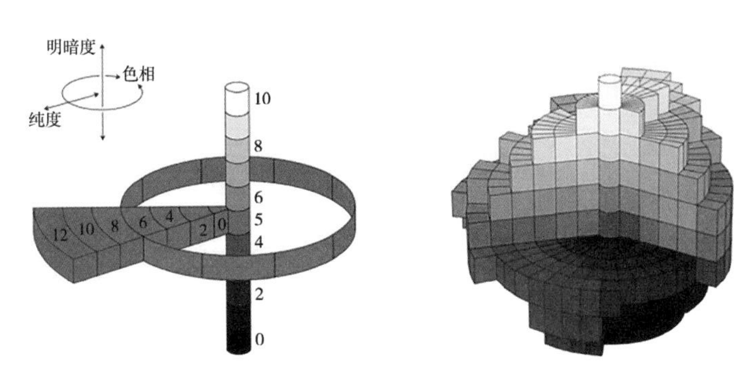

附图 2–5　Photoshop 里的“色相/饱和度”工具

附图 2–6　色立体

除了最终的色彩立体，整个的色彩体系结构是很容易掌握的。而掌握色彩立体的诀窍，就是以色相环为基础，所有的颜色向圆心发展的过程中经历纯度的逐渐减弱，也就是逐渐褪色变成灰色；向上发展逐渐增加明度变成白色，向下发展逐渐减少明度变成黑色。由于圆心的色彩已经完全褪去，所以成为白色到黑色的渐变，白色、黑色及它们之间过渡的各种灰色我们统称为“无彩色”。

**❷ 控制色调**

需要明确一个观点：配图的本质不在于添加颜色，而在于控制颜色。具体来说，在一个图表中不是颜色越多越好看，这是初学者最容易犯的错误。因为颜色越多，往往越会导致视觉混乱，不容易给读者留下深刻的印象。因此，在学习绘制图表和进行配色时最关键的是学会掌握色调。色调的概念是使色彩在视觉上形成一致性，无论内容多么丰富多变，我们都应该将它们限制在一个特定的色彩范围内，以保持整个图表的风格和一致性。只要能够做到这一点，我们的图表绘制和配色就成功了一半，因此色调的理念非常重要。

如果我们想在科研论文图表中使用不同的颜色，可以考虑以下方法。

方法一：明度或纯度的调整

我们可以选择一种基础颜色，然后通过调整它的明度（变亮或变暗）或纯度（饱和度）来创建不同的配色方案。例如，从一种蓝色开始，你可以创建深蓝、浅蓝、中等蓝等不同的色调来区分不同的数据集或元素。这种方法保持了色彩的一致性，同时为图表提供了更多的视觉变化（见附图 2–7）。

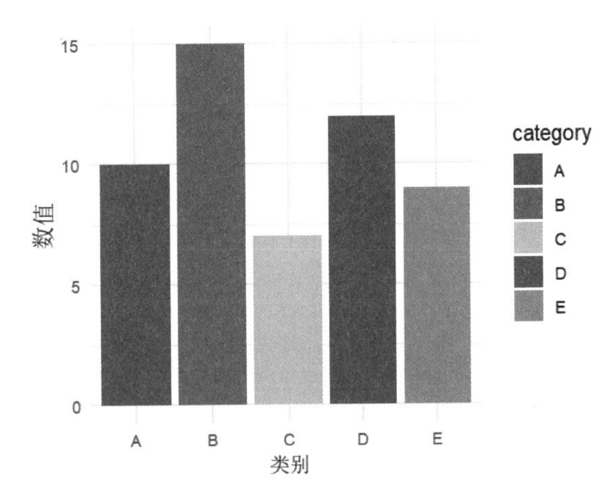


附图 2–7　明度或纯度的调整

方法二：邻近色或相似色

邻近色或相似色都是针对色环而言的，顾名思义就是在色环上邻近的或相似的颜色（见附图 2–8）。

- 邻近色一般在色环上挨得比较近，因此色彩的差异比较细微。

相似色就相对来说远一点，只要不超过90度都可以，色彩差异比邻近色大一些。由于在色环上的位置彼此接近，所以这些颜色看上去比较相像。

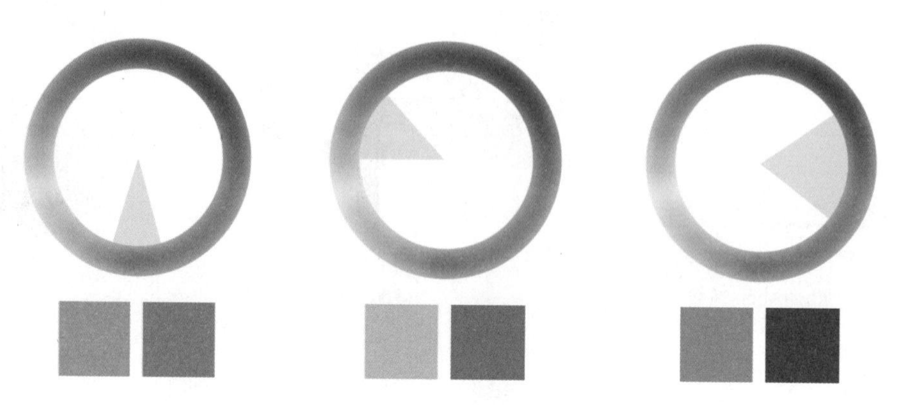

附图2-8　邻近色和相似色

这意味着选择色相环上接近或相似的颜色来进行配色。例如，我们可以选择蓝色和绿色，它们在色相环上是相邻的，以表示不同的数据集或元素（见附图2-9）。

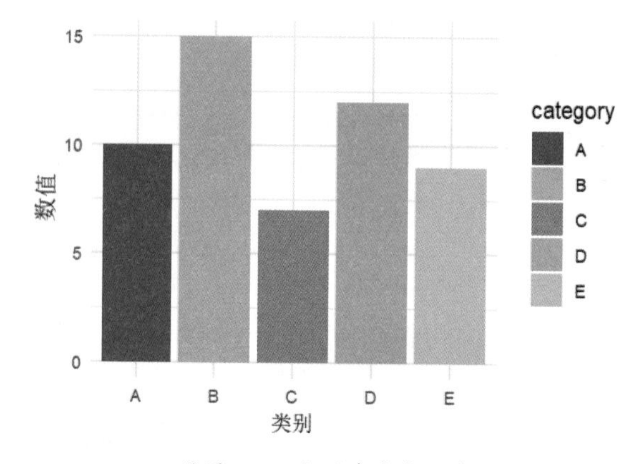


附图2-9　邻近色或相似色

## 2.3 字体和字号

在科研论文图表中，通常需要遵循一定的字体和字号规范，以确保图表的一致性和可读性。以下是一些常见的字体和字号规范，读者可以根据需要进行调整。

**❶ 主标题（图表标题）**

主标题通常使用粗体字，字号一般为14号或更大，以突出图表的主题。

- 主标题：14号粗体无衬线字体。
- 坐标轴标签：包括x轴标签和y轴标签，字号通常为12号，使用无衬线字体，以确保标签的清晰可读。

❷ **刻度标签**

刻度标签是坐标轴上的数字或标记，字号通常为10号，使用无衬线字体，以清晰表示数值。

❸ **图例**

图例包括图表中不同元素的标签，字号通常为12号，使用无衬线字体，以区分不同的元素。

❹ **数据标注**

如果图表中需要添加数据标注，字号通常应该比刻度标签稍大，以确保数据标注的可读性。

请注意，具体的字体和字号规范可能会根据你所投稿的期刊或会议的要求而有所不同。建议在创建图表时查看相关的投稿指南，以确保符合期刊或会议的字体和字号规定。

如附图2-10所示是一个带有图例的柱状图，并根据科研论文的字体和字号规范设置字体和字号。

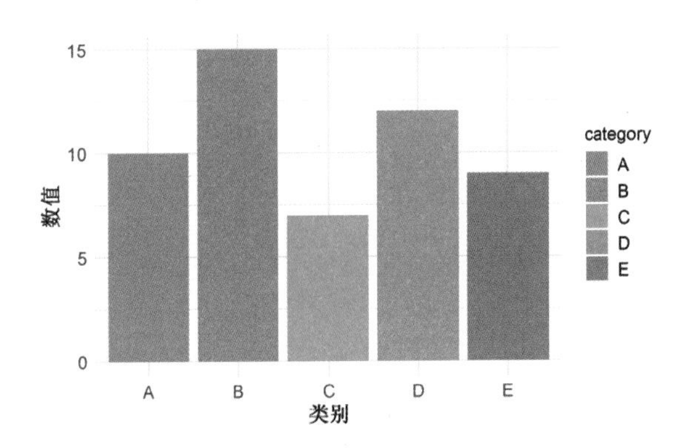


附图2-10　科研论文示例柱状图

## 2.4 标注清晰

图表上的每一个元素都需要清晰标注，以确保自解释性。标题、轴标签、图例等，都应当明确标注。如附图2-11所示带有清晰标注的柱状图。

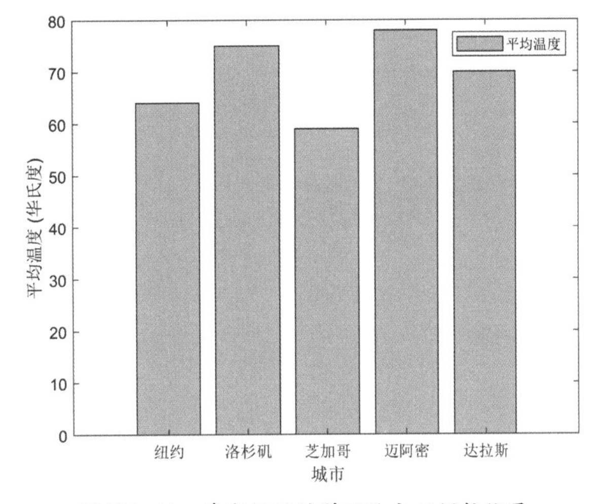


附图2-11　清晰标注的科研论文示例柱状图

## 2.5 分辨率足够

确保图表的分辨率足够高，最好在300～600 dpi（每英寸点数），以确保阅读和打印效果出色。使用矢量图形格式，以允许图像的缩放而不失真。

布局规整：确保图表的布局规整，图表占比适中，边距充足，文字和图形排列紧凑但不拥挤，给人整洁美观的感觉。

为了确保科研论文图表的高分辨率和布局规整，我们可以使用以下方法。

（1）设置图像分辨率：在保存图表时，可以设置分辨率为300～600 dpi，以确保图像在打印和显示时具有良好的清晰度。在R语言中使用ggsave函数时，可以通过指定dpi参数来设置分辨率。示例代码如下。

```
# 保存图表为高分辨率 PNG 图像
ggsave("my_high_resolution_plot.png", width = 6, height = 4, dpi = 300)
```

（2）使用矢量图形格式：推荐使用矢量图形格式，如PDF或SVG，以允许图像的缩放而不失真。矢量图形基于数学描述，可以在不损失质量的情况下缩放到任意大小。示例代码如下。

```
# 保存图表为 PDF 格式
ggsave("my_plot.pdf", width = 6, height = 4)
```

（3）调整图表布局：确保图表的布局规整，包括适当的边距、文字和图形的合理排列，以及整洁美观的感觉。可以使用ggplot2的theme函数来自定义图表的布局。示例代码如下。

```
# 自定义图表布局
p + theme_minimal() +
  theme(plot.margin = margin(1, 1, 1, 1, "cm"))  # 设置边距
```

（4）控制图表大小：在保存图表时，通过设置图表的宽度和高度来控制图表的大小。确保图表占比适中，不要过于拥挤或稀疏。示例代码如下。

```
# 控制图表大小
ggsave("my_plot.png", width = 8, height = 6, dpi = 300)
```

通过以上方法，我们可以创建高分辨率、布局规整的科研论文图表，以确保它们在阅读和打印时具有出色的效果。

## 2.6 风格一致

保持所有图表的风格一致，包括字体、大小、颜色、线条样式等。这有助于确保整个论文视觉上的一致性。